W0269096

ACTA NEUROCHIRURGICA
SUPPLEMENTUM 19

G. Lausberg

Zentrale Störungen der Temperaturregulation

Eine klinisch-experimentelle Studie

Springer Science+Business Media, LLC

Professor Dr. GERHARD LAUSBERG
Neurochirurgische Klinik der Justus-Liebig-Universität, Gießen
(Direktor: Prof. Dr. H. W. PIA)

Habilitationsschrift zur Erlangung der Venia legendi
an der Medizinischen Fakultät der Justus-Liebig-Universität
Gießen 1970

Mit 68 Abbildungen

ISBN 978-3-211-81063-7   ISBN 978-3-7091-2284-6 (eBook)
DOI 10.1007/978-3-7091-2284-6

Meiner Frau

gewidmet

Geleitwort

Die bei zerebralen traumatischen und spontanen Läsionen im Gefolge intrakranieller Drucksteigerung und Zirkulationsstörungen auftretenden zentralen vegetativen, metabolischen und endokrinen Regulationsstörungen können durch die Entwicklung permanenter Überwachungs- und Registrierverfahren im klinischen Einsatz erfaßt werden. Damit ergibt sich die Möglichkeit zu einer systematischen Untersuchung der zentralen Dysregulation.

Die vorliegende Monographie befaßt sich in Fortsetzung der bisherigen Untersuchungen über die Morphologie und Klinik sowie die zentrale Atemdysregulation mit den zentralen Temperaturregulationsstörungen.

Als wesentliche und grundlegende Befunde wurden charakterisierte Verlaufsmuster zentraler Hyperthermie und Hypothermie herausgestellt und ihre Beziehungen zu weiteren vegetativen Parametern, vor allem der Atem- und Pulsfrequenz, beschrieben. Von besonderer Bedeutung war der Einsatz physiologischer Wärme- und Kältebelastungsprüfungen. Er führte zur Aufdeckung von Reiz- und Ausfallssyndromen und ließ darüber hinaus eine sichere Abhängigkeit von bestimmten Schädigungsebenen des Hirnstammes, vor allem des Hypothalamus, des Mesenzephalon und der Medulla oblongata erkennen. Auf diese Weise sind nicht nur grundsätzliche Befunde zur Pathophysiologie der Temperaturregulation, sondern zugleich auch zur Klinik, Prognose und Therapie der zentralen Temperaturregulationsstörungen erhoben worden. So ist etwa der Ausfall der Temperaturregulation mit vollständiger Poikilothermie Ausdruck einer Bulbärhirnläsion und wichtiges Symptom des zentralen Todes.

Die Monographie darf als entscheidender Beitrag zur Erforschung der zentralen Temperatur-Dysregulation angesehen werden.

Gießen, im September 1972

H. W. Pia

Danksagung

Diese Arbeit entstand auf Vorschlag von Herrn Professor H.W. PIA; ihm für stete Unterstützung, wohlwollende Beratung und konstruktive Kritik bei der Bearbeitung des Themas meinen besonderen Dank auszusprechen, ist mir Pflicht und Bedürfnis zugleich.

Weiterhin danke ich Herrn Professor THAUER und Herrn Professor SIMON, beide Bad Nauheim, für die jederzeit bereitwillige und entgegenkommende Beratung in physiologischen und experimentellen Fragestellungen.

Mein Dank gilt schließlich Herrn Professor WENZEL, Dortmund, für seine besonders zu Beginn der Untersuchungen vermittelten Erfahrungen auf dem Gebiet der experimentellen Hitzebelastung.

Gießen, im September 1972

G. Lausberg

Inhaltsverzeichnis

A. Einleitung und Aufgabenstellung

Die Körpertemperatur als vegetative Funktionsgröße mit enger physiologischer Variationsbreite verändert sich bei zentralen Erkrankungen und Verletzungen und nach operativen Eingriffen am Zentralnervensystem in ganz besonderer Weise, die sich aus den engen topischen Beziehungen zu den temperaturregelnden Zentren in Hypothalamus, Hirnstamm und Rückenmark ergibt. Diese *zentral bedingten* Abweichungen von der Temperaturnorm unterscheiden sich grundsätzlich nach Ursache und Verlaufsform von den Veränderungen der Körpertemperatur im Laufe des Fiebers bei Infektionskrankheiten oder anderen Erkrankungen des übrigen Organismus.

Die häufigste und bekannteste Temperaturabweichung bei Alterationen des Zentralnervensystems ist die zentrale Hyperthermie, die, je nach Ursache, in verschiedenen Verlaufsformen in Erscheinung tritt. Demgegenüber ist die zentrale Hypothermie weniger bekannt, sie hat insbesondere in ihrer tiefen Verlaufsform erst in den letzten Jahren, vor allem im Zusammenhang mit den Diskussionen um den zentralen Tod, an Bedeutung gewonnen.

In der vorliegenden Arbeit sollen auf Grund von Einzeldarstellungen die unterschiedlichen Verlaufsformen der zentral bedingten Temperaturabweichungen analysiert und deren mögliche Ursachen diskutiert werden. Die Untersuchungen wurden erst dank der Entwicklung und dem klinischen Einsatz automatischer kontinuierlich registrierender Meßeinrichtungen für die Körpertemperatur und die Kreislauf- und Atmungsparameter möglich. Ausgewertet wurden die Meßergebnisse von 238 Patienten der Neurochirurgischen Universitätsklinik Gießen in den Jahren 1967—1970.

Die Ergebnisse der vorliegenden Arbeit resultieren aus

a) klinisch-experimentellen Befunden unter belastender Änderung der Umgebungstemperatur bei Patienten mit verschiedenen, jeweils definierten zentralen Ausfällen,

b) aus der Mehrfachregistrierung der Temperaturen in Körperkern und -schale sowie der Kreislauf- und Atmungsfunktionen im klinischen Routinebetrieb der neurochirurgischen Intensivstation und

c) aus der Analyse besonderer Temperaturverläufe und ihrer Korrelation zur klinischen Symptomatik.

Als Folgerungen ergeben sich

a) Erkenntnisse über bisher nicht bekannte spontane und provozierte Temperaturverlaufsmuster bei querschnittserfassenden Funktionsausfällen des Hirnstammes,

b) therapeutische und prognostische Aspekte spontaner Temperaturverläufe in Hyperthermie und Hypothermie und

c) Ansatzpunkte für weitere Untersuchungen zur klinischen Analyse zentraler Temperaturregulationsstörungen.

B. Literaturübersicht

a) Die Physiologie der zentralen Temperaturregulation

Die Körpertemperatur wurde schon von GALEN als Folge eines Gleichgewichts zwischen Wärmeproduktion und Wärmeabgabe vermutet. Der Ort der Wärmeproduktion war dagegen bis zur Mitte des 19. Jahrhunderts umstritten; so glaubte HALLER noch 1757, daß die Körperwärme hauptsächlich von der Reibung des zirkulierenden Blutes und den Bewegungen des Herzens und der Blutgefäße stamme. LAVOISIER (1777) stellte als erster die These auf, daß die Wärmeproduktion des Körpers analog der Wärmebildung außerhalb des Körpers durch Verbrennung oder Oxydation entstehe, wobei die Lungen als Ort der Wärmebildung angenommen wurden. LIEBERMEISTER erkannte 1875 die Aufgabe des Schwitzens und der Vasodilatation für die Wärmeabgabe, die von RUBNER (1900) nochmals hervorgehoben wurde. v. BERGMANN (1845) sprach von der Thermosensibilität zentral-nervöser Strukturen und nahm damit zur Lokalisation eines Temperaturreglers Stellung. LIEBERMEISTER (1875) vermutete zwei verschiedene Temperaturzentren im Gehirn „ist es wahrscheinlich, daß das excitocalorische und das moderirende Centrum räumlich nicht allzuweit auseinander liegen". Eine erste annähernde Lokalisation eines Temperaturregulationszentrums gaben nach Hirnstammstichen WOOD (1880), OTT (1884) und ARONSOHN und SACHS (1884, 1885) mit einem Gebiet an, das „dem Corpus striatum zur Mittellinie angrenzend gelegen war". RICHET (1884, 1885) konnte tierexperimentell durch Punktionen im Bereich des Prosenzephalon eine ausgeprägte Temperaturerhöhung („Wärmestichfieber") erzeugen. Ähnliche Befunde wurden von GOTTLIEB (1890), OTT (1891), ITO (1899) und SCHULTZE (1900) angegeben. Die Exstirpation der Großhirnhemisphären einschließlich des Corpus striatum (CHRISTIANI, 1885) bewirkte keine Störung der Temperaturregulation, dagegen sank die Körpertemperatur nach Entfernung des Thalamus rasch ab. KAHN (1904) erbrachte den tierexperimentellen Nachweis der v. Bergmannschen These über die Thermosensibilität zentral-nervöser Strukturen durch Erwärmen der Kopfarterien beim Hund. BARBOUR (1912) vereinigte die bis dahin bekannten Fakten, indem er nachweisen konnte, daß Temperaturänderungen im Bereich des Zwischenhirns beim Warmblüter thermoregulatorische Reaktionen auslösten. Die Befunde wurden von HASHIMOTO (1915) und PRINCE und HAHN (1918) bestätigt. ISENSCHMID und KREHL (1912) konnten nach systematischen Durchschneidungsexperimenten des Hirnstammes ebenfalls die Ebene des Hypothalamus als Zentrum der Temperaturregulation einengen. Später (ISENSCHMID und SCHNITZLER, 1914) wurde wie von SPIEGEL (1928) das Tuber cinereum als Ort der Temperaturregulation angenommen. Weitere Untersuchungen unternahmen LESCHKE (1913), BAZETT und PENFIELD (1922), KELLER (1930) und FRAZIER, ALPERS und LEWY (1936). MAGOUN, HARRISON, BROBECK und RANSON (1938) wiesen mit der Methode der Hochfrequenzerwärmung die Lokalisation eines thermosensiblen Zentrums im vorderen Hypothalamus nach. In der Folgezeit wurden frühere Befunde mit neueren korreliert, die für zwei unterschiedliche Zentren der Temperaturregulation im Hypothalamus sprachen und die Vermutung LIEBERMEISTERS (1875) zu bestätigen schienen. So wurden ein „Wärmezentrum" und ein „Kältezentrum" angenommen bzw. ein Zentrum für Wärmeabgabe mit trophotrop-parasympathischer Funktion im vorderen Hypothalamus und ein Zentrum für Wärmeerhaltung mit ergotrop-sympathisch gesteuerter Funktion im hinteren Hypothalamus (MEYER 1912; KELLER und HARE, 1932; GLAUBACH und PICK, 1933; BAZETT, ALPERS und ERB, 1933; RANSON und MAGOUN, 1939). Die These vom Hypothalamus als dem alleinigen Zentrum der Temperaturregulation schien durch die Befunde über Regulationsstörungen nach Spinalisierung unterstrichen zu werden. So hatte schon CHAUSSAT (1822) bei Tieren mit durchtrenntem Rückenmark stärkere Temperaturverluste bis zur Hypothermie beobachtet. In der Folgezeit konnten unter anderem SCHIFF (1855), PFLÜGER (1876), NAUNYN und QUINCKE (1869), SCHÖNBORN (1911) und SHERRINGTON (1924) die gleichen Befunde erheben. Die Interpretation war dagegen heftig umstritten (RIEGEL, 1872; ROSENTHAL, 1872; MURRI, 1874; v. DUBCZANSKI und NAUNYN, 1873). 1939 und 1941 trat THAUER der These vom Hypothalamus als alleinigem Zentrum der Temperaturregulation entschieden entgegen, nachdem Durchschneidungsexperimente im Tierversuch (1935) den Nachweis einer thermoregulatorischen Funktion des Rückenmarkes erbracht hatten. THAUER (1939, 1941) koordinierte erstmals die verschiedenen Literaturbeobachtungen, indem er akute Ausfälle von chronischen scharf trennte. Seitdem ist bekannt, daß die akute Spinalisierung zu poikilothermem Temperaturverhalten führt, daß aber chronische Durchschneidungsversuche (THAUER, 1935 und THAUER und PETERS, 1938) keine Temperaturregulationsstörungen hervorrufen und daß — eine weitere wesentliche Erkenntnis — bei längerem Überleben Versuchstiere, die nach der akuten Durchtrennung poikilotherm wurden, innerhalb von 2 Wochen wieder eine begrenzte Temperaturregulation aufwiesen (Diskussion bei THAUER, 1939, 1941). In späteren Untersuchungen konnten sowohl die thermozeptive Funktion des Rückenmarkes (SIMON, RAUTENBERG, THAUER, IRIKI, 1963, 1964; THAUER, 1964; KLUSSMANN und SIMON, 1966; SIMON, 1968; THAUER, 1969) als auch die prinzipielle Fähigkeit spinaler Strukturen zur Umsetzung spinaler Kältereize in eine adäquate thermoregulatorische Reaktion (SIMON, KLUSSMANN, RAUTENBERG, KOSAKA, 1966; KLUSSMANN und SIMON, 1966; KOSAKA, SIMON, THAUER und WALTHER, 1969) nachgewiesen werden. Die Funktion des Hypothalamus als thermosensibles und regulatorisches Zentrum war zwischenzeitlich durch Detailuntersuchungen weiter geklärt worden. Es wurden zahlreiche zusätzliche Beweise für die Existenz eines Temperaturfühlers im Hypothalamus erbracht, dessen thermische Reizung temperaturregulatorische Mechanismen auslöste (Literatur bei THAUER, 1955; STRÖM, 1960; v. EULER, 1961; HARDY, 1961; HEMINGWAY, 1963; BLIGH, 1966; BÜRGI, 1966; JESSEN, 1967 und JESSEN, MEURER und SIMON, 1967). Strittig war, ob sich innerhalb des Temperaturfühlers neben einem Warmfühler auch kälteempfindliche Strukturen abgrenzen lassen, wie RANSON und MAGOUN (1939) und BEATON, LEININGER, McKINLEY, MAGOUN und RANSON (1943) postulierten. Während auch die neueren Befunde über eine mögliche Kältesensitivität hypothalamischer (und mesenzephaler) Strukturen noch keine eindeutigen Aussagen zulassen (EISENMAN und JACKSON, 1967; NAKAYAMA und HARDY, 1969), konnten von KLUSSMANN (1969) eine Kälteaktivierung spinaler Neurone auf der segmentalen Ebene und von SIMON und IRIKI (1970) kältesensible aszendierende spinale Neurone nachgewiesen werden. Wenn man annimmt, daß thermosensible Strukturen entlang der gesamten „Achse" des Zentralnervensystems lokalisiert sind, wird damit die Existenz hypothalamischer kältesensibler Strukturen wahrscheinlich gemacht, wie auch BETZ, BRÜCK, HENSEL, JARAI und MALMAN (1960) auf Grund ihrer Untersuchungen annahmen.

BENZINGER (1961, 1962, s. auch BENZINGER, PRATT und KITZINGER, 1961) legte ein Modell „Der menschliche Thermostat" vor, in das er die alten Begriffe Wärmeerhaltungszentrum (heat conservation center) und Wärmeabgabezentrum (heat dissipation center) einbaute. Das Wärmeabgabezentrum (gleichzeitig als Zentrum zur Hitzeabwehr wirksam) ist im vorderen Hypothalamus im Bereich der medialen präoptischen Region gelegen und bewirkt bei elektrischer und thermischer Reizung im Tierexperiment eine Tonusminderung der Muskulatur, eine Optimierung der Größe der Körperoberfläche, eine Verminderung des peripheren Vasomotorentonus sowie, je nach Tierart, Schwitzen oder vermehrte Speichelproduktion mit Wärmehecheln. Die Funktion des Wärmeerhaltungszentrums (gleichzeitig als Zentrum zur Kälteabwehr wirksam) scheint an die Intaktheit des hypothalamisch-hypophysären Systems gebunden zu sein. Die Steigerung der Wärmeproduktion ist mit einer Verminderung der Wärmeabgabe eng verknüpft, deren Faktoren periphere Vasokonstriktionen und Piloerektionen sind. Die Wärmeproduktion ist eng an eine vom Hypothalamus gesteuerte Sekretion des thyreotropen Hormons aus dem Hypophysenvorderlappen gebunden, wie die Arbeiten von AKERT (1959) und die umfangreichen Untersuchungen des Arbeitskreises um ANDERSSON (ANDERSSON, EKMAN, GALE und SUNDSTEN, 1962, 1963; ANDERSSON, GALE und OHGA, 1963; ANDERSSON, BROOK und EKMAN, 1965) ergaben. Der thyreotrope Effekt des Hypothalamus kann durch umschriebene Läsionen verhindert werden, wobei besonders das ventrale und mediale Tubergebiet für diesen Effekt verantwortlich zu sein scheint (UOTILA, 1939; GANONG, FREDRICKSON und HUME, 1954 und BOGDANOVE, SPIRTOS und HALM, 1955). Eine permissive Funktion der Schilddrüsenfunktion bei der Wärmebildung wird durch die umfangreichen Untersuchungen von VOSS, L'ALLEMAND und EISENREICH (1958), WALTHER und VOSS (1960) und VOSS und WALTHER (1960) bestätigt, wonach die Blockierung der Schilddrüsenfunktion hypothermes Verhalten hervorruft. Das Integrationszentrum für die Kälteabwehr ist nach vielfältigen Tierexperimenten im posterioren Hypothalamus anzunehmen, wobei Beziehungen der meisten Kälteabwehrmechanismen zu den dynamogenen Zonen von HESS (1954, 1956) von besonderem Interesse sind. Die große Empfindlichkeit der Temperaturregulation wird daran erkennbar, daß bereits eine Änderung der Hypothalamustemperatur um 0,01° im Bereich des „set-point" reguliert wird (BENZINGER, 1969).

b) Die Pathophysiologie der zentralen Temperaturregulation

Klinische Literaturangaben über Störungen des normalen Temperaturverhaltens bei Erkrankungen, Verletzungen und nach Operationen im Bereich des Zentralnervensystems sind im Vergleich zu Berichten über Störungen anderer vegetativer Funktionsgrößen weniger häufig (ERICKSON, 1939; GRIESEL, 1939; DAVISON, 1940; KAUTZKY und BUCHARD, 1950; KAUTZKY, KESSLER und MOHRING, 1950; KAUTZKY und ULLRICH, 1951; VERBIEST, 1956; TÖNNIS,

1959; ZÜLCH, 1962) und betreffen fast ausschließlich die zentrale oder neurogene Hyperthermie. Sie berücksichtigen nur vereinzelt die für therapeutische und prognostische Fragen wichtige Differenzierung der verschiedenen Verlaufsformen. Der Versuch, der Temperaturänderung eine topische Zuordnung zu geben, wurde öfters unternommen als psychisch-neurologische Befunde mit dem Temperaturverhalten zu korrelieren. LIEBERMEISTER erwähnt in seiner umfassenden Fieberdarstellung (1875) aus dem zentral-nervösen Bereich Verletzungen von Gehirn und Rückenmark und andere Erkrankungen des Gehirns als Ursachen der Hyperthermie ohne nähere Analyse. Die Hyperthermie nach Eingriffen am Zentralnervensystem von TÖNNIS 1959 als unspezifisch charakterisiert und von KAUTZKY, KESSLER und MOHRING (1950) und KAUTZKY und ULLRICH (1951) als Initialfieber bezeichnet, wurde von OLIVECRONA (1941) am häufigsten bei Eingriffen im Kleinhirnbrückenwinkelbereich beobachtet. GABIBOV (1953) fand die postoperative Temperaturerhöhung um so stärker ausgeprägt, je näher der Prozeß an den Ventrikelwänden, den subkortikalen Zentren oder am Hirnstamm gelegen war. Von dieser unspezifischen postoperativen Hyperthermie wurden schwerere postoperative Verlaufsformen, besonders bei Eingriffen im Bereich des Hypothalamus mit Koma und tödlichem Verlauf innerhalb der ersten 48 Stunden oder bei der Dezerebration, außer von LOEW (1953) und VERBIEST (1956) nicht unterschieden (KORNBLUM, 1925; CUSHING, 1932; FOERSTER, 1935; ALPERS, 1936; GAGEL, 1936; GLOBUS und KUHLENBECK, 1942; SKRCYPCZAK, 1965). ERICKSON (1939) differenzierte verschiedene Hyperthermieformen, ohne den Versuch einer näheren Analyse zu unternehmen. Die Hyperthermie bei Dezerebration wurde von WILSON (1920) zuerst beschrieben. Spätere Literaturhinweise lassen diese Temperaturverlaufsform als typisches Symptom erkennen (ERICKSON, 1939; GRIESEL, 1939; KAUTZKY und ULLRICH, 1951; VERBIEST, 1956; PIA, 1957; LOEW und WÜSTNER, 1960). Chronische bzw. subchronische Temperatursteigerungen als direkte Tumorreizerscheinungen ohne vorausgegangene Operation oder akute Hirndruckänderung sind auf Einzelfälle beschränkt. So berichteten STRAUSS und GLOBUS (1931) über 3 Fälle mit hyperthermen Verläufen von 2 bis 6 Wochen vor dem Tode ohne innere oder äußere Exazerbation bei Tumoren im Bereich des Hypothalamus. Je eine weitere Fallbeschreibung gleicher Art gaben GAGEL (1936) und TÖNNIS (1959).

Im Vergleich zu den Beschreibungen hyperthermer Verläufe sind solche hypothermer Art mit Tiefstwerten bis 34° noch seltener. In der Literatur der letzten 50 Jahre werden sie im Zusammenhang mit zentral-nervösen Ausfällen ausschließlich bei Tumoren im Bereich des Hypothalamus erwähnt (RATNER, 1925; CUSHING, 1932; OBREGIA, DIMOLESCO und CONSTANTINESCO, 1932; FOERSTER, 1935; DAVISON, 1940; ZIMMERMANN, 1940; SUNDERMAN und HAYMAKER, 1947; WECHSLER, 1956; TÖNNIS, 1959 und SERINGE, PLAINFOSSE und DESPRES, 1965; PERELMAN, HAMBOURG, BORALEVI, DESBOIS, WATCHI und MARIE, 1969). Eine exakte pathologisch-anatomische Beschreibung gaben DAVISON und SELBY (1935) bei einer spontan hypothermen Verlaufsform bei einem Tumor mit Zerstörung des hinteren Hypothalamusanteiles und der supra-optischen und präventrikulären Kerngebiete (entsprechend dem Wärmeerhaltungszentrum). Postoperativ hypotherme Verläufe wurden von KAHN (1958) bei einem großen suprasellären An-eurysma und von TÖNNIS (1959) bei zwei Kraniopharyngeomen beschrieben. KAPLAN, HART und BROWDER (1952) beschrieben erstmals hypotherme Verläufe bei mesenzephalen Läsionen, die unter dem Bild des inkompletten Bulbärhirnsyndroms abliefen, und leiteten damit zu Beobachtungen der letzten Jahre über. Mit Verbesserung der Intensivtherapie und längerer Überlebenszeit, auch bei irreversiblen zentralen Ausfällen, wurden gehäuft tief hypotherme Verläufe bei inkompletten bis kompletten Bulbärhirn-syndromen gesehen (MOLLARET, 1962; SCHNEIDER, MASSHOFF und NEUHAUS, 1967; GERSTENBRAND, 1967; KÄUFER und PENIN, 1968; GÜTTGEMAN und KÄUFER, 1969; BUSHART und RITTMEYER, 1969; PENIN und KÄUFER, 1969; SCHNEIDER, 1969 und LAUSBERG, 1969). Diese Hypothermie muß als Sonderform einer Temperaturregula-tionsstörung angesehen werden und ist Folge eines akuten Ausfalls der Zentren für die Temperaturregulation in Zwischenhirn und Hirn-stamm und unter bestimmten Voraussetzungen ein Zeichen des zen-tralen Todes (LAUSBERG, 1970). Die Überlebenszeit der Kranken ist dabei mit längstens 7 Tagen so kurz, daß spinale Zentren der Tempe-raturregulation (THAUER, 1939, 1969) nicht wirksam werden können.

Klinische Befunde mit chronischer, fast totaler Zerstörung des Hypothalamus durch ein ausgedehntes extrasellär langsam wach-sendes Hypophysenadenom (WITTERMANN, 1936) und eigene Be-obachtungen bei akuter kompletter Halsmarkläsion mit Normali-sierung der Temperaturregulation nach mehrtägiger Hypothermie bis in den Bereich von 34°, sprechen in Übereinstimmung mit THAUER gegen die alleinige Temperaturregulation aus Hypothala-mus oder Hirnstamm, wenngleich diese Region nach klinischen Ergebnissen als oberstes und wichtigstes Reaktionszentrum zur Regelung akuter Veränderungen pathophysiologischer oder patho-morphologischer Art angesehen werden muß.

c) Klinische Aspekte des Hirnstammes

Anatomisch werden dem Hirnstamm Mesenzephalon, Pons und Medulla oblongata zugeordnet. Aus neurologisch-klinischen Erwägungen erfolgt eine weitere Unterteilung in „rostralen" oder „oralen" Hirnstamm, der Mesenzephalon und oberen Pons und „kaudalen" Hirnstamm, der unteren Pons und Medulla oblongata einschließt. Die Bedeutung des Hirnstammes für die klinische Pathophysiologie wurde durch die tierexperimentellen Befunde von SHERRINGTON (1898) erstmals stärker hervorgehoben und in der Folgezeit neben Durchschneidungsversuchen (s. o.) durch Erzeugung experimentellen Hirndrucks (REID und CONE, 1939; SORGO, 1939; TARLOV und GIANCOTTI, 1956; PIA, 1957; TARLOV, GIANCOTTI und RAPISARDA, 1959 und SEEGER, 1968) und durch umschriebene stereotaktische Ausschaltungen (HESS, 1954, 1956; HASSLER, 1957, 1967) erweitert.

Im klinisch-neurologischen Befund treten als Folge einer lokalen oder allgemeinen Hirndruckerhöhung vorwiegend zwei Syndrome einer querschnittserfassenden Schädigung im Hirnstamm auf.

1. Die Einklemmung im Tentoriumschlitz (Mittelhirneinklemmung) und

2. die Einklemmung im Hinterhauptsloch (bulbäre Einklemmung).

Beide können alle Schweregrade vom klinisch latenten bis zum totalen Querschnittssyndrom aufweisen. Die verschiedenen Ursachen der Hirndrucksteigerung, die zur Einklemmung führen können, sind infra- und supratentorielle raumfordernde Prozesse (KERNOHAN und WOLTMAN, 1929; SPATZ und STROESCU, 1934; PIA, 1957; ZÜLCH, 1959) einschließlich spontaner und posttraumatischer intra- und extrazerebraler bzw. zerebellärer Blutungen (RIESSNER und ZÜLCH, 1939; LOEW und WÜSTNER, 1960; FROWEIN, 1961; TANDON, 1964; MAYER, MEHRAEIN und PETERS, 1967) und ein Hirnödem infolge vielfältiger Ursache, auch nach Herzstillstand und schwerem Kreislaufkollaps (LINDENBERG, 1957; MAYER, 1967).

Gemeinsames Kardinalsymptom der zu besprechenden akuten Hirnstammsyndrome ist die Bewußtlosigkeit als zerebrale Allgemeinreaktion. Untersuchungen der letzten zwei Jahrzehnte haben die Retikulärformation um den Aquädukt als Aktivierungszentrum für die Bewußtseinslage aufgedeckt, nachdem wegweisende Untersuchungen über die unspezifischen Aktivierungssysteme des Hirnstammes und ihren Einfluß auf die Großhirnrinde (BREMER, 1935) erst nach Entdeckung des EEGs (BERGER, 1929) ermöglicht worden waren. Nach JEFFERSON (1952) ist das „pertentorielle" Mittelhirn der Hauptschädigungssitz für die Entwicklung eines Komas beim Menschen. Reizversuche (HASSLER, 1957, 1967) konnten den Wachzustand als autonome aktive Leistung bestimmter Hirnteile erkennen lassen, Ausschaltungsexperimente von WHEATLEY (1944), MURPHY und GELLHORN (1945), MORUZZI und MAGOUN (1949), HESS (1954), GELLHORN, KOELLA und BALLIN (1954) und KOELLA und GELLHORN (1954) erbrachten den Nachweis, daß die unspezifische spontane Aktivierung des retikulären Aktivierungssystems nicht auf den kleinen paramedianen Bereich der Formatio reticularis im vorderen Mittelhirnbereich beschränkt ist, sondern auch rostral unmittelbar angrenzende Teile des kaudalen Hypothalamus umfaßt. HASSLER vermutete auf Grund der Befunde schon 1957 eine Funktionsgemeinschaft beider Kerngebiete zur Aktivierung des Großhirns. Darüber hinaus bestehen Beziehungen zu den Retikulärkernen des Pons (Nucleus reticularis pontis), die DELL, BONVALLET und HUGELIN (1954) zur Annahme eines sich gegenseitig steuernden mesenzephalo-bulbo-mesenzephalen Erregungskreises veranlaßten (s. auch HASSLER, 1967).

Entsprechend den Einklemmungspforten sind die beiden klinisch bedeutsamsten Hirnstammsyndrome das Mittelhirnsyndrom und das Bulbärhirnsyndrom. Querschnittserfassende Funktionsstörungen im Hirnstamm verlaufen von oral nach kaudal, wobei im Regelfall neben den beiden genannten verschiedene gut definierte neurologische und vegetative Übergangs- und Rückbildungssyndrome durchlaufen werden. Perakute Einflüsse können den Ablauf jedoch so beschleunigen, daß die verschiedenen Zwischenstadien nicht zur Beobachtung kommen. Die Zeittoleranz tödlicher Verläufe gegen die Grundnoxe wird um so geringer, je weiter sich die funktionelle Schädigungsebene der Medulla oblongata nähert. Hier bestehen eindeutige entwicklungsgeschichtliche Beziehungen, wonach die Läsionen der ältesten Anteile nach der kürzesten Schädigungszeit tödlich verlaufen. Entwicklungsgeschichtlich jüngere Gebiete haben eine größere Zeittoleranz gegenüber irreversiblen Funktionsverlusten. Reversible Syndrome durchlaufen den Hirnstamm von kaudal nach oral, wobei in jedem Funktionsniveau Defekte auftreten und bestehenbleiben können.

Schon die beginnende, klinisch noch weitgehend latente mesenzephale Einklemmung kann durch den radiologischen Nachweis einer kaudal-konvexen Verlagerung der A. communicans posterior gesichert werden. Der neurologische Befund ist von diesem Stadium an bei zunächst erhaltenem bis gering eingeschränktem Bewußtsein durch periphere Okulomotoriusstörungen, besonders mit Betroffensein der Pupillomotorik, und ein- oder doppelseitige Pyramidenbahnzeichen charakterisiert. Die weiteren Entwicklungsstadien zum Vollbild des Mittelhirnsyndroms zeigen verstärkte Bewußtseinsstörungen, unkoordinierte Abwehrbewegungen, Strecktonuserhöhung der Beine, Massenbewegung der Arme bis zur Beugetonuserhöhung und zunehmende Augenmuskel- und Pupillenstörungen. GERSTENBRAND (1967) hat beim traumatischen Mittelhirnsyndrom drei Entwicklungsphasen zum Vollbild der Dezerebration herausgestellt.

Die Dezerebration in ihrem Vollstadium ist durch das Leitsymptom der Streckstarre aller Extremitäten mit beiderseits positivem Babinski und spontan ablaufenden, durch Außenreize verstärkbaren Strecksynergismen gekennzeichnet. CAIRNS (1952), PIA (1957) und MÜLLER (1965) beschrieben die Symptomatik vorwiegend bei Tumoren, FROWEIN (1958, 1961), LOEW und WÜSTNER (1960) und GERSTENBRAND (1967) bei schweren Schädelhirntraumen und McNEALY und PLUM (1962) erfaßten alle hirndruckbedingten Mittelhirnsyndrome. Die Symptomatik wird durch die Divergenzstellung der Bulbi ergänzt, häufig mit Hertwig-Magendiescher Schielstellung. McNEALY und PLUM (1962) bezogen unterschiedliche Reaktionen des Vestibularapparates bei Drehung des Kopfes und bei Kaltkalorisation in die Symptomatik des Mittelhirnsyndroms ein. Der okulozephale Reflex (Puppenkopfphänomen) und der von KLINGON (1952) erstmalig bei einem Komatösen beobachtete vestibulo-okuläre Reflex zeigen je nach Ausprägung der Mittelhirnsymptomatik unterschiedliche Reaktionen, von gesteigert bis dissoziiert, deren pathophysiologische Grundlage unter anderem von SZENTAGOTHAI (1962) und KORNHUBER (1966) erarbeitet wurde.

Das klinische Bild der mesenzephalen Dezerebration wird durch zentrale vegetative Funktionsstörungen ergänzt, wovon die Temperaturregulation in Form einer schwer beeinflußbaren Hyperthermie betroffen ist (PIA, 1957). Das Vollbild des Mittelhirnsyndroms entwickelt sich bei einer Schädigung des oberen Hirnstammes unterhalb der roten und oberhalb der Vestibulariskerne. Diese als echte oder tiefe Dezerebration oder Enthirnungsstarre bezeichnete Schädigung kann ausschließlich funktionell sein und bedarf keines pathologisch-anatomischen Korrelats, was JEFFERSON (1952) zu der Bezeichnung „funktionelle Dezerebration" veranlaßte. Ihr steht die hohe Dezerebration (PIA, 1957) gegenüber, bei der die Ebene der roten Kerne und der kaudale Hypothalamus betroffen sind; diese Dezerebrationsform soll schon nach Abtragung beider Hemisphären auftreten und wird deshalb auch Entrindungsstarre genannt. Klinisch ist sie gekennzeichnet durch tiefe Bewußtlosigkeit mit Beugestellung der oberen und Streckstellung der unteren Extremitäten, beiderseits positivem Babinski und Beuge- und Strecksynergismen bei sensiblen Reizen. Weiter bestehen Divergenzstellung der Bulbi, positives Puppenkopfphänomen und tonische vestibulo-okuläre Reflexe. GERSTENBRAND (1967) rechnet dieses Syndrom zur dritten Phase in der Entwicklung zum Vollstadium des Mittelhirnsyndroms. McNEALY und PLUM (1962) nennen es dienzephales Syndrom.

Die Überleitung des Mittelhirnsyndroms zum Bulbärhirnsyndrom ist durch die Schädigung in der Ebene der Vestibulariskerne gekennzeichnet, dabei leitet der Strecktonus in die Tonusverminderung über, woran die Bedeutung der Vestibulariskerne für die Aufrechterhaltung der Streckstarre erkennbar wird (PIA, 1957). Der okulozephale Reflex kann noch vorhanden sein, der vestibulo-okuläre Reflex noch die Zeichen der Dissoziation bieten. Der Befund ist zuerst in Tierexperimenten erhoben worden (FULTON, LIDELL und McRIOCH, 1930) und kommt klinisch bei erhaltener Atmung zusammen mit meist lichtstarren mydriatischen Pupillen als inkomplettes Bulbärhirnsyndrom zur Darstellung, das noch reversibel ist und bei weiterer Progredienz in das komplette Bulbärhirnsyndrom überleitet, das durch tiefes Koma, Tonus- und Reflexminderung der Muskulatur, Abklingen der Reflexe der Babinskigruppe, fehlende Kornealreflexe, Ausfall der Okulo- und Pupillomotorik mit mydriatischer Lichtstarre, Divergenzstellung der Bulbi, Hertwig-Magendiescher Schielstellung, Ausfall des Puppenkopfphänomens und des vestibulo-okulären Reflexes gekennzeichnet ist.

Bei therapeutischer Unbeeinflußbarkeit leitet das Bulbärhirnsyndrom neurologisch unter Tonus- und Reflexverlust bald in das Stadium des zentralen Todes über. Der neurologische Befund bei zentralem Tod wird ergänzt durch Verlust der elektrischen Hirnaktivität (isoelektrisches EEG), durch den intrakraniellen Kreislaufstillstand, der über Karotis- und Vertebralisdarstellung nachweisbar ist und durch das Erliegen des zerebralen Stoffwechsels (arterio-venöse Sauerstoffdifferenzmessung). Die vegetative Symptomatik des zentralen Todes ist durch Atemstillstand, Kreislaufzusammenbruch bei erhaltener Herzfunktion und fakultativem Verlust der Temperaturregulation gekennzeichnet. Die vitale Restfunktion kann nur durch kontrollierte Beatmung und dauernde Kreislaufstützung aufrechterhalten werden. Die Befunde beim zentralen Tod wurden in der Literatur der letzten Jahre, besonders im Hinblick auf die Transplantationschirurgie, lebhaft diskutiert und begrifflich mit verschiedenen Synonyma belegt: Coma depassé (MOLLARET und GOULON, 1959; MOLLARET, BERTRAND und MOLLARET, 1959; BERTRAND, LHERMITTE, ANTOINE und DUCROT, 1959 und FISCHGOLD und MATHIS, 1959), zentraler Tod und Vita reducta (MASSHOFF, 1963, 1968; NEUHAUS, 1963; ADEBAHR, 1964 und GERLACH, 1968, 1969), Gehirntod (KAISER, 1966; LIEBHARD, 1966; SPANN und LIEBHARD, 1966; PENIN und KÄUFER, 1969; GERLACH, 1969, 1970) und Individualtod (ADEBAHR und SCHEWE, 1968).

Die bisherige Syndrombeschreibung betraf die Progredienz der neurologischen Befunde bei Ausweitung der Schädigungsebene im Hirnstamm von rostral nach kaudal und endete im zentralen Tod. In jedem Stadium der Funktionsschädigung einer Hirnstammebene bis zum kompletten Bulbärhirnsyndrom ist eine Restitutio ad integrum möglich, die eng mit der Dauer des Bestehens der Grundnoxe korreliert. Je weiter kaudal die Schädigungsebene im Hirnstamm reicht, desto kürzer ist die Zeit, innerhalb der noch eine Restitution erfolgen kann. Dieser Zeitraum liegt beim hirndruckbedingten Bulbärhirnsyndrom im Bereich von Minuten bis wenigen Stunden, während Mittelhirnsyndrome noch nach wochenlangem Bestehen zur vollen Restitution fähig sind. Die Normalisierung nach Mittelhirnsyndrom erfolgt in Abhängigkeit von der Zeitdauer seines Bestehens ohne oder mit Durchgangssyndromen. So kann sich etwa das akute Mittelhirnsyndrom bei schneller Beseitigung der ursächlichen Hirndrucksteigerung (zum Beispiel Epiduralhämatom) im Stundenbereich ohne Durchgangssyndrom innerhalb von Tagen voll zurückbilden. Länger bestehende Mittelhirnsyndrome durchlaufen verschiedene Stadien neurologisch-vegetativer Symptome, ehe sie zur Normalisierung oder Defektheilung kommen. Das bekannteste Rückbildungssyndrom nach länger dauerndem Mittelhirnsyndrom ist das apallische Syndrom, eine Begriffsbildung KRETSCHMERS (1940), unter der er „die ganzheitliche Störung des Palliums in sich" versteht. GERSTENBRAND (1967) hat in einer umfassenden Schrift das traumatische apallische Syndrom beschrieben, er versteht wie alle anderen neueren Autoren unter apallisch nicht mehr einen Substanzverlust des Hirnmantels, wie bei chronischen Abbauprozessen oder bei Zuständen nach Herzstillstand oder Enzephalitis, sondern einen *Funktionsverlust* infolge mangelnder Stimulierung des Hirnmantels von der hirnstammlokalisierten Substantia reticularis aus (HASSLER, 1967). Hat sich insofern die Bedeutung der Kretschmerschen Begriffsbildung gewandelt, so besteht kein Zweifel, daß die Symptomatik auch durch außerhalb des Mittelhirns (zum Beispiel doppelseitige Pallidumläsionen,

HASSLER, 1970) gelegene umschriebene und diffuse Läsionen hervorgerufen sein kann. Das apallische Syndrom ist mit unterschiedlichen Begriffen benannt worden, von denen die heute gebräuchlichsten von GERSTENBRAND als Übergangsstadien zum Vollbild des apallischen Syndroms in ein Schema eingebaut wurden. Es sind das Coma prolongée (FAU, 1956; LE BEAU, FUNCK-BRENTANO und CASTAIGNE, 1958; LESON, 1960; VIGOUROUX, NAQUET, BAURAND, CHOUX, SALOMON und KHALIL, 1964), die Parasomnie (JEFFERSON, 1952) und der akinetische Mutismus (CAIRNS, OLDFIELD, PENNYBACKER JR. und WHITTERIDGE, 1941). Diese drei Vorstufen zum apallischen Syndrom sind neurologisch nicht immer scharf abgrenzbare Zwischenstadien nach Abklingen des Vollbildes des Mittelhirnsyndroms. Kennzeichen des apallischen Syndroms sind eine besondere Bewußtseinsstörung (Coma vigile), Störungen im normalen Schlaf-Wach-Rhythmus, reflektorische Primitivmotorik, Fehlen emotioneller Reaktionen, Haltungsanomalien mit Kontrakturen, motorische Primitivschablonen und Störungen der Optomotorik. Ergänzt wird das Syndrom durch Symptome seitens Pyramidenbahnläsionen und Blasen-Mastdarm-Störungen. Parkinsonsymptome können ebenso wie Lokalsymptome durch superponierte Herdläsionen auftreten. Der vegetative Befund ist durch Stabilisierung vegetativer Funktionen gekennzeichnet. Dieses Vollbild des apallischen Syndroms kann sich unter Heilung und vollkommener Resozialisierung oder mit Defektheilung zurückbilden. Die von GERSTENBRAND (1967) und PETERS (MAYER, 1968) beschriebenen Remissionsstadien nach apallischen Syndromen umfassen fünf Phasen, die nicht notwendigerweise hintereinander ablaufen müssen. Es sind die Phase der primitiven Psychomotorik, die Phase des optischen Fixierens und Nachgreifens, das Klüver-Bucy-Syndrom, das Korsakow-Syndrom und das psychoorganische Syndrom.

Die Beschreibung der Temperaturregulation bei den verschiedenen Hirnstammsyndromen erfolgte, wie erwähnt, nur in groben Zügen ohne isolierte Untersuchung oder eigene Diskussion. Dem akuten Mittelhirnsyndrom ist eine spontane Hyperthermie zugehörig (WILSON, 1920; ERICKSON, 1939; PIA, 1957; FROWEIN, 1958, 1961; LOEW und WÜSTNER, 1960; MÜLLER, 1965; GERSTENBRAND, 1967 und andere), die sich innerhalb weniger Stunden nach Einsetzen der neurologischen Symptomatik entwickelt, früher schwer beeinflußbar war und oft den raschen tödlichen Verlauf unter begleitender Tachypnoe und Kreislaufzusammenbruch mit Tachykardie und Absinken des Blutdruckes herbeiführte. PIA (1954, 1955) betrachtete die manifeste zentrale Hyperthermie beim Mittelhirnsyndrom als letales Zeichen. Gegenüber diesem eindeutigen Hyperthermieverhalten beim Mittelhirnsyndrom ist das inkomplette oder komplette Bulbärhirnsyndrom durch normotherme oder leicht hypotherme Verhaltensweise gekennzeichnet, was PIA (1957) als differentialdiagnostisches Symptom zwischen mesenzephaler und bulbärer Einklemmung besonders herausstellte. TÖNNIS (1959) vertrat die Ansicht, daß diese Regel nur für die Akutphase der Einklemmung gelten könne, weil mit Wiedereinsetzen der Atmung nach bulbärer Einklemmung oft eine Hyperthermie auftrete. In der Symptomatik des zentralen Todes ist das Temperaturverhalten häufiger beschrieben, es ist gekennzeichnet durch den Verlust der Temperaturregulation, der aus der eigenen Arbeitsgruppe von LORENZ (1969) beschrieben wurde, weitere Berichte stammen von MOLLARET (1962), SCHNEIDER, MASSHOFF und NEUHAUS (1967), GERSTENBRAND (1967), KÄUFER und PENIN (1968), GÜTTGEMANN und KÄUFER (1969), BUSHART und RITTMEYER (1969) und PENIN und KÄUFER (1969). Die eigenen Temperaturbelastungsergebnisse konnten erstmals das poikilotherme Verhalten der zusammengebrochenen Temperaturregulation nachweisen (LAUSBERG, 1969).

C. Klinisch-experimentell ausgelöste Reaktionen des Temperaturverhaltens

Temperaturbelastungen zur Erfassung der physiologischen Normbreite der Temperaturregulation sind in großer Vielfalt durchgeführt und beschrieben worden. So untersuchte schon 1775 BLAGDEN im Selbstversuch das Körpertemperaturverhalten bei Hitzeexposition bis 211°F (99,4°C). WEZLER und THAUER (1948) und GOLDMAN, GREEN und JAMPIETRO (1965) untersuchten den Hitzeeinfluß bei ruhenden Versuchspersonen, FOX, GOLDSMITH, KIDD und LEWIS (1963), WENZEL (1964, 1968) und JAMPIETRO und GOLDMAN (1965) bei körperlichen Belastungen unterschiedlichen Ausmaßes. HELLON, LIND und WEINER (1956) beschrieben die Ergebnisse der Hitzebelastung bei Männern verschiedenen Alters und HASLAG und HERTZMAN (1965) bei jungen Frauen. Vergleiche der Temperaturregulation unter Hitzebelastung bei verschiedenen Völkerstämmen unternahmen WYNDHAM, METZ und MUNRO (1964) und WYNDHAM, McPHERSON und MUNRO (1964). Weitere Untersuchungen unter Hitzebelastung wurden von der Gruppe um WYNDHAM (1964 und 1965) publiziert. Die Kältebelastung (BURTON und EDHOLM, 1955) wurde bei akuter (HURLEY, TOPLIFF und GIRLING, 1964) und chronischer (HAMMEL, SIMON, STRØMME und LANGE ANDERSEN, 1966) Exposition in Luft und unter den Bedingungen der Arktis (HELLSTRÖM und LANGE ANDERSEN, 1960 und WYNDHAM, PLOTKIN und MUNRO, 1964) untersucht. Die Kältegrenzen des Lebens im Wasser wurden von MOLNAR (1946) als Ergebnis einer Analyse schiffbrüchiger Überlebender abgesteckt und von HEGNAUER (1959) bestätigt. Weitere Untersuchungen über Kälteexpositionen im Wasser stammen von CARLSON, HSIEH, FULLINGTON und ELSNER (1958), KANG, KIM, KANG, SONG und HONG (1965) und LEE, HONG und LEE (1965).

Klinische Untersuchungen bei zentralen Temperaturabweichungen mit und ohne Hirnstammsymptomatik sind, von gezielter Kälteapplikation in Einzelfällen bei zentraler Hyperthermie (VERBIEST, 1956) abgesehen, nicht durchgeführt oder diskutiert worden.

Methodik

Die Untersuchungen wurden in einem 10 m² großen, 2,50 m hohen, teilklimatisierten und wärmeisolierten Krankenzimmer der Intensivstation durchgeführt. Über ein Kühlaggregat in 80% Ausdehnung der Zimmerdecke war eine stufenlose Verstellung der Raumtemperatur bis auf $+6°$ als Niedrigstwert möglich. Ein Thermostat gewährte im Bereich von $+6°$ bis $+30°$ eine Temperaturkonstanz innerhalb $\pm1,5°$. Die Hitzebelastung wurde unter Anwendung des normalen Raumheizkörpers und mehrerer zusätzlicher Heizkörper durchgeführt. Je ein Zusatzheizkörper wurde als „Wärmemauer" in die Tür- und die Fensteröffnung gestellt, um eine möglichst hohe Temperaturkonstanz im Rauminneren aufrechtzuerhalten. Die Raumtemperatur konnte derart bis auf 43° erhöht werden. Die Luftfeuchtigkeit lag zu Beginn der Untersuchung bei 30 bis 40% und betrug kurz vor Ende der Belastung regelmäßig 18%. Beim Patienten wurden folgende Meßgrößen fortlaufend registriert: Blutdruck, Puls, Atmung, Körpertemperatur rektal über zwei verschiedene Geräte und Körperschalentemperatur über je einen Thermofühler kutan und subkutan. Zusätzlich wurde bei den meisten — in der Krankengruppe mit Hirnstammschädigungen bei allen — Patienten das EKG über die drei Standardableitungen registriert. Vereinzelt erfolgten EEG-Ableitungen über zwei Kanäle in Längsreihen. Die optische Überwachung erfolgte über einen Fernsehmonitor, wache Patienten waren mit dem Untersuchungsleiter über eine Wechselsprechanlage in dauernder akustischer Verbindung.

Die diesen Untersuchungsergebnissen und den Messungen im Routinebetrieb zugrunde liegenden Temperaturmessungen wurden mit Ferro-Konstantan-Thermoelementen durchgeführt, die gegenüber den Widerstandselementen den Vorteil der punktförmigen Meßstelle haben. Folgende Thermoelementmeßfühler kamen zur Anwendung:

1. Rektalmeßfühler von 20,0 und 40,0 mm Länge und 6 mm Durchmesser.

2. Subkutane Nadelmeßfühler zum Einstechen in das Subkutangewebe, Nadellänge 42 mm, Nadeldicke 1 mm und

3. Hautmeßfühler als 35 mm Durchmesser große Ringapplikatoren mit zentralem Thermopaar.

Es wurden abwechselnd zwei Meßgeräte verwendet:

Gerät 1: Potentiolux 2 (Hartmann & Braun AG., Frankfurt/Main), Photozellenkompensator auf der Grundlage der Schaltung des Lindeck-Rothe-Kompensators. Meßbereich 20 ... 40° entsprechend 1,055 . . . 0 mV (Fe-Ko-Med). Schreiber: Hartmann & Braun 6-Punktschreiber, fortlaufende Punktfolge 20 Sek., Punktfolge des Einzelkanals 120 Sek., Papiervorschub 20 mm/Std.

Gerät 2*: Polycomp 2 (Hartmann & Braun AG., Frankfurt/Main), elektronischer Kompensations-zwölffach-Punktschreiber. Gleichspannungsmessung nach dem Kompensationsverfahren von POGGENDORFF (Literatur bei HARTMANN & BRAUN, 1963) mit vorgeschaltetem photoelektrischem Kompensationsverstärker und Vergleichsstellenunterdrückung auf 43°. Meßbereich wählbar 18 . . . 43°, 23 . . . 43°, 28 . . . 43° und 33 . . . 43°. Meßstrom (Fe-Ko-Med) 1° = 50 Mikrovolt. Fortlaufende Punktfolge wählbar 2″, 4″ und 12″, entsprechende Punktfolge des Einzelkanals 24″, 48″ und 144″. Papiervorschub wählbar 20 mm, 60 mm und 120 mm/Std.

Blutdruck, Puls, Atmung und nochmals die Rektaltemperatur, über einen Widerstandsfühler gemessen, sowie EKG und EEG wurden mit der zentralen Siemens-Überwachungsanlage registriert.

Applikation der Meßfühler und Störfaktoren

Die Kerntemperaturmeßfühler wurden rektal etwa 20 cm tief eingeführt, womit, nach den Untersuchungen von WENZEL (1968), die vergleichende Meßgenauigkeit gewährleistet war (WENZEL konnte den Nachweis führen, daß die Meßgenauigkeit bei rektaler Temperaturmessung ab 7 cm Tiefe der Meßsonde unter 0,1° konstant ist). War die fortlaufende Registrierung der Kerntemperatur rektal nur wenig durch Stuhlgang, etwas stärker während Durchfallperioden gestört, so bereitete die Messung der Schalentemperatur wegen verschiedener Umstände größere Schwierigkeiten. Um bei mehreren Patienten vergleichbare Werte zu erhalten, sollte die Lokalisation der Meßfühler einheitlich sein. Die gelegentliche Dauerregistrierung über mehrere Tage erforderte die Lokalisation der Meßpunkte derart, daß sich Messung einerseits und pflegerische und therapeutische Maßnahmen andererseits nicht gegenseitig behinderten oder ausschlossen. Dauertropfinfusionen, die am Unterarm bis zur Ellenbeuge angelegt waren, machten eine Messung unterhalb der Ellenbeuge problematisch. Weitere Störfaktoren waren die Bewegungsunruhe der Kranken und die oft behinderte kooperative Fähigkeit. Schließlich kam eine Dauermessung am Körperstamm oder den unteren Extremitäten wegen der erforderlichen Bedeckung nicht in Frage. Nach vielfachen Versuchen ergab sich als optimaler Meßpunkt der Schalentemperatur unter klinischen Bedingungen die Oberarmlateralseite, hier wurden einige Zenti-

---

* Von der Deutschen Forschungsgemeinschaft finanziert.

meter oberhalb des Ellenbogengelenkes der Ringapplikator mit
Arasol® (Kunstharz auf Acrylatbasis in alkoholischer Lösung) auf
der Haut befestigt, wobei eine Benetzung des Thermodrahtes vermieden wurde. Die zusätzliche Fixation erfolgte mit einem schmalen
Ringband um die Zirkumferenz des Oberarmes und mit Pflaster-
fixation der Ausgleichsleitung. Der zur Kontrolle der Kutantempe-
ratur verwendete Subkutanmeßfühler wurde etwa 3 cm oberhalb
des Ringelementes flach in das Subkutangewebe eingeführt. Nadel-
konus und Ausgleichsleitung wurden mit Pflaster auf der Haut
fixiert. Das Meß- und Registriergerät stand bei den Temperaturbelastungen außerhalb des Raumes, um die Temperaturkonstanz
der Vergleichsstellen nicht zu gefährden. Die Ausgleichsleitungen
wurden durch ein während der Temperaturbelastungen in ganzer
Länge verschlossenes Loch in der Seitenwand des Raumes zum
Meßgerät geleitet. Aufheizzeiten der Geräte wurden durch Dauer-
betrieb vermieden. Die Thermoelemente wurden vor Inbetrieb-
nahme einzeln im thermostabilen Wasserbad bei Temperaturen
von 20° bis 45° getestet. Einzelabweichungen über 0,1° führten
zur Aussonderung des Meßfühlers.

a) Belastung der Temperaturregulation durch Erhöhung der Umgebungstemperatur

Die Grundlage belastender Temperaturuntersuchungen unter
Hitzebedingungen war ein Fall einer spontanen leichten Hypothermie im Gefolge eines prolongierten Mittelhirnsyndroms am
Übergang zum apallischen Syndrom. Zur physikalischen Beeinflussung der auf etwa 35° erniedrigten Körpertemperatur wurde die
Raumtemperatur des Krankenzimmers auf etwa 40° erhöht. Innerhalb von 12 Stunden normalisierte sich nicht nur die Körpertemperatur anhaltend, sondern der Kranke zeigte auch erstmals eine zu-
wendende Reaktion auf Außenreize. Von dieser „therapeutischen"
Reaktion auf die äußere Wärmeanwendung ausgehend, wurden die
weiteren Belastungsuntersuchungen durchgeführt und die Beobachtungen einer während und nach der Belastung verbesserten Reaktionslage besonders bei Fällen mit apallischem Syndrom bestätigt.

Methodische Schwierigkeiten bei der Hitzebelastung ergaben
sich daraus, daß die klinischen Routinemaßnahmen von Behandlung und Pflege durch die Belastungsuntersuchungen nicht oder
nur unwesentlich beeinflußt werden durften und die Kranken durch
die Untersuchung in keiner Weise gefährdet werden sollten. Daraus resultierten die teils unterschiedliche Dauer der Temperatur-

2*

belastung und die unterschiedlichen Höchstwerte der Umgebungstemperatur.

In pathologischen Fällen erlaubt aber schon eine Einzeluntersuchung eine qualitative Abschätzung der zu erwartenden Gruppenergebnisse. Um die Belastungsbefunde auch unter gering unterschiedlichen Untersuchungsbedingungen miteinander vergleichen zu können, werden in den folgenden Abschnitten zunächst die Temperaturverlaufskurven für jeden Patienten der verschiedenen Gruppen einzeln graphisch dargestellt. Durch den Bezugspunkt Zeit = 0 Min. wird der Zeitfaktor bei Änderung der Kerntemperatur besonders gut erkennbar. Danach werden die Kerntemperaturen, deren Mittelwerte und die Raumtemperatur für die verschiedenen Zeiteinheiten für alle Patienten digital dargestellt, wobei als Bezugspunkt das Ende der Temperaturbelastung gewählt wurde, weil bei dieser Einstellung der Mittelwertvergleich für die verschiedenen Gruppen am anschaulichsten die Unterschiede erkennen läßt. Von allen Kerntemperatureinzelwerten werden die Mittelwerte der Deltakerntemperatur für jeden Zeitpunkt aufgeführt, wodurch ein Vergleich der einzelnen Gruppen auch bei unterschiedlicher Ausgangskerntemperatur ermöglicht wird. Schließlich wird in digitaler und analoger Darstellung der Streubereich der Deltakerntemperatur aufgezeigt, zugleich in einer gemeinsamen Tabelle mit Standardabweichung, Mutungsintervall und halber Intervallbreite des Mutungsintervalls.

*Signifikanzprüfung**

Die Unterschiede der Temperaturmittelwerte der verschiedenen Gruppen zur Normalgruppe werden mit Hilfe des Wilcoxon-Tests und durch Vergleich der Mutungsintervalle auf Signifikanz überprüft. Überschneiden sich die Mutungsintervalle nicht, so kann schon ohne Anwendung des Wilcoxon-Tests auf einen signifikanten Unterschied der Mittelwerte geschlossen werden. Entsprechend der größeren Empfindlichkeit für das Mutungsintervall wird ein signifikanter Unterschied der Kurvenläufe dann angenommen, wenn in mindestens fünf hintereinanderfolgenden Zeitintervallen (60 Min.) keine Überschneidung der Mutungsintervalle der betreffenden Gruppe mit der Normalgruppe besteht. Wegen der geringeren Aussagekraft des Wilcoxon-Tests wird ein signifikanter

---

* Für die stets bereitwillige Beratung und die Durchführung der Computeranalysen danke ich Herrn Dipl.-Mathematiker OSKAR HOFFMANN, Gießen, zugleich danke ich der Firma Siemens AG., Erlangen, für die großzügige Bereitstellung von Rechenzeit an einer DVA 305.

Unterschied erst bei Verschiedenheit in mindestens zehn Messungs-
mittelwerten (135 Min.) in ununterbrochener Reihenfolge angenommen. Auf diese Weise wird die bei beiden Methoden gewählte
Sicherheitswahrscheinlichkeit von 0,9 für klinische Untersuchungs-
ergebnisse genügend vergrößert.

Mutungsintervall

Das Mutungsintervall ergibt eine Aussage über die Genauigkeit der
Mittelwerte. Bei der Berechnung wird davon ausgegangen, daß die
gemittelten Werte normal verteilt sind. Der Quotient $(\bar{x} - \mu) \cdot \sqrt{n}/s$
ist dann $t-$ verteilt mit $n-1$ Freiheitsgraden. Dabei steht $\bar{x}$ für
den errechneten Mittelwert, μ für den echten Mittelwert, s für

die berechnete Varianz $\left(s = \sqrt{\sum_{1}^{n} (x_t - \bar{x})^2 / (n-1)}\right)$ und n für die

Anzahl der Werte. Mit einer Wahrscheinlichkeit von 0,9 wird
der obige Quotient im Intervall $(-t_{0,95}(n-1), +t_{0,95}(n-1))$ liegen,
das heißt

$$-t_{0,95}(n-1) < \frac{\bar{x} - \mu}{s} \sqrt{n} < + t_{0,95}(n-1)$$

woraus für den echten Mittelwert folgt

$$\bar{x} - t_{0,95}(n-1) \cdot \frac{s}{\sqrt{n}} < \mu < \bar{x} + t_{0,95}(n-1) \cdot \frac{s}{\sqrt{n}}$$

mit einer Sicherheitswahrscheinlichkeit von 0,90. Das Intervall

$$\left(\bar{x} - t_{0,95}(n-1) \cdot \frac{s}{\sqrt{n}}, \ \bar{x} + t_{0,95}(n-1) \cdot \frac{s}{\sqrt{n}}\right)$$

stellt das gewünschte Mutungsintervall dar.

Wenn auch die Voraussetzung der Normalverteilung der gemittelten Werte nicht unbedingt gegeben ist, erscheint es trotzdem
sinnvoll, ein Mutungsintervall auf diese Weise zu bestimmen, da
andere Methoden zu noch gröberen Aussagen führen. Es bleibt
festzustellen, daß das berechnete Mutungsintervall einen ersten
Anhaltspunkt über die Genauigkeit der Mittelwerte liefert.

Wilcoxon-Test

Beim Wilcoxon-Test als einem verteilungsunabhängigen Test
für den Vergleich zweier Stichproben werden in der Regel die Mittelwerte der beiden Stichproben verglichen. Wie bei vielen anderen verteilungsunabhängigen Tests wird auch beim Wilcoxon-Test
mit Rangzahlen gearbeitet.

Zunächst werden alle Werte beider Stichproben zusammengefaßt und diese in Rangzahlen übertragen (das heißt, alle Werte werden der Größe nach geordnet und dann durchnumeriert). Enthält die Stichprobe 1 n_1 Werte und die Stichprobe 2 n_2 Werte und wird die Summe der Rangzahlen, welche zur ersten Stichprobe gehören, mit R_1 bezeichnet, so verwendet man als Testgröße den Ausdruck

$$R_1 - \frac{n_1\,(n_1 + n_2 + 1)}{2}.$$

Die Signifikanzschranken für diese Testgröße werden den einschlägigen Tabellenwerken entnommen.

Gruppeneinteilung

Die *Gruppeneinteilung* wurde nach Lokalisation des Grundprozesses und nach neurologischen Syndromen getroffen. Als Vergleichsgruppe dient ein Kollektiv von 8 Normalpersonen. Die Analyse beruht auf der Auswertung der Ergebnisse von 44 Einzeluntersuchungen bei 34 Personen mit insgesamt 316 Meßstunden. Die einzelnen Gruppen wurden wie folgt unterteilt:

1. Normalgruppe.

2. Hypophysentumoren ohne supraselläres Wachstum oder mit umschriebenem suprasellärem Wachstum nach ventral in den prächiasmatischen Bereich. Nach Tumorgröße und Wachstumsrichtung, beides luftenzephalographisch oder bioptisch nachgewiesen, ist bei den Fällen, die dieser Gruppe zugeordnet wurden, keine direkte dienzephale oder hypothalamische Alteration anzunehmen.

3. Supraselläre Tumoren, vorwiegend Kraniopharyngeome, aber auch ausgedehnte, besonders nach dorsal suprasellär sich ausbreitende Hypophysentumoren mit lokalem Schädigungsschwerpunkt im Hypothalamus.

4. Eine Sondergruppe suprasellärer Tumoren mit neurologischen Hinweisen auf eine direkte Mittelhirnbeteiligung oder autoptisch nachgewiesener Ausdehnung bis in den Mittelhirnbereich.

5. Fälle mit klinischen Zeichen einer Mittelhirneinklemmung infolge supratentorieller Drucksteigerung. Befundvoraussetzung für die Einordnung in diese Gruppe ist ein Koma mit Dezerebration.

6. Gruppe der apallischen Syndrome. Voraussetzung sind eine vorher bestehende Dezerebration und nachfolgende eindeutige Merkmale des apallischen Syndroms (s. Abschnitt klinische Aspekte des Hirnstammes).

7. Fälle mit dem neurologischen Befund des kompletten Bulbärhirnsyndroms und radiologischem und/oder elektroenzephalographischem Nachweis des zentralen Todes.

8. Sondergruppe Großhirntumoren und Schädelhirntraumen ohne Koma und ohne neurologische Hinweise auf Hirnstammbeteiligung.

Gruppe 1 — Normalpersonen

Die Nullserie wurde an acht gesunden Personen beiderlei Geschlechts im Alter zwischen 25 und 42 Jahren durchgeführt. Bei allen Fällen wurde die Umgebungstemperatur auf mindestens 40° erhöht, die Belastung dauerte 285 bis 405 Min. Abb. 1 zeigt in der

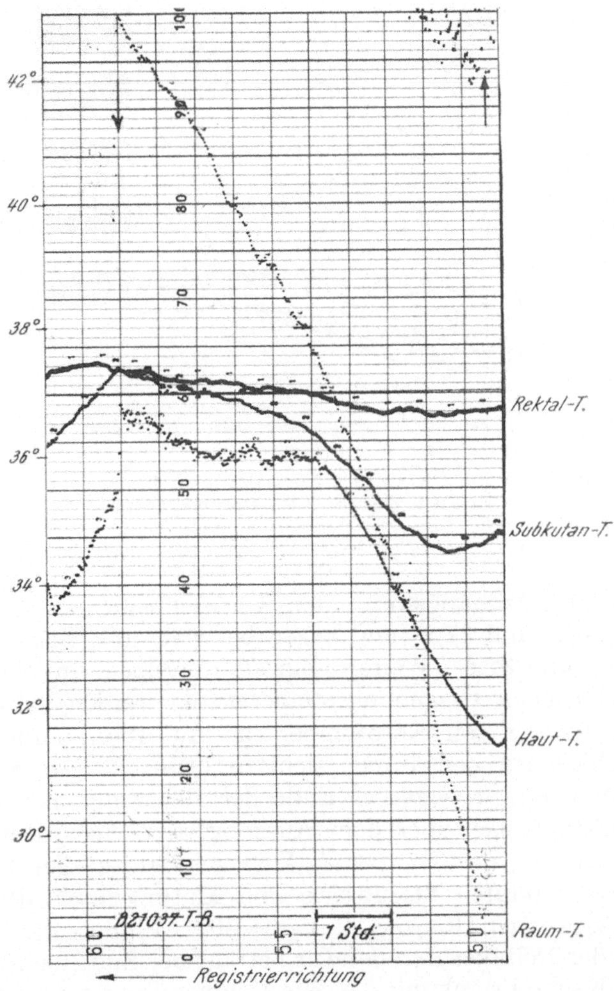

Abb. 1. Normalverlauf der Körpertemperaturen unter Hitzebelastung (max. 43°)

Registrierrichtung von rechts nach links das Verhalten von Kern-
temperatur (rektal), Subkutantemperatur und Hauttemperatur
in Abhängigkeit von der Erhöhung der Raumtemperatur auf 43°.
Der unregelmäßige Verlauf der Hauttemperaturkurve wird bei
Raumtemperaturen über 37° als Folge vermehrter Hautfeuchtig-
keit öfters beobachtet. Die graphische Darstellung (Abb. 2) mit
Bezugspunkt Zeit = 0 läßt einen enggebündelten Verlauf aller
Temperaturkurven besonders auf dem Höhepunkt der Belastung

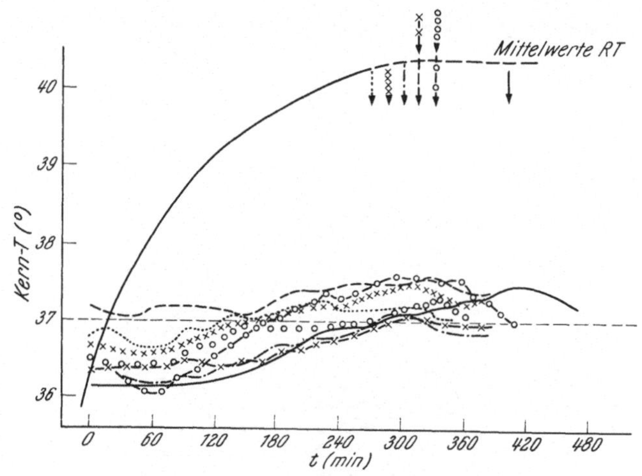

Abb. 2. *1* Hitzebelastung (max. 43°) Normalgruppe. (Bezugspunkt: Zeit = 0;
↓ Belastungsende; RT Raumtemperatur)

erkennen. Die Ausgangswerte der Kerntemperatur streuen noch
zwischen 36,2° und 37,2° und liegen bei Ende der Belastung zwischen 37,1° und 37,6°. Weitere Einzelunterschiede im Verlauf bei
den verschiedenen Umgebungstemperaturen werden bei der digi-
talen Darstellung von Kerntemperatur und Raumtemperatur in
den verschiedenen Zeiträumen sichtbar (Tab. 1). Der Mittelwert
der Kerntemperatur liegt bei Ende der Belastung mit 37,3° um
durchschnittlich 0,8° über dem Ausgangswert. Entsprechend der
engen Bündelung des Temperaturkurvenverlaufes aller Fälle dieser Gruppe verlaufen Streubreite und Mutungsintervall (Tab. 2
und Abb. 3) in engen Grenzen, die halbe Intervallbreite des Mutungsintervalls der Deltakerntemperatur beträgt bei Ende der Belastung
0,2°. Die Nachschwankung der Kerntemperatur ist maximal 0,1°
bei 30 Min. Dauer. Die einzige Reaktion der übrigen vegetativen

Tabelle 1. *1 Hitzebelastung Normalfälle*
(Bezugspunkt: Zeit bei Belastungsende [X]. Zeit. Kern-T. [KT]. Raum-T. [RT]. Mittelwerte KT und RT)

I-Z./U-NR.	100745/1		280829/1		031030/1		230739/1		210435/1		290727/1		020438/1		021437/1		MITW	MITW
ZEIT	KT	RT	KT	RT	KT	RT	KT	RT	KT	RT	KT	RT	KT	RT	KT	RT	KT	RT
0					36.2	20											36.2	
15					36.2	23											36.2	
30					36.2	26											36.2	
45					36.2	29											36.2	
60					36.2	30											36.2	
75					36.2	32							36.4	20			36.3	
90			36.5	21	36.2	33	37.2	23	36.4	18			36.4	23			36.5	
105			36.4	27	36.2	34	37.1	28	36.4	24	36.5	20	36.3	26			36.5	
120			36.4	28	36.3	35	37.1	30	36.4	26	36.5	23	36.2	29			36.5	
135	36.8	22	36.4	30	36.3	35	37.1	32	36.4	27	36.4	25	36.1	31	36.7	21	36.5	28
150	36.9	27	36.4	31	36.4	33	37.2	33	36.4	29	36.2	28	36.2	33	36.6	26	36.5	30
165	36.8	30	36.4	32	36.4	33	37.2	34	36.5	30	36.2	30	36.3	34	36.6	30	36.6	32
180	36.7	33	36.5	33	36.6	32	37.2	35	36.5	31	36.2	31	36.4	35	36.7	34	36.6	33
195	36.7	34	36.6	34	36.7	32	37.2	36	36.5	33	36.3	32	36.6	37	36.7	35	36.7	34
210	36.7	35	36.6	35	36.8	33	37.2	36	36.4	34	36.3	34	36.7	38	36.7	35	36.7	35
225	36.9	36	36.7	36	36.9	32	37.1	37	36.5	35	36.4	35	36.9	38	36.8	36	36.8	36
240	36.9	37	36.9	37	36.9	35	37.1	38	36.5	35	36.4	36	37.0	39	36.9	37	36.8	37
255	37.0	38	36.9	38	36.9	57	37.2	38	36.5	33	36.5	37	37.1	40	37.0	38	36.9	37
270	37.1	39	36.9	38	37.0	38	37.3	39	36.6	36	36.6	38	37.2	40	37.1	39	37.0	38
285	37.1	40	36.9	39	37.1	39	37.4	39	36.6	37	36.7	39	37.2	40	37.1	39	37.0	39
300	37.1	41	36.9	39	37.1	40	37.4	40	36.7	38	36.7	39	37.3	41	37.1	40	37.0	40
315	37.1	41	36.9	40	37.1	41	37.4	40	36.7	39	36.8	40	37.3	42	37.2	40	37.1	40
330	37.1	42	36.9	41	37.2	41	37.5	41	36.8	40	36.8	40	37.4	42	37.2	41	37.1	41
345	37.1	42	37.0	41	37.2	42	37.5	42	36.9	40	36.8	40	37.5	42	37.2	41	37.2	41
360	37.3	43	37.0	42	37.3	42	37.5	42	36.9	41	36.9	40	37.6	43	37.2	42	37.2	42
375	37.2	42	37.1	43	37.3	43	37.5	42	37.0	42	37.0	40	37.6	43	37.3	42	37.3	42
390	37.2	42	37.2	43	37.4	43	37.5	43	37.1	42	37.1	40	37.6	43	37.4	43	37.3	42
X 405	37.2	42	37.2	43	37.5	43	37.6	43	37.1	42	37.1	40	37.6	43	37.4	43	37.3	42
420	37.2	23	37.3	26	37.5	25	37.6	20	37.0	27	37.0	30	37.6	18	37.5	23	37.3	24
435	37.2	22	37.2	24	37.4	24	37.5	19	37.0	27	37.0	27	37.3	19	37.5	20	37.3	23
450	37.2	20	37.1	23	37.3	23	37.4	20	37.0	26	36.9	26	37.3	20	37.4	19	37.2	22
465	37.1	19	37.1	24	37.2	24	37.4	20	37.0	26	36.9	25	37.1	20	37.3	19	37.1	22
480	37.1	20	37.0	24									37.0	20			37.0	

Tabelle 2. *1 Hitzebelastung Normalfälle*
(Mittelwerte ⊿KT. Standardabweichung. Streubereich. Mutungsintervall mit halber Intervallbreite)

ZEIT	MIT	SA	STREUBEREICH		MUTUNGSINTERVALL		IVB/2
0	0.0						
15	0.0						
30	0.0						
45	0.0						
60	0.0						
75	0.0						
90	0.0						
105	0.0	0.1	-0.1	0.0			
120	0.0	0.1	-0.2	0.1	-0.1	0.1	0.1
135	-0.1	0.1	-0.3	0.1	-0.2	0.0	0.1
150	0.0	0.2	-0.3	0.2	-0.1	0.1	0.1
165	0.0	0.2	-0.3	0.2	-0.1	0.1	0.1
180	0.0	0.2	-0.3	0.4	-0.1	0.1	0.1
195	0.1	0.2	-0.2	0.5	0.0	0.2	0.1
210	0.1	0.3	-0.2	0.6	-0.1	0.3	0.2
225	0.2	0.3	-0.1	0.7	0.0	0.4	0.2
240	0.2	0.3	-0.1	0.7	0.0	0.4	0.2
255	0.3	0.3	0.0	0.7	0.1	0.5	0.2
270	0.4	0.3	0.1	0.8	0.2	0.6	0.2
285	0.4	0.3	0.2	0.9	0.2	0.6	0.2
300	0.5	0.3	0.2	0.9	0.3	0.7	0.2
315	0.5	0.3	0.2	0.9	0.3	0.7	0.2
330	0.5	0.3	0.3	1.0	0.3	0.7	0.2
345	0.6	0.3	0.3	1.1	0.4	0.8	0.2
360	0.6	0.3	0.3	1.2	0.4	0.8	0.2
375	0.7	0.3	0.3	1.2	0.5	0.9	0.2
390	0.7	0.3	0.3	1.2	0.5	0.9	0.2
X 405	0.8	0.3	0.4	1.3	0.6	1.0	0.2
420	0.8	0.3	0.4	1.3	0.6	1.0	0.2
435	0.7	0.3	0.3	1.2	0.5	0.9	0.2
450	0.6	0.3	0.2	1.1	0.4	0.8	0.2
465	0.6	0.2	0.2	1.0	0.4	0.8	0.2
480	0.5	0.2	0.3	0.6	0.2	0.8	0.3

Tabelle 3. *Mittelwerte für Raumtemperatur (RT), Pulsfrequenz (PF)*
und Atemfrequenz (AF) in verschiedenen Stadien der Hitzebelastung

	A			B			C			D		
	RT	PF	AF	RT	PF	AF	RT	PF	AF	RT	PF	AF
Normalgruppe	21	70	16	34	70	16	41	77	17	43	85	17
Hypophysen-Tu.	21	67	18	26	71	17	33	74	19	34	78	22
Supraselläre Tu.	22	97	18	29	103	19	37	105	19	38	112	20
Supraselläre Tu., Sonderform	18	101	15	24	105	16	31	112	17	29	123	21
Dezerebration	18	127	26	27	131	28	36	154	41	36	159	46
Apallisches Syndr.	23	109	29	31	111	33	41	140	42	41	153	62

A   vor Beginn der Belastung
B   nach 1 Stunde
C   1 Stunde vor Ende der Belastung
D   Ende der Belastung

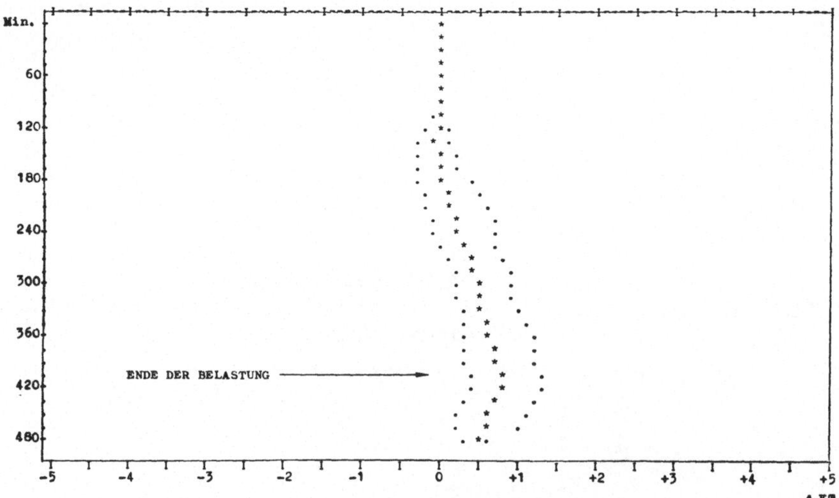

Abb. 3. *1* Hitzebelastung Normalfälle. Streubereich ΔKT (entsprechend Tab. 1)

Parameter (Tab. 3) ist eine Pulsbeschleunigung, die bei Erreichen der mittleren Kerntemperatur von 37,0° vom Ausgangsmittelwert 70/Min. auf 73/Min. ansteigt. Am Ende der Temperaturbelastung liegt der Pulsmittelwert bei 85/Min., und 90 Min. nach Ende der Belastung besteht der Ausgangswert von 70/Min. Die Atemfrequenz bleibt fast unverändert, auch das Blutdruckverhalten wird, von einer leichten Öffnung der Amplitude abgesehen, nicht beeinflußt. Abb. 4 zeigt den typischen Kurvenverlauf bei einer 39jährigen männlichen Versuchsperson. Die unregelmäßige Darstellung der Atemfrequenz ist meßtechnisch bedingt und wird durch die verminderte Empfindlichkeit des Atemthermistors bei erhöhter Raumtemperatur hervorgerufen. Während der Belastung, etwa bei Erreichen von 35° Raumtemperatur, Auftreten einer Hautfeuchte mit nachfolgendem, individuell unterschiedlich ausgeprägtem Schwitzen.

Mit der Temperaturbelastung bei Normalpersonen kann gezeigt werden, daß unter Temperaturanstieg bis 43° Raumtemperatur über durchschnittlich 315 Min. ein durchschnittlicher Anstieg der

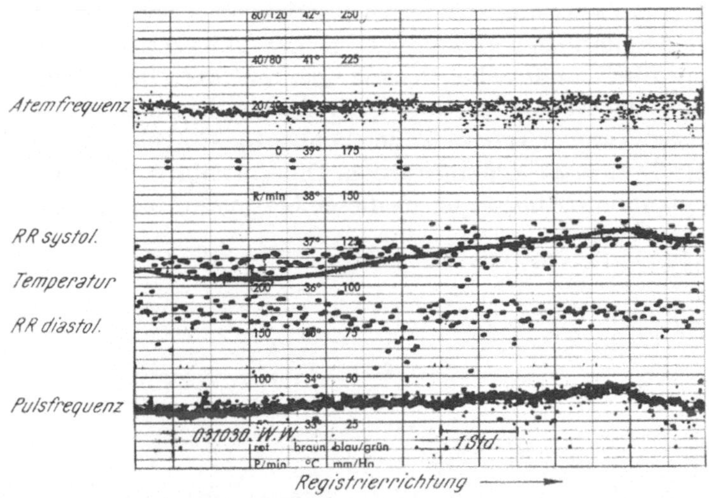

Abb. 4. Verhalten der vegetativen Parameter während Hitzebelastung (max. 43°) bei Normalperson

Kerntemperatur um 0,8° erfolgt, der von einem durchschnittlichen Anstieg der Pulsfrequenz um knapp 20% bei praktisch unverändertem Blutdruck und unveränderter Atemfrequenz begleitet wird. Bei allen Versuchspersonen wurde die Blutgasanalyse nach Astrup mindestens dreimal während der Temperaturbelastung durchgeführt, und zwar vor Beginn, während und kurz vor Ende der Belastung sowie bei einigen Fällen einige Stunden später. Der pH-Wert ist die konstanteste Größe, der Bereich 7,37 bis 7,45 wird nie überschritten. Der Basenüberschuß liegt, von zwei Messungen abgesehen, die +0,3 und +0,2 ergaben, immer im Minusbereich, wobei das arithmetische Mittel −1,8 beträgt. Der PCO_2-Wert liegt in allen Fällen kurz vor Ende der Temperaturbelastung im unteren Grenzbereich zwischen 25,0 und 36,0 mm Hg bei konstanten PO_2-Werten über 87 mm Hg. Dieser Befund weist bei nahezu unveränderter Atemfrequenz auf eine Hyperpnoe als Atemvolumensteigerung hin. Die Werte des aktuellen Bikarbonats zeigen volles Kompensationsverhalten. Zusammengefaßt entsprechen die Ergebnisse der Hitzebelastung von Normalpersonen unter den durch klinische Aspekte bestimmten Versuchsanordnungen den in der Literatur beschriebenen Resultaten (s. o.).

Gruppe 2 — Hypophysentumoren

Die Hitzebelastung wurde bei 5 Fällen in 8 Einzeluntersuchungen als diagnostische Maßnahme vor der Tumoroperation durchgeführt, wobei technische Schwierigkeiten der Raumtemperaturerhöhung die Dauer der Untersuchung bis maximal 810 Min. auszudehnen zwangen. In zwei Fällen konnte die Umgebungstemperatur nur bis 27° bzw. 29° erhöht werden. Die Verteilung der Temperaturverlaufskurven (Abb. 5) ist in dieser Gruppe diffuser, was wohl in

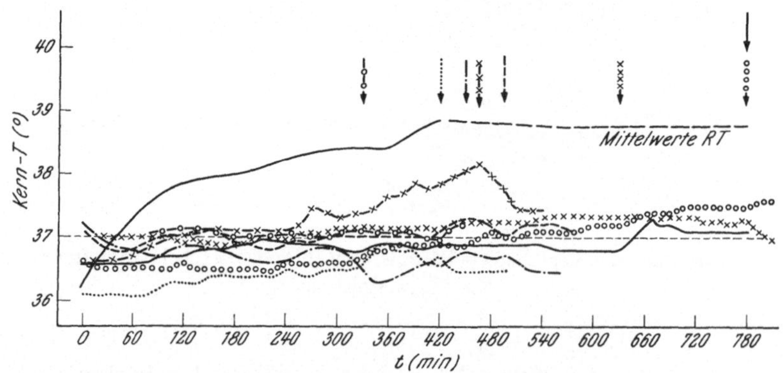

Abb. 5. *2* Hitzebelastung (max. 42°) Hypophysentumoren. (Bezugspunkt: Zeit = 0; ↓ Belastungsende; RT Raumtemperatur)

erster Linie auf die unterschiedlichen Belastungszeiten zu beziehen ist. Als Höchstwerte der Kerntemperatur überschreitet nur ein Fall 37,6°, damit bestehen keine meßbaren Unterschiede im Vergleich zur Normalgruppe. Der ungewöhnliche Verlauf der Kerntemperatur betrifft eine Patientin dieser Gruppe mit einem eosinophilen Adenom. Der Höchstwert beträgt hier 38,2° bei 42° Raumtemperatur und einer Belastungszeit von 465 Min. Der Gruppen-mittelwert bei Belastungsende beträgt 37,2° (Tab. 4), der Mittel-wert der Deltakerntemperatur 0,4°. Streubereich (Abb. 6) und Mutungsintervall (Tab. 5) verlaufen weniger eng als in der Normal-gruppe. Entsprechend beträgt die halbe Intervallbreite des Mutungs-

Tabelle 4. *2 Hitzebelastung bei Hypophysentumoren*
(Bezugspunkt: Zeit bei Belastungsende [X]. Zeit. Kern-T. [KT]. Raum-T. [RT]. Mittelwerte KT und RT)

I-Z./U-NR.	220131/1		100806/1		301235/1		110544/1		140694/1		030827/1		030827/2		030827/3		MITW	MITW
ZEIT	KT	RT	KT	RT	KT	RT	KT	RT	KT	RT	KT	RT	KT	RT	KT	RT	KT	RT
0															37.1	21	37.1	
15															37.0	21	37.0	
30													36.6	20	37.0	22	36.8	
45													36.6	21	37.0	22	36.8	
60													36.5	22	37.0	23	36.8	
75													36.5	22	37.0	23	36.8	
90													36.5	23	37.0	24	36.8	
105													36.5	23	37.0	24	36.8	
120													36.5	24	37.0	25	36.8	
135													36.5	24	37.0	25	36.8	
150													36.6	24	36.9	25	36.8	
165											36.6	20	36.5	25	36.9	26	36.7	
180											36.6	21	36.5	25	36.9	26	36.7	
195											36.6	22	36.5	25	37.0	26	36.7	
210											36.6	22	36.5	26	37.0	27	36.7	
225											36.6	23	36.5	26	37.0	27	36.7	
240											36.6	23	36.5	26	37.0	27	36.7	
255	37.1	18									36.7	24	36.5	26	37.1	27	36.9	
270	37.0	20									36.7	24	36.6	27	37.1	28	36.9	
285	36.8	21									36.7	24	36.6	27	37.1	28	36.8	
300	36.8	22									36.8	25	36.6	27	37.2	28	36.9	
315	36.8	24									36.8	25	36.6	27	37.2	28	36.9	
330	36.9	24									36.8	25	36.6	28	37.2	29	36.9	
345	37.0	25			36.5	20					36.9	25	36.6	28	37.2	29	36.8	
360	37.0	25			36.6	26	37.2	22			36.9	26	36.7	28	37.2	29	36.9	
375	37.0	26			36.6	29	37.0	27			37.0	26	36.8	28	37.2	29	36.9	
390	37.0	26	36.1	22	36.6	30	37.0	28			36.9	26	36.8	28	37.2	29	36.8	
405	37.1	26	36.1	25	36.7	31	37.0	30			36.9	27	36.9	28	37.2	29	36.8	
420	37.0	26	36.1	27	36.9	32	37.0	32			36.9	27	36.9	28	37.2	29	36.9	
435	36.9	27	36.1	28	36.9	33	36.9	32			36.9	27	36.9	29	37.3	30	36.8	
450	36.9	27	36.1	30	37.0	34	36.7	34			36.9	27	36.9	29	37.3	30	36.8	
465	36.8	28	36.1	31	37.0	35	36.8	34			36.8	27	36.9	29	37.3	30	36.8	
480	36.8	28	36.2	32	37.0	36	36.9	35			36.8	27	36.9	29	37.3	30	36.9	
495	36.9	28	36.3	33	37.0	36	37.0	36	37.0	21	36.8	28	37.0	29	37.3	30	36.9	30
510	37.1	29	36.3	34	37.1	37	36.8	37	36.9	21	36.9	28	37.1	29	37.3	30	36.9	31
525	36.9	29	36.3	34	37.1	38	36.8	37	36.9	22	36.9	28	37.0	29	37.3	30	36.9	31
540	37.0	29	36.4	35	37.1	38	36.7	38	37.0	23	36.9	28	37.0	29	37.3	30	37.0	31
555	37.0	29	36.4	35	37.1	39	36.6	39	37.0	23	36.8	28	37.1	29	37.4	30	36.9	32
570	37.0	30	36.4	34	37.1	40	36.6	39	37.0	24	36.8	28	37.1	29	37.4	30	36.9	32
585	37.0	30	36.4	34	37.1	40	36.6	40	37.0	24	36.9	28	37.1	29	37.4	31	36.9	32
600	37.0	30	36.4	33	37.2	40	36.6	41	37.0	25	36.9	29	37.1	29	37.4	31	37.0	32
615	37.0	31	36.4	33	37.5	41	36.7	41	37.0	26	36.9	29	37.1	29	37.4	31	37.0	33
630	37.0	31	36.5	33	37.2	41	36.8	41	37.0	27	36.9	29	37.2	30	37.4	32	37.0	33
645	37.1	31	36.4	33	37.3	41	36.8	41	37.0	27	36.9	29	37.2	30	37.4	32	37.0	33
660	37.0	31	36.4	34	37.4	41	36.8	41	37.0	27	36.9	29	37.2	30	37.4	32	37.0	33
675	37.1	29	36.5	34	37.4	41	36.7	41	37.1	27	36.9	29	37.3	30	37.4	32	37.1	33
690	37.2	28	36.5	34	37.5	42	36.5	41	37.0	27	36.9	29	37.4	30	37.4	32	37.1	33
705	37.3	29	36.5	34	37.7	42	36.3	41	37.0	27	36.9	29	37.4	30	37.4	32	37.1	33
720	37.3	30	36.6	34	37.7	42	36.3	41	36.9	27	36.9	29	37.5	50	37.4	32	37.1	33
735	37.1	31	36.9	34	37.9	42	36.4	41	37.0	27	36.9	29	37.5	30	37.3	32	37.1	33
750	37.0	28	36.9	36	37.8	42	36.5	41	37.0	27	36.9	29	37.5	30	37.3	32	37.1	33
765	37.2	28	36.8	38	37.9	42	36.6	41	37.0	27	36.9	29	37.5	30	37.2	32	37.1	33
780	37.2	27	36.8	39	38.0	42	36.5	41	37.1	27	36.9	29	37.5	30	37.3	32	37.2	34
795	37.2	27	36.6	40	38.1	42	36.7	41	37.1	27	36.9	29	37.6	30	37.1	32	37.2	34
X 810	37.2	26	36.7	40	38.2	42	36.8	41	37.2	27	36.9	29	37.6	30	37.0	32	37.2	33
825			36.5	25	38.0	24	36.7	27	37.1	25							37.1	
840			36.5	23	37.8	22	36.7	25	37.1	24							37.0	
855			36.5	22	37.5	21	36.7	25	37.1	24							37.0	

intervalls am Ende der Belastung 0,4°. Die Nachschwankung der Kerntemperatur nach Beendigung der Hitzebelastung unterschei-det sich nicht von der der Normalgruppe. Der Vergleich zur Nor-malgruppe nach dem Wilcoxon-Test zeigt im Längsschnitt keine signifikante Änderung der Mittelwerte der Deltakerntemperatur für diese Belastungsgruppe (Abb. 7). Die übrigen vegetativen Parameter (Tab. 3), einschließlich der Blutgasanalyse, entsprechen ebenfalls den Befunden der Normalgruppe. Die Schwitzneigung ist bei grober Abschätzung ohne Unterschied zur Normalgruppe.

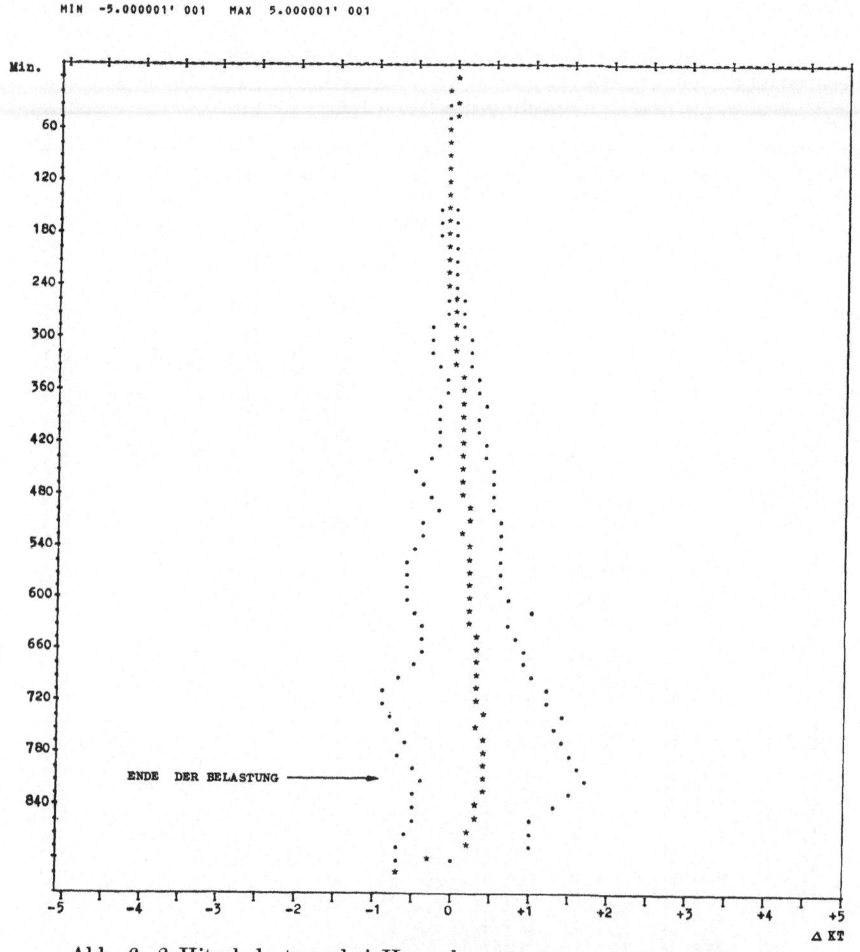

Abb. 6. *2* Hitzebelastung bei Hypophysentumoren. Streubereich ΔKT (entsprechend Tab. 4)

Zusammengefaßt zeigt die Kerntemperatur unter Hitzebelastung bei Hypophysentumoren das gleiche Verhalten der Körpertemperatur wie in der Normalgruppe. Lediglich bei einem eosinophilen Adenom besteht ein leicht erhöhter Temperaturverlauf. Endo-

 Belastung der Temperaturregulation

krinologisch waren in diesem Einzelfall der Basisstoffwechsel auf
+38%, die Gesamtkortikoide auf 17,6 mg/24 Std. und die neutralen
17-Ketosteroide auf 15,3 mg/24 Std. erhöht. Bei den übrigen Fällen
war der unabhängig von der Hitzebelastung vorher untersuchte
Energieumsatz um 36% als Mittelwert erniedrigt.

Tabelle 5. *2 Hitzebelastung bei Hypophysentumoren*
(Mittelwerte ΔKT. Standardabweichung. Streubereich. Mutungsintervall mit halber
Intervallbreite)

ZEIT	MIT	SA	STREUBEREICH		MUTUNGSINTERVALL		IVB/2
0	0.0						
15	-0.1						
30	0.0	0.1	-0.1	0.0	-0.3	0.3	0.3
45	0.0	0.1	-0.1	0.0	-0.3	0.3	0.3
60	-0.1						
75	-0.1						
90	-0.1						
105	-0.1						
120	-0.1						
135	-0.1						
150	-0.1	0.1	-0.2	0.0	-0.7	0.5	0.6
165	-0.1	0.1	-0.2	0.0	-0.3	0.1	0.2
180	-0.1	0.1	-0.2	0.0	-0.3	0.1	0.2
195	-0.1	0.1	-0.1	0.0	-0.2	0.0	0.1
210	-0.1	0.1	-0.1	0.0	-0.2	0.0	0.1
225	-0.1	0.1	-0.1	0.0	-0.2	0.0	0.1
240	-0.1	0.1	-0.1	0.0	-0.2	0.0	0.1
255	0.0	0.1	-0.1	0.1	-0.1	0.1	0.1
270	0.0	0.1	-0.1	0.1	-0.1	0.1	0.1
285	0.0	0.2	-0.3	0.1	-0.2	0.2	0.2
300	0.0	0.2	-0.3	0.2	-0.3	0.3	0.3
315	0.0	0.2	-0.3	0.2	-0.3	0.3	0.3
330	0.0	0.2	-0.2	0.2	-0.2	0.2	0.2
345	0.1	0.2	-0.1	0.3	0.0	0.2	0.1
360	0.1	0.1	-0.1	0.3	0.0	0.2	0.1
375	0.1	0.2	-0.2	0.4	-0.1	0.3	0.2
390	0.1	0.2	-0.2	0.3	0.0	0.2	0.1
405	0.1	0.2	-0.2	0.3	0.0	0.2	0.1
420	0.1	0.2	-0.2	0.4	-0.1	0.3	0.2
435	0.1	0.3	-0.3	0.4	-0.1	0.3	0.2
450	0.1	0.3	-0.5	0.5	-0.2	0.4	0.3
465	0.1	0.3	-0.4	0.5	-0.1	0.3	0.2
480	0.1	0.3	-0.3	0.5	-0.1	0.3	0.2
495	0.2	0.3	-0.2	0.5	0.0	0.4	0.2
510	0.2	0.3	-0.4	0.6	0.0	0.4	0.2
525	0.1	0.3	-0.4	0.6	-0.1	0.3	0.2
540	0.2	0.4	-0.5	0.6	0.0	0.4	0.2
555	0.2	0.4	-0.6	0.6	-0.1	0.5	0.3
570	0.2	0.4	-0.6	0.6	-0.1	0.5	0.3
585	0.2	0.4	-0.6	0.6	-0.1	0.5	0.3
600	0.2	0.4	-0.6	0.7	-0.1	0.5	0.3
615	0.2	0.5	-0.5	1.0	-0.1	0.5	0.3
630	0.2	0.4	-0.4	0.7	0.0	0.4	0.2
645	0.3	0.4	-0.4	0.8	0.0	0.6	0.3
660	0.3	0.4	-0.4	0.9	0.0	0.6	0.3
675	0.3	0.4	-0.5	0.9	0.0	0.6	0.3
690	0.3	0.5	-0.7	1.0	0.0	0.6	0.3
705	0.3	0.6	-0.9	1.2	-0.1	0.7	0.4
720	0.3	0.6	-0.9	1.2	-0.1	0.7	0.4
735	0.4	0.7	-0.8	1.4	-0.1	0.9	0.5
750	0.3	0.6	-0.7	1.3	-0.1	0.7	0.4
765	0.4	0.6	-0.6	1.4	0.0	0.8	0.4
780	0.4	0.7	-0.7	1.5	0.0	0.8	0.4
795	0.4	0.7	-0.5	1.6	0.0	0.8	0.4
X 810	0.4	0.7	-0.4	1.7	0.0	0.8	0.4
825	0.4	0.8	-0.5	1.5	-0.6	1.4	1.0
840	0.3	0.8	-0.5	1.3	-0.6	1.2	0.9
855	0.3	0.6	-0.5	1.0	-0.4	1.0	0.7

*Gruppe 3 — Supras
elläre Tumoren*

Bei drei Fällen mit suprasellären Tumoren ohne Hinweis auf
mesenzephale Beteiligung wurden vier Hitzebelastungen durchgeführt. Aus technischen Gründen war die Dauer der Belastung unterschiedlich. Der Untersuchungszeitpunkt lag jeweils in der prä-
operativen Phase. Der Kerntemperaturverlauf (Abb. 8) ist bei

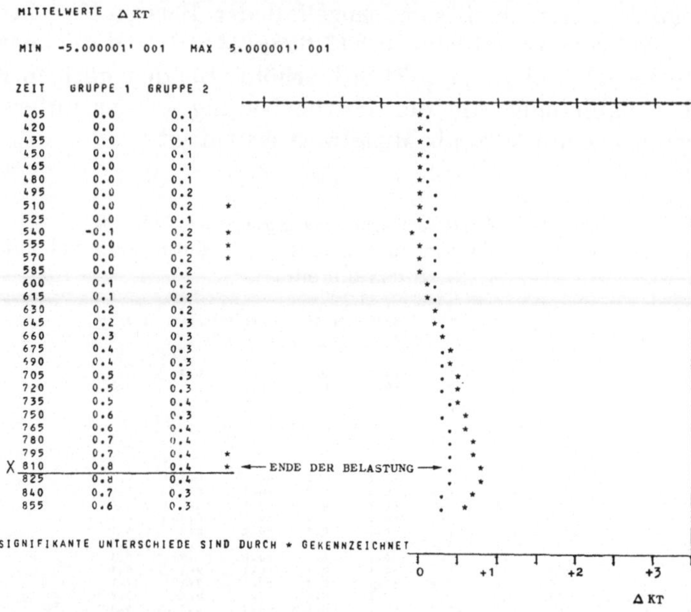

Abb. 7. Vergleich (Wilcoxon-Test $P = 0,1$). *1* Hitzebelastung Normalfälle / *2* Hitzebelastung bei Hypophysentumoren

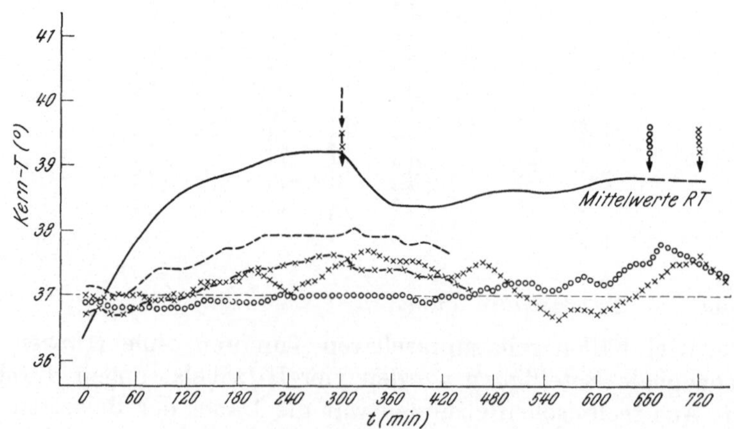

Abb. 8. *3* Hitzebelastung (max. 42°) supraselläre Tumoren. (Bezugspunkt: Zeit = 0; ↓ Belastungsende; RT Raumtemperatur)

relativ hohen Ausgangswerten uneinheitlich, auch nach 10 stündiger Dauer mit Raumtemperaturen von 35° bzw. 31° wird die Kerntemperatur von 38,0° nicht überschritten. Die Nachschwankung der Kerntemperatur nach Ende der Belastung liegt in einem Fall bei +0,3°, die Nachschwankungsdauer beträgt maximal 30 Min.

Tabelle 6. *3 Hitzebelastung bei suprasellären Tumoren*
(Bezugspunkt: Zeit bei Belastungsende [X]. Zeit. Kern-T. [KT]. Raum-T. [RT]. Mittelwerte KT und RT)

I-Z./U-NR.	191051/1		191051/2		070364/1		210565/1		MITW	MITW
ZEIT	KT	RT	KT	RT	KT	RT	KT	RT	KT	RT
0							37.0	22	37.0	
15							36.9	23	36.9	
30							37.0	23	37.0	
45							37.0	23	37.0	
60	36.9	19					37.0	23	37.0	
75	36.9	21					36.9	25	36.9	
90	36.8	23					36.9	27	36.9	
105	36.8	24					37.0	29	36.9	
120	36.8	26					37.0	30	36.9	
135	36.8	27					37.2	31	37.0	
150	36.8	27					37.2	30	37.0	
165	36.8	28					37.2	29	37.0	
180	36.8	28					37.2	29	37.0	
195	36.9	28					37.4	29	37.2	
210	36.9	29					37.3	29	37.1	
225	36.9	29					37.1	29	37.0	
240	36.9	29					37.0	29	37.0	
255	36.9	29					37.2	29	37.1	
270	36.9	30					37.2	29	37.1	
285	37.0	30					37.4	29	37.2	
300	37.0	30					37.5	30	37.3	
315	37.0	30					37.6	30	37.3	
330	37.0	31					37.7	30	37.4	
345	37.0	31					37.6	30	37.3	
360	37.0	31					37.5	30	37.3	
375	37.0	31					37.5	30	37.3	
390	37.0	31					37.5	30	37.3	
405	37.0	31					37.4	30	37.2	
420	37.0	31	36.7	22	37.1	24	37.3	30	37.0	27
435	37.0	31	36.8	27	37.1	26	37.3	30	37.1	29
450	36.9	31	36.7	29	37.0	29	37.4	30	37.0	30
465	36.9	31	36.7	31	37.0	31	37.5	30	37.0	31
480	37.0	31	36.8	33	37.1	32	37.4	31	37.1	32
495	37.0	31	36.9	34	37.3	33	37.2	30	37.1	32
510	37.0	31	36.9	35	37.4	34	37.0	31	37.1	33
525	37.1	31	36.9	36	37.4	35	36.9	31	37.1	33
540	37.1	32	37.0	37	37.4	36	36.7	31	37.1	34
555	37.2	32	37.1	38	37.5	36	36.6	30	37.1	34
570	37.2	33	37.2	38	37.6	37	36.8	30	37.2	35
585	37.2	33	37.2	39	37.7	38	36.8	31	37.2	35
600	37.1	33	37.3	40	37.7	39	36.7	31	37.2	36
615	37.1	33	37.4	41	37.8	40	36.8	31	37.3	36
630	37.2	34	37.4	41	37.9	41	36.9	30	37.4	37
645	37.3	34	37.4	42	37.9	41	37.0	30	37.4	37
660	37.2	34	37.5	42	37.9	41	37.2	30	37.5	37
675	37.2	34	37.5	42	37.9	42	37.3	30	37.5	37
690	37.4	35	37.6	42	37.9	42	37.5	31	37.6	38
705	37.5	35	37.6	42	37.9	43	37.5	31	37.6	38
X 720	37.5	35	37.6	42	37.9	42	37.6	31	37.7	38
735	37.8	27	37.4	27	38.0	29	37.4	25	37.7	27
750	37.7	24	37.4	25	37.9	27	37.2	22	37.6	25
765	37.6	20	37.4	25	37.9	24	36.9	22	37.5	23
780	37.5	16	37.4	24	37.9	24	36.7	22	37.4	22
795	37.4	14	37.4	23	37.8	22	36.5	20	37.3	20
810	37.3	10	37.3	23	37.8	22			37.5	
825	37.1	10	37.3	22	37.8	21			37.4	
840	37.0	10	37.3	21	37.7	20			37.3	
855			37.2	21					37.2	

Der Mittelwert der Kerntemperatur ist am Ende der Belastung 37,7° (Tab. 6) bei einer mittleren Deltakerntemperatur von 0,7°. Streubereich (Abb. 9) und Mutungsintervall (Tab. 7) verlaufen mit großen Schwankungen. Die halbe Intervallbreite bei Belastungsende beträgt 0,2°. Der Vergleich zur Normalgruppe ergibt für den Verlauf der mittleren Deltakerntemperatur keine signifikante Differenz (Abb. 10). Die übrigen vegetativen Werte (Tab. 3) zeigen keine Änderung im Vergleich zur Normalgruppe. Die Schwitztendenz weist bei grober Abschätzung keine sicheren Unterschiede zur Normalgruppe auf. Der Energieumsatz vor der Belastung betrug bei 2 Fällen −18% und −29%. Die Gruppe suprasellärer Tumoren

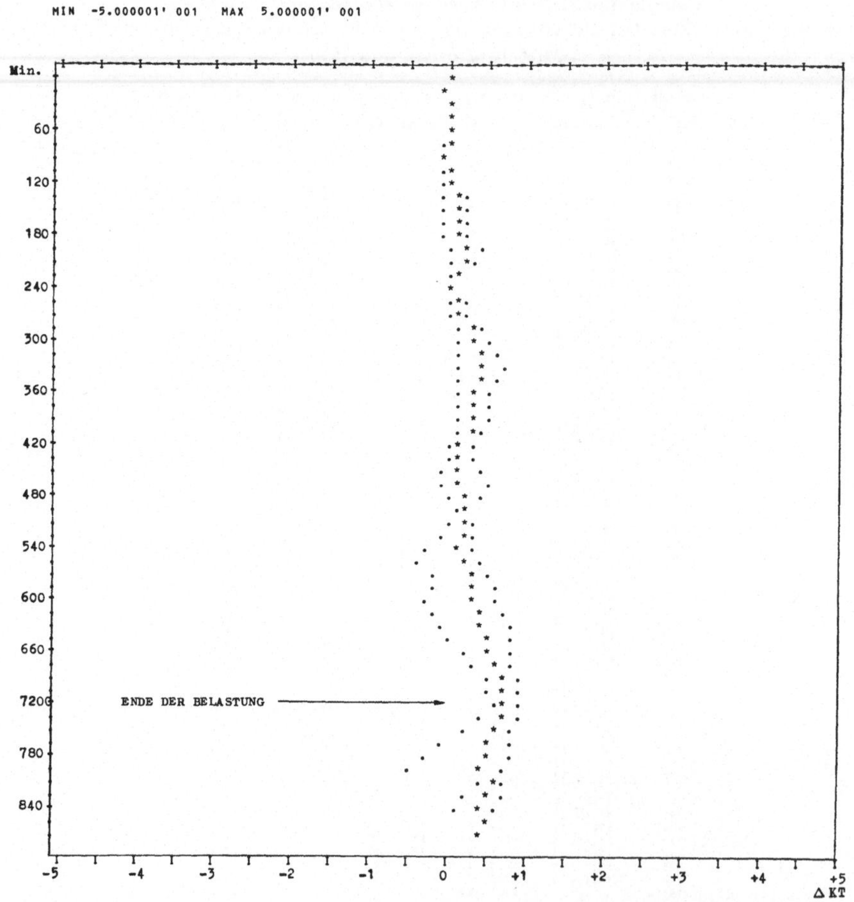

Abb. 9. *3* Hitzebelastung bei suprasellären Tumoren. Streubereich *Δ*KT (entsprechend Tab. 6)

mit Schwerpunkt der Lokalschädigung hypothalamisch ohne Hinweise auf mesenzephale Beteiligung ist unter Hitzebelastung durch eine stärkere Streuung der Einzelkurven gekennzeichnet, die im Vergleich zur Normalkurve keine signifikanten Unterschiede zeigt.

Tabelle 7. *3 Hitzebelastung bei suprasellären Tumoren*
(Mittelwerte ΔKT. Standardabweichung. Streubereich. Mutungsintervall mit halber Intervallbreite)

ZEIT	MIT	SA	STREUBEREICH		MUTUNGSINTERVALL		IVB/2
0	0.0						
15	-0.1						
30	0.0						
45	0.0						
60	0.0						
75	0.0	0.1	-0.1	0.0	-0.3	0.3	0.3
90	-0.1						
105	0.0	0.1	-0.1	0.0	-0.3	0.3	0.3
120	0.0	0.1	-0.1	0.0	-0.3	0.3	0.3
135	0.1	0.2	-0.1	0.2	-0.8	1.0	0.9
150	0.1	0.2	-0.1	0.2	-0.8	1.0	0.9
165	0.1	0.2	-0.1	0.2	-0.8	1.0	0.9
180	0.1	0.2	-0.1	0.2	-0.8	1.0	0.9
195	0.2	0.3	0.0	0.4	-1.1	1.5	1.3
210	0.2	0.2	0.0	0.3	-0.7	1.1	0.9
225	0.1	0.1	0.0	0.1	-0.2	0.4	0.3
240	0.0						
255	0.1	0.1	0.0	0.2	-0.5	0.7	0.6
270	0.1	0.1	0.0	0.2	-0.5	0.7	0.6
285	0.3	0.2	0.1	0.4	-0.6	1.2	0.9
300	0.3	0.3	0.1	0.5	-1.0	1.6	1.3
315	0.4	0.4	0.1	0.6	-1.2	2.0	1.6
330	0.4	0.4	0.1	0.7	-1.5	2.3	1.9
345	0.4	0.4	0.1	0.6	-1.2	2.0	1.6
360	0.3	0.3	0.1	0.5	-1.0	1.6	1.3
375	0.3	0.3	0.1	0.5	-1.0	1.6	1.3
390	0.3	0.3	0.1	0.5	-1.0	1.6	1.3
405	0.3	0.2	0.1	0.4	-0.6	1.2	0.9
420	0.1	0.1	0.0	0.3	-0.1	0.3	0.2
435	0.1	0.1	0.0	0.3	0.0	0.2	0.1
450	0.1	0.2	-0.1	0.4	-0.2	0.4	0.3
465	0.1	0.3	-0.1	0.5	-0.2	0.4	0.3
480	0.2	0.2	0.0	0.4	0.0	0.4	0.2
495	0.2	0.1	0.1	0.2	0.1	0.3	0.1
510	0.2	0.1	0.0	0.3	0.0	0.4	0.2
525	0.2	0.2	-0.1	0.3	0.0	0.4	0.2
540	0.1	0.3	-0.3	0.3	-0.2	0.4	0.3
555	0.2	0.4	-0.4	0.4	-0.3	0.7	0.5
570	0.3	0.3	-0.2	0.5	-0.1	0.7	0.4
585	0.3	0.4	-0.2	0.6	-0.1	0.7	0.4
600	0.3	0.4	-0.3	0.6	-0.2	0.8	0.5
615	0.4	0.4	-0.2	0.7	-0.1	0.9	0.5
630	0.4	0.4	-0.1	0.8	-0.1	0.9	0.5
645	0.5	0.4	0.0	0.8	0.1	0.9	0.4
660	0.5	0.3	0.2	0.8	0.1	0.9	0.4
675	0.6	0.3	0.3	0.8	0.3	0.9	0.3
690	0.7	0.2	0.5	0.9	0.5	0.9	0.2
705	0.7	0.2	0.5	0.9	0.5	0.9	0.2
X 720	0.7	0.2	0.6	0.9	0.5	0.9	0.2
735	0.7	0.2	0.4	0.9	0.4	1.0	0.3
750	0.6	0.3	0.2	0.8	0.3	0.9	0.3
765	0.5	0.4	-0.1	0.8	0.0	1.0	0.5
780	0.5	0.5	-0.3	0.8	-0.1	1.1	0.6
795	0.4	0.6	-0.5	0.7	-0.3	1.1	0.7
810	0.6	0.2	0.4	0.7	0.3	0.9	0.3
825	0.5	0.3	0.2	0.7	0.1	0.9	0.4
840	0.4	0.3	0.1	0.6	-0.1	0.9	0.5
855	0.5						

Gruppe 4 — Supraselläre Tumoren mit mesenzephaler Beteiligung

Eine Sondergruppe mit pathologischer Reaktion der Kerntemperatur auf Hitzebelastung umfaßt drei ausgedehnte supraselläre Tumoren mit mesenzephaler Beteiligung, die sich aus neurologischen und/oder autoptischen Befunden ergibt. Bei einem Patienten wird die Belastung dreimal durchgeführt. Die Belastungsdauer liegt viermal zwischen 330 und 465 Min. und bei einem Fall bei 675 Min. Die höchste erreichte Raumtemperatur ist 36°. Diese Gruppe ist durch einen steten Anstieg der Kerntemperatur auf etwa 39° gekennzeichnet. Als Besonderheit der Gruppe ist die erhöhte Ausgangstemperatur vor der Belastung hervorzuheben, die dreimal zwischen 37,3° und 37,5° liegt und einmal 37,9° beträgt. Des weiteren sind Dauer und Höhe der Temperaturnachschwankungen beach-

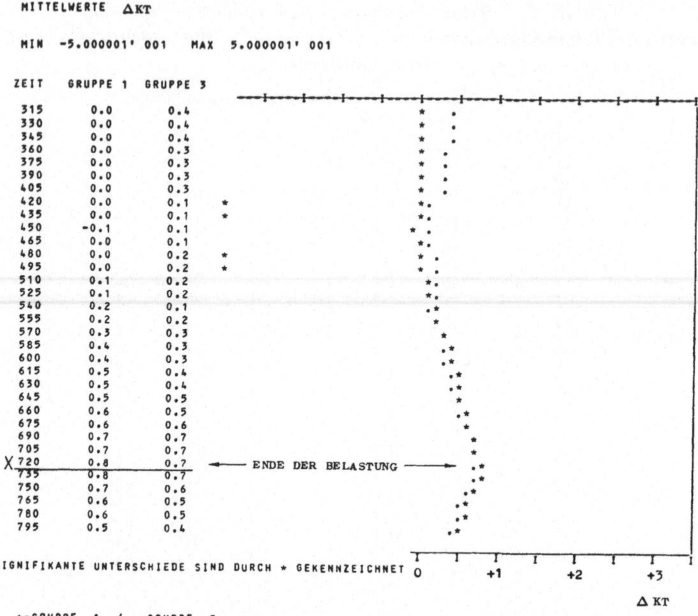

Abb. 10. Vergleich (Wilcoxon-Test $P = 0,1$). *1* Hitzebelastung Normalfälle / *3* Hitzebelastung bei suprasellären Tumoren

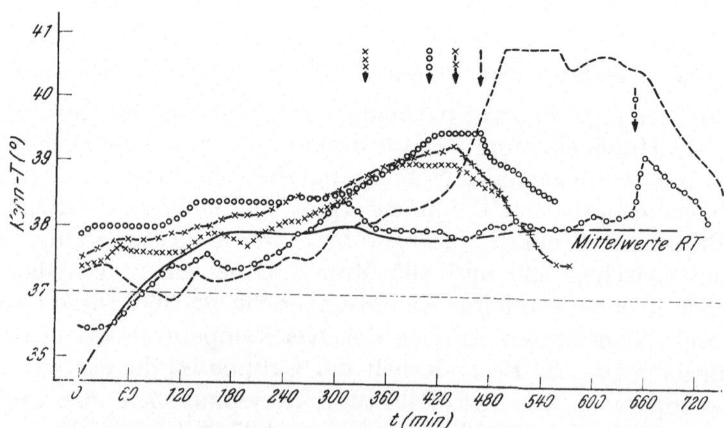

Abb. 11. *4* Hitzebelastung (max. 36°) supraselläre Tumoren (Sonderform). (Bezugspunkt: Zeit = 0; ↓ Belastungsende; RT Raumtemperatur)

tenswert, die bis zu $+1,1°$ und maximal 105 Min. betragen (Abb. 11).
Der Mittelwert der Kerntemperatur bei Belastungsende liegt bei
39,1° (Tab. 8), entsprechend einer mittleren Deltakerntemperatur
von $+1,8°$. Der Streubereich ist in Abb. 12 graphisch und in Tab. 9
zusammen mit Standardabweichung und Mutungsintervall digital

Tabelle 8. *4 Hitzebelastung bei suprasellären Tumoren (Sondergruppe)*
(Bezugspunkt: Zeit bei Belastungsende [X]. Zeit. Kern-T. [KT]. Raum-T. [RT].
Mittelwerte KT und RT)

I-Z./U-NR.	020431/1		020431/2		020431/3		280729/1		041160/1		MITW	MITW
ZEIT	KT	RT	KT	RT	KT	RT	KT	RT	KT	RT	KT	RT
0							36.5	23			36.5	
15							36.5	24			36.5	
30							36.5	25			36.5	
45							36.6	26			36.6	
60							36.8	27			36.8	
75							37.0	27			37.0	
90							37.2	28			37.2	
105							37.4	28			37.4	
120							37.4	28			37.4	
135							37.5	28			37.5	
150							37.6	28			37.6	
165							37.4	27			37.4	
180							37.4	28			37.4	
195							37.4	28			37.4	
210							37.4	29	37.3	19	37.4	
225							37.5	29	37.4	20	37.5	
240	37.9	20			37.5	19	37.5	29	37.4	21	37.6	
255	38.0	23			37.6	20	37.7	29	37.3	21	37.7	
270	38.0	25			37.7	22	37.9	29	37.1	22	37.7	
285	38.0	26			37.8	23	38.0	29	37.0	22	37.7	
300	38.0	28			37.8	23	38.2	29	37.0	23	37.8	
315	38.0	29			37.8	23	38.4	30	36.9	23	37.8	
330	38.0	30			37.8	23	38.4	30	37.0	23	37.8	
345	38.1	31	37.4	8	37.9	23	38.1	30	37.3	23	37.8	24
360	38.2	32	37.4	12	37.9	24	38.0	30	37.2	24	37.7	24
375	38.4	33	37.5	15	38.0	24	38.0	30	37.2	24	37.8	25
390	38.4	34	37.7	19	38.0	25	38.0	30	37.2	24	37.9	26
405	38.4	34	37.6	21	38.1	25	38.0	30	37.3	25	37.9	27
420	38.4	35	37.6	22	38.2	25	38.0	29	37.4	25	37.9	27
435	38.4	35	37.6	24	38.2	25	38.0	29	37.4	25	37.9	28
450	38.4	35	37.6	25	38.2	25	57.9	30	37.5	25	37.9	28
465	38.4	35	37.6	26	38.3	26	37.9	30	37.5	25	37.9	28
480	38.4	34	37.8	28	38.4	26	38.0	30	37.5	26	38.0	29
495	38.5	34	37.9	29	38.5	26	38.1	30	37.7	26	38.1	29
510	38.5	34	37.9	30	38.5	26	38.1	30	38.0	26	38.2	29
525	38.5	33	37.8	31	38.5	26	38.2	30	38.0	27	38.2	29
540	38.5	34	37.7	32	38.6	26	38.1	30	38.1	27	38.2	30
555	38.6	34	37.9	32	38.7	26	38.1	30	38.1	27	38.3	30
570	38.7	34	38.0	33	38.8	26	38.1	30	38.2	27	38.4	30
585	38.8	35	38.1	33	38.9	26	38.1	30	38.3	28	38.4	30
600	39.0	35	38.1	34	39.0	26	38.2	30	38.3	28	38.5	31
615	39.1	35	38.2	34	39.1	26	38.3	30	38.4	28	38.6	31
630	39.2	35	38.3	35	39.1	26	38.3	30	38.5	28	38.7	31
645	39.4	35	38.4	36	39.2	26	38.2	30	38.7	28	38.8	31
660	39.5	30	38.5	35	39.2	26	38.2	30	39.1	28	38.9	30
X 675	39.5	26	38.7	36	39.3	26	38.2	30	39.7	28	39.1	29
690	39.5	24	38.9	29	39.1	20	39.0	22	40.2	25	39.3	24
705	39.5	23	38.9	27	38.9	18	38.8	21	40.8	23	39.4	22
720	39.1	22	39.0	25	38.7	17	38.6	20	40.8	22	39.2	21
735	39.0	21	39.0	23	38.5	16	38.5	20	40.8	21	39.2	20
750	38.9	20	39.0	22	38.2	16	38.3	20	40.8	20	39.0	
765	38.7	20	39.0	21	38.0	15	38.0	20	40.8	20	38.9	
780	38.6	19	39.0	20	37.7	15	37.8	20	40.5	21	38.7	
795	38.5	18	38.9	20	37.5	15	37.6	20	40.6	20	38.6	
810			38.7	20	37.5	15			40.7	20	39.0	
825			38.6	20					40.7	20	39.7	
840			38.5	20					40.6	20	39.6	
855									40.5	20	40.5	

dargestellt. Schon ein Vergleich der Mutungsintervalle über sechs
Zeiträume (75 Min.) vor und drei Zeiträume (30 Min.) nach Ende
der Hitzebelastung läßt signifikante Unterschiede zur Normalgruppe
erkennen, die durch den Wilcoxon-Test (Abb. 13) noch stärker hervorgehoben werden.

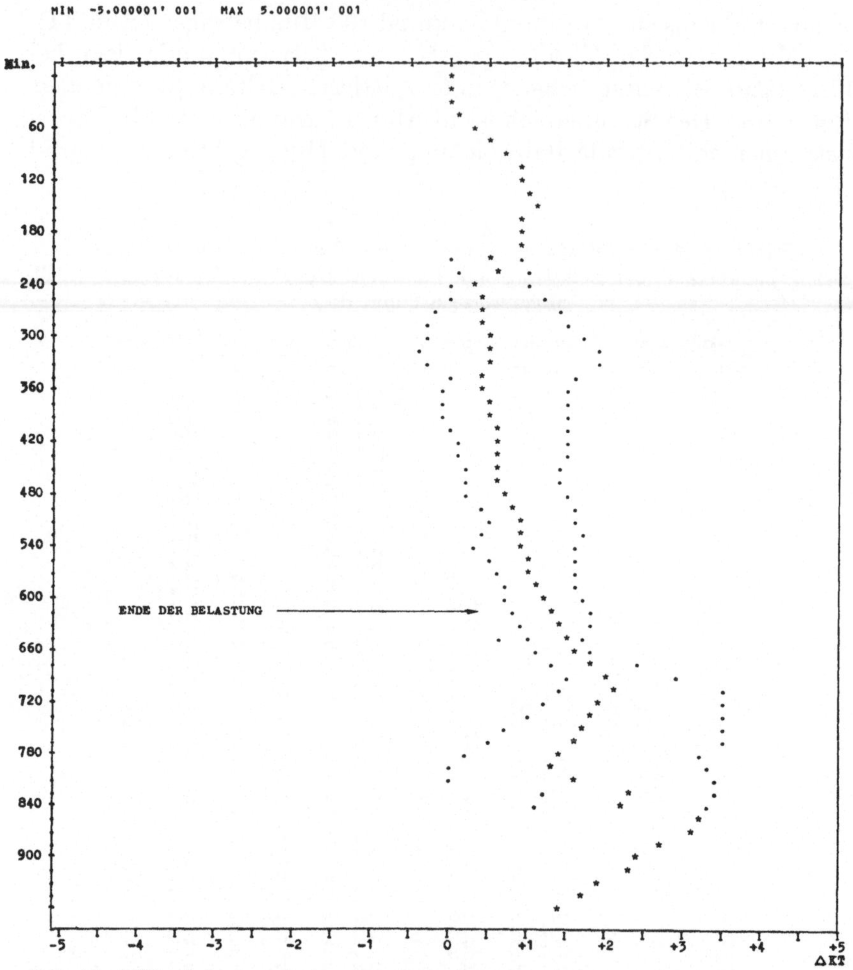

Abb. 12. *4* Hitzebelastung bei suprasellären Tumoren (Sondergruppe). Streubereich
ΔKT (entsprechend Tab. 8)

Einer der Fälle verstarb im weiteren Verlauf der Erkrankung.
Die Obduktion ergab ein großes supraselläres Kraniopharyngeom,
das sich bis auf Mittelhirn und obere Brücke erstreckte.

Vegetative Begleitsymptome (Tab. 3) der Temperaturerhöhung
bei der Hitzebelastung sind in dieser Gruppe der pathologischen
Temperaturverläufe auf Erhöhungen der Pulsfrequenzen beschränkt, die von einem Ausgangsmittelwert 101/Min. bis auf
einen maximalen Mittelwert von 123/Min. für die Zeitdauer der
Höchsttemperatur ansteigen und nach Absetzen der Hitzebelastung
innerhalb von 90 Min. zur Ausgangsfrequenz zurückkehren. Die

Tabelle 9. *4 Hitzebelastung bei suprasellären Tumoren (Sondergruppe)*
(Mittelwerte ΔKT. Standardabweichung. Streubereich. Mutungsintervall mit halber Intervallbreite)

ZEIT	MIT	SA	STREUBEREICH		MUTUNGSINTERVALL		IVB/2
0	0.0						
15	0.0						
30	0.0						
45	0.1						
60	0.3						
75	0.5						
90	0.7						
105	0.9						
120	0.9						
135	1.0						
150	1.1						
165	0.9						
180	0.9						
195	0.9						
210	0.5	0.6	0.0	0.9	-2.3	3.3	2.8
225	0.6	0.6	0.1	1.0	-2.2	3.4	2.8
240	0.3	0.5	0.0	1.0	-0.3	0.9	0.6
255	0.4	0.6	0.0	1.2	-0.3	1.1	0.7
270	0.4	0.7	-0.2	1.4	-0.4	1.2	0.8
285	0.4	0.8	-0.3	1.5	-0.5	1.3	0.9
300	0.5	0.9	-0.3	1.7	-0.5	1.5	1.0
315	0.5	1.0	-0.4	1.9	-0.7	1.7	1.2
330	0.5	1.0	-0.3	1.9	-0.6	1.6	1.1
345	0.4	0.7	0.0	1.6	-0.2	1.0	0.6
360	0.4	0.6	-0.1	1.5	-0.2	1.0	0.6
375	0.5	0.6	-0.1	1.5	-0.1	1.1	0.6
390	0.5	0.6	-0.1	1.5	-0.1	1.1	0.6
405	0.6	0.6	0.0	1.5	0.1	1.1	0.5
420	0.6	0.6	0.1	1.5	0.1	1.1	0.5
435	0.6	0.6	0.1	1.5	0.1	1.1	0.5
450	0.6	0.5	0.2	1.4	0.1	1.1	0.5
465	0.6	0.5	0.2	1.4	0.1	1.1	0.5
480	0.7	0.5	0.2	1.5	0.2	1.2	0.5
495	0.8	0.5	0.4	1.6	0.3	1.3	0.5
510	0.9	0.4	0.5	1.6	0.5	1.3	0.4
525	0.9	0.5	0.4	1.7	0.4	1.4	0.5
540	0.9	0.5	0.3	1.6	0.4	1.4	0.5
555	1.0	0.4	0.5	1.6	0.6	1.4	0.4
570	1.0	0.4	0.6	1.6	0.6	1.4	0.4
585	1.1	0.4	0.7	1.6	0.7	1.5	0.4
600	1.2	0.4	0.7	1.7	0.8 S	1.6 S	0.4
615	1.3	0.4	0.8	1.8	0.9 S	1.7 S	0.4
630	1.4	0.4	0.9	1.8	1.1 S	1.7 S	0.3
645	1.5	0.3	1.0	1.7	1.2 S	1.8 S	0.3
660	1.6	0.3	1.1	1.8	1.3 S	1.9 S	0.3
X 675	1.8	0.4	1.3	2.4	1.4 S	2.2 S	0.4
690	2.0	0.6	1.5	2.9	1.4 S	2.6 S	0.6
705	2.1	0.9	1.4	3.5	1.3 S	2.9 S	0.8
720	1.9	1.0	1.2	3.5	1.0 S	2.8 S	0.9
735	1.8	1.0	1.0	3.5	0.8	2.8	1.0
750	1.7	1.1	0.7	3.5	0.7	2.7	1.0
765	1.6	1.2	0.5	3.5	0.5	2.7	1.1
780	1.4	1.1	0.2	3.2	0.3	2.5	1.1
795	1.3	1.3	0.0	3.3	0.1	2.5	1.2
810	1.6	1.7	0.0	3.4	-1.3	4.5	2.9
825	2.3	1.6	1.2	3.4	-4.6	9.2	6.9
840	2.2	1.6	1.1	3.3	-4.7	9.1	6.9
855	3.2						

S: SIGNIFIKANTE UNTERSCHIEDE ZU GRUPPE 1

Atmung erreicht bei Ausgangsmittelwerten 15/Min. nur die Höchstfrequenz als Mittelwert von 21/Min. innerhalb der letzten 60 Min. der Temperaturbelastung. Das Blutdruckverhalten ist unverändert. Der Kurvenverlauf für Pulsfrequenz, Blutdruck, Atemfrequenz und Rektaltemperatur als Beispiel bei einer Belastung ist in Abb. 14 dargestellt. Vermehrtes Schwitzen tritt bei grober Abschätzung in dieser Gruppe besonders nach Überschreiten des Bereiches 38° Kerntemperatur auf. Energieumsatzmessungen wurden nicht durchgeführt. Zusammengefaßt reagieren suprasselläre Tumoren mit Ausbreitung zum Mittelhirn hin auf die Hitzebelastung mit einem im Vergleich zur Normalgruppe signifikanten Anstieg der Kerntemperatur und leiten damit zu den Ergebnissen der Hitzebelastung bei Dezerebration über.

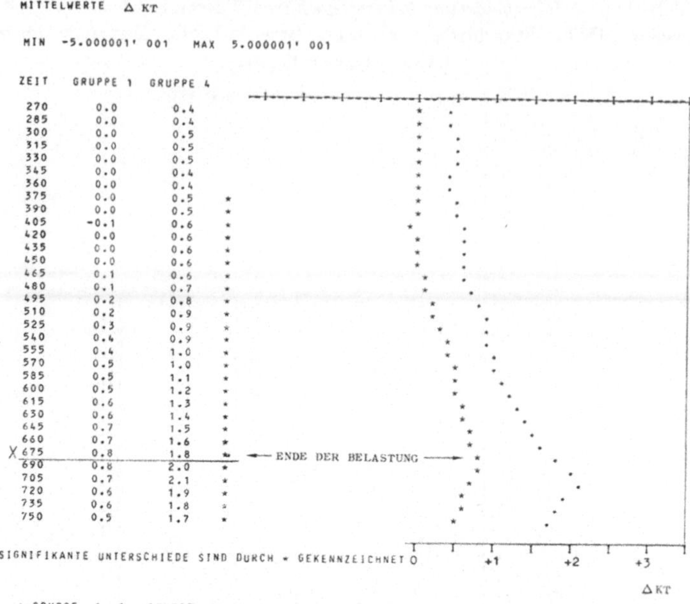

Abb. 13. Vergleich (Wilcoxon-Test $P = 0,1$). *1* Hitzebelastung Normalfälle / *4* Hitzebelastung bei suprasellären Tumoren (Sondergruppe)

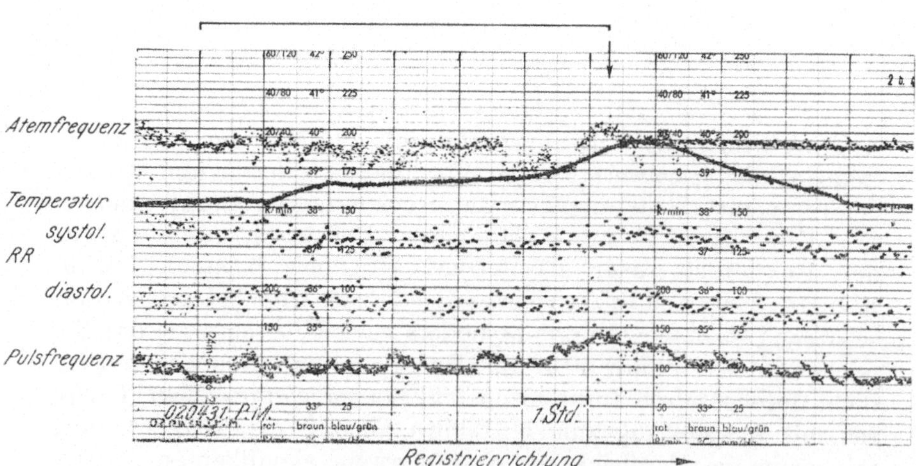

Abb. 14. Verhalten der vegetativen Parameter während Hitzebelastung (max. 36°) bei suprasellärem Tumor mit mesenzephaler Ausbreitung

Gruppe 5 — Dezerebration

In dieser Gruppe wurden bei vier Patienten fünf Einzeluntersuchungen durchgeführt. Bei allen Fällen ist die Dezerebration Folge eines hirndruckbedingten Mittelhirnsyndroms, wie aus der folgenden Kasuistik zu ersehen ist:

Fall 1 (150508 M. E.): 61 jährige Frau, pyknischer Habitus, (165 cm, 101 kg). Operation eines chronischen Subduralhämatoms im Stadium der Mittelhirneinklemmung, postoperativ anhaltende Dezerebration. Temperaturbelastung 10 Tage später, neurologischer Befund: Koma, Augen geschlossen, Pupillen übermittelweit, schwache Lichtreaktion seitengleich, alle Extremitäten in Streckstellung, auf Schmerzreize generalisierte Strecktendenz, Babinski beiderseits positiv. Vestibulo-okulärer Reflex bei beiderseitiger Kaltspülung (10°) negativ. Puppenkopfphänomen beiderseits angedeutet positiv.

Fall 2 (120352 M.F.): 17 jähriger junger Mann, asthenischer Habitus (etwa 180 cm, 75 kg). Inoperabler Tumor der Vierhügelgegend, trotz Entlastung des Verschlußhydrozephalus durch Pudenz-Drainage 10 Tage später Mittelhirneinklemmung mit Dezerebration.

Dezerebration besteht 8 Tage. Zwei Hitzebelastungen im Abstand von 5 Tagen. Neurologischer Befund: Koma, Augen geschlossen, Anisokorie zugunsten links, schwache Reaktion auf Licht, generalisierte spontane Strecktendenz, auf Schmerzreize verstärkt, Babinski beiderseits positiv.

Fall 3 (040268 U.F.): 22 Monate altes Mädchen, altersentsprechender Ernährungszustand. Inoperabler Tumor links fronto-basal. Dezerebration infolge Mittelhirneinklemmung seit 5 Tagen. Neurologischer Befund: Koma, Augen geschlossen, Mydriasis seitengleich, schwache Lichtreaktion. Streckstellung aller Extremitäten mit spontanen Streckautomatismen, auf Außenreize verstärkt, Babinski beiderseits positiv. Vestibulo-okulärer Reflex: Tonische Reaktion links nach 60″, rechts nach 20″ und leichte Dissoziation.

Fall 4 (280422 F.M.): 47 jähriger Mann, schweres gedecktes Schädelhirntrauma. Dezerebration infolge Mittelhirneinklemmung seit dem Unfall. Untersuchung 10 Tage später. Neurologischer Befund: Koma, leichte Anisokorie zugunsten links, gute Lichtreaktion. Strecktonuserhöhung aller Extremitäten mit Streckphänomenen auf Schmerzreize, Babinski beiderseits positiv.

Die Belastungsdauer beträgt zwischen 240 und 465 Min., die erreichten Höchstwerte der Raumtemperatur liegen mit einer Ausnahme über 36°. Der Kerntemperaturverlauf unter Hitzebelastung ist in dieser Gruppe durch einen steten Temperaturanstieg gekennzeichnet, der abhängig von der Höhe der Ausgangskerntemperatur in nahezu gleicher Steilheit verläuft und Werte über 39° innerhalb von 3 bis 6 Stunden erreicht, wie Abb. 15 für die Kern- und Schalentemperaturen eines Falles zeigt. Nur ein Fall zeigt als Ausdruck einer gewissen Gegenregulation kurzfristig eine Senkung der Temperaturverlaufskurve vor Erreichen des 38°-Bereiches, danach erfolgt der Temperaturanstieg um so steiler. Die Hitzebelastung wird bei Erreichen der Kerntemperaturen zwischen 39,3° und 40,5° beendet (Abb. 16). Bei dieser Gruppe ergibt sich nur eine kurze Nachschwankung der Kerntemperatur von zweimal je 15 Min. und ein-

mal 30 Min. und 60 Min. Die Maximalhöhe der Nachschwankung
beträgt +0,5°. Der Abfall der Temperaturkurve nach Ende der
Belastung entspricht in drei Fällen bis zum Erreichen von 38° etwa

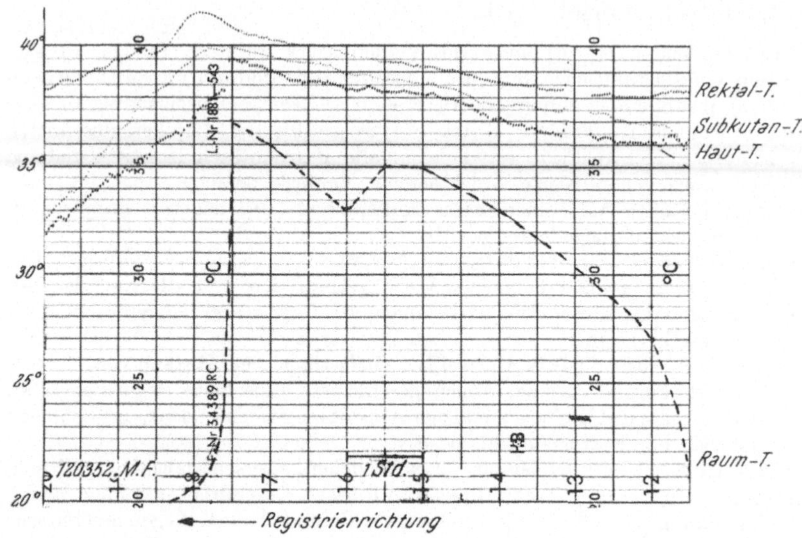

Abb. 15. Verhalten der Körpertemperaturen unter Hitzebelastung bei Dezerebration

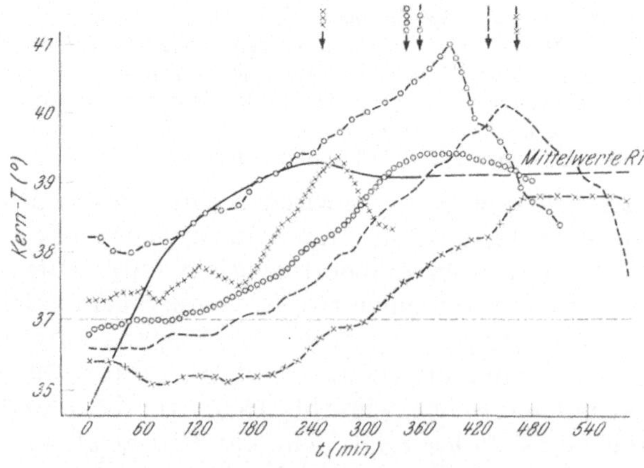

Abb. 16. 5 Hitzebelastung (max. 40°) Dezerebration. (Bezugspunkt: Zeit = 0;
↓ Belastungsende; RT Raumtemperatur)

der Anstiegssteilheit und verläuft danach deutlich verzögert. Der
Endwert der Kerntemperatur, der bis zu 10 Stunden nach Ende
der Belastung erreicht wird, liegt um durchschnittlich 0,5° über

Tabelle 10. *5 Hitzebelastung bei Dezerebration*
(Bezugspunkt: Zeit bei Belastungsende [X]. Zeit. Kern-T. [KT]. Raum-T. [RT]·
Mittelwerte KT und RT)

I-Z./U-NR.	280422/1		150508/1		040268/1		120352/1		120352/2		MITW	MITW
ZEIT	KT	RT	KT	RT	KT	RT	KT	RT	KT	RT	KT	RT
0	36.4	19									36.4	
15	36.4	20									36.4	
30	36.4	21					36.6	10			36.5	
45	36.3	22					36.6	15			36.5	
60	36.1	23					36.6	17			36.4	
75	36.1	25					36.6	19			36.4	
90	36.1	27					36.6	21			36.4	
105	36.2	27					36.7	23	38.2	21	37.0	
120	36.2	27	36.8	20			36.8	24	38.2	24	37.0	
135	36.2	28	36.9	22			36.8	25	38.0	27	37.0	
150	36.1	26	36.9	24			36.8	26	38.0	28	37.0	
165	36.2	27	37.0	26			36.8	28	38.1	29	37.0	
180	36.2	28	37.0	31			36.9	29	38.1	30	37.1	
195	36.2	30	37.0	33			37.0	29	38.2	30	37.1	
210	36.3	31	37.0	34	37.3	21	37.1	30	38.3	31	37.2	29
225	36.4	32	37.1	35	37.3	25	37.1	31	38.5	32	37.3	31
240	36.6	33	37.1	36	37.4	27	37.3	32	38.6	32	37.4	32
255	36.8	34	37.2	38	37.4	29	37.4	33	38.6	33	37.5	33
270	36.9	35	37.3	39	37.5	30	37.5	33	38.7	34	37.6	34
285	36.9	31	37.4	40	37.3	32	37.7	34	39.0	34	37.7	34
300	37.0	31	37.5	40	37.5	33	37.9	35	39.1	35	37.8	35
315	37.2	30	37.6	40	37.6	34	38.0	35	39.2	35	37.9	35
330	37.4	32	37.7	40	37.8	34	38.3	36	39.4	35	38.1	35
345	37.6	34	37.9	40	37.7	35	38.5	36	39.4	35	38.2	36
360	37.7	32	38.1	40	37.6	36	38.7	37	39.6	34	38.3	36
375	37.9	31	38.2	40	37.5	36	38.8	37	39.7	33	38.4	36
390	38.0	31	38.3	40	37.7	37	39.0	37	39.9	33	38.6	36
405	38.1	31	38.5	40	38.1	38	39.2	38	40.0	32	38.8	36
420	38.2	30	38.8	40	38.4	38	39.3	38	40.1	34	39.0	36
435	38.2	31	39.0	40	38.6	38	39.6	38	40.2	36	39.1	37
450	38.5	31	39.2	40	38.9	39	39.7	39	40.4	37	39.3	37
X 465	38.7	27	39.3	40	39.2	39	39.9	39	40.5	37	39.5	36_
480	38.8	25	39.4	27	39.4	30	40.1	20	40.7	15	39.7	23
495	38.8	25	39.4	26	39.1	28	40.0	18	41.0	12	39.7	22
510	38.8	25	39.4	25	38.7	26	39.8	17	40.5	12	39.4	21
525	38.8	24	39.4	24	38.4	25	39.6	16	39.7	12	39.2	20
540	38.8	23	39.3	23	38.3	23	39.4	16	39.7	12	39.1	
555	38.8	23	39.3	22			39.3	14	39.5	12	39.2	
570	38.8	22	39.2	22			39.0	14	39.0	12	39.0	
585	38.7	22	39.1	22			38.9	13	38.7	12	38.9	
600			39.0	22			38.4	12	38.6	12	38.7	
615							37.7	11	38.4	12	38.1	

Tabelle 11. *5 Hitzebelastung bei Dezerebration*
(Mittelwerte ΔKT. Standardabweichung. Streubereich. Mutungsintervall mit
halber Intervallbreite)

ZEIT	MIT	SA	STREUBEREICH		MUTUNGSINTERVALL		IVB/2
0	0.0						
15	0.0						
30	0.0						
45	0.0	0.1	-0.1	0.0	-0.3	0.3	0.3
60	-0.1	0.2	-0.3	0.0	-1.0	0.8	0.9
75	-0.1	0.2	-0.3	0.0	-1.0	0.8	0.9
90	-0.1	0.2	-0.3	0.0	-1.0	0.8	0.9
105	0.0	0.2	-0.2	0.1	-0.3	0.3	0.3
120	0.0	0.2	-0.2	0.2	-0.2	0.2	0.2
135	0.0	0.2	-0.2	0.2	-0.2	0.2	0.2
150	0.0	0.2	-0.3	0.2	-0.3	0.3	0.3
165	0.0	0.2	-0.2	0.2	-0.2	0.2	0.2
180	0.1	0.2	-0.2	0.3	-0.2	0.4	0.3
195	0.1	0.3	-0.2	0.4	-0.2	0.4	0.3
210	0.1	0.2	-0.1	0.5	-0.1	0.3	0.2
225	0.2	0.2	0.0	0.5	0.0	0.4	0.2
240	0.3	0.2	0.1	0.7	0.1	0.5	0.2
255	0.4	0.2	0.1	0.8	0.2	0.6	0.2
270	0.5	0.2	0.2	0.9	0.3	0.7	0.2
285	0.6	0.4	0.0	1.1	0.2	1.0	0.4
300	0.7	0.4	0.2	1.3	0.3	1.1	0.4
315	0.9	0.4	0.3	1.4	0.5	1.3	0.4
330	1.1	0.4	0.5	1.7	0.7	1.5	0.4
345	1.2	0.5	0.4	1.9	0.7	1.7	0.5
360	1.3	0.6	0.3	2.1	0.7	1.9	0.6
375	1.4	0.7	0.2	2.2	0.7	2.1	0.7
390	1.5	0.7	0.4	2.4	0.8 S	2.2 S	0.7
405	1.7	0.6	0.8	2.6	1.1 S	2.3 S	0.6
420	1.9	0.6	1.1	2.7	1.4 S	2.4 S	0.5
435	2.1	0.6	1.3	3.0	1.5 S	2.7 S	0.6
450	2.3	0.5	1.6	3.1	1.8 S	2.8 S	0.5
X 465	2.5	0.5	1.9	3.3	2.0 S	3.0 S	0.5
480	2.6	0.5	2.1	3.5	2.1 S	3.1 S	0.5
495	2.6	0.6	1.8	3.4	2.0 S	3.2 S	0.6
510	2.4	0.7	1.4	3.2	1.8 S	3.0 S	0.6
525	2.1	0.8	1.1	3.0	1.3 S	2.9 S	0.8
540	2.0	0.8	1.0	2.8	1.3 S	2.7 S	0.7
555	2.2	0.6	1.3	2.7	1.5	2.9	0.7
570	2.0	0.8	0.8	2.4	1.1	2.9	0.9
585	1.9	0.9	0.5	2.3	0.8	3.0	1.1
600	1.5	0.9	0.4	2.2	-0.1	3.1	1.6
615	0.7	0.6	0.2	1.1	-2.1	3.5	2.8

S:SIGNIFIKANTE UNTERSCHIEDE ZU GRUPPE 1

dem Ausgangswert vor der Belastung. Bei einem Fall erfolgt der Abfall der Kerntemperatur nach einem breiten Temperaturgipfel deutlich langsamer und flacher als der Temperaturanstieg. Der Mittelwert der Kerntemperatur bei Belastungsende beträgt 39,5° (Tab. 10) entsprechend einer Deltakerntemperatur von $+2,5°$ (Tab. 11). Der Streubereich der Deltakerntemperatur ist in Abb. 17

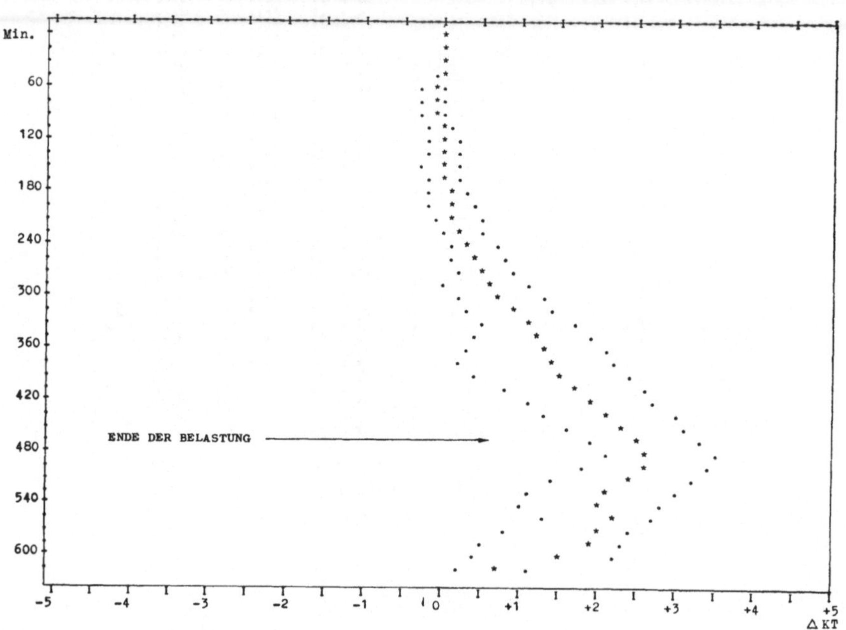

Abb. 17. *5* Hitzebelastung bei Dezerebration. Streubereich ΔKT (entsprechend Tab. 10)

dargestellt. Die Mutungsintervalle lassen trotz größerer Streuung als in der Vorgruppe mit einer halben Intervallbreite von 0,5° bei Belastungsende über sechs Zeiträume (75 Min.) vor und fünf Zeiträume (60 Min.) nach Ende der Hitzebelastung signifikante Unterschiede zur Normalgruppe erkennen. Der Vergleichstest nach WILCOXON (Abb. 18) erhärtet die Signifikanz der Kerntemperaturunterschiede im Vergleich zur Normalgruppe.

Entsprechend der deutlichen Kerntemperaturerhöhung dieser Gruppe sind auch die anderen vegetativen Parameter (Tab. 3) stärker verändert als in den bisher beschriebenen Gruppen, wie in Abb. 19 an einem Beispiel demonstriert wird. Die mittlere Puls-

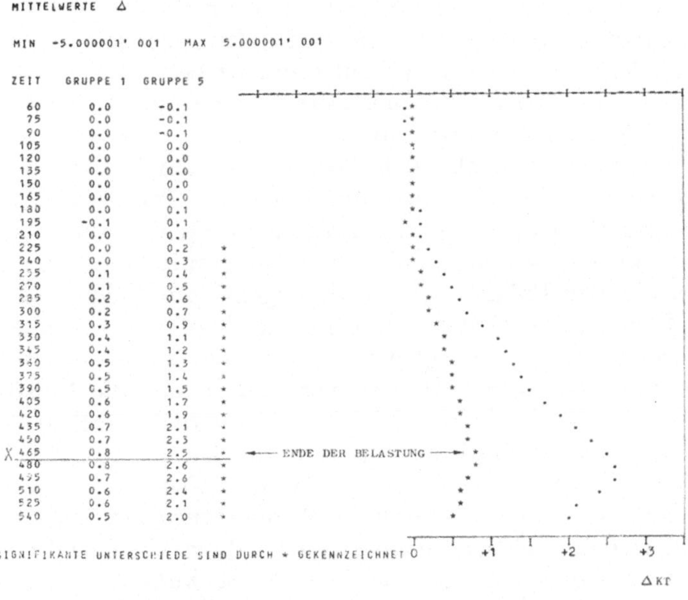

Abb. 18. Vergleich (Wilcoxon-Test $P = 0,1$). *1* Hitzebelastung Normalfälle / *5* Hitzebelastung bei Dezerebration

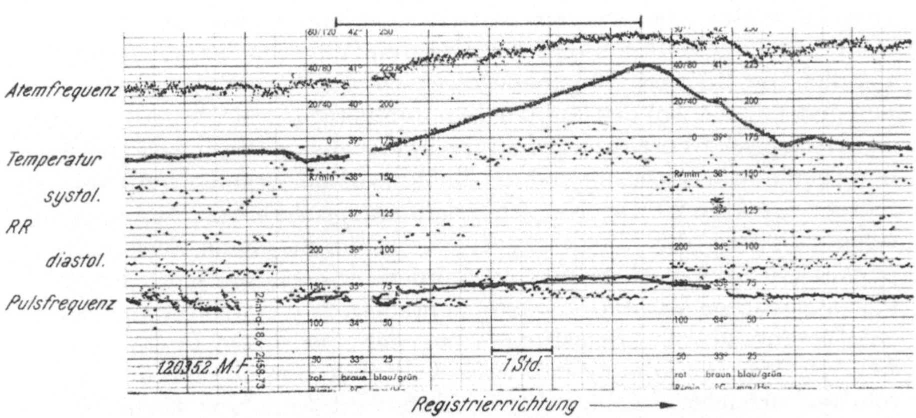

Abb. 19. Verhalten der vegetativen Parameter während Hitzebelastung (max. 39°) bei Dezerebration

frequenz ist als Ausdruck einer allgemeinen vegetativen Alteration beim Dezerebrationssyndrom mit 127/Min. deutlich beschleunigt. Der mittlere Höchstwert der Pulsfrequenz beträgt bei Belastungsende 159/Min. Die Pulsfrequenz erreicht bei der Temperaturbelastung schon zu einem Zeitpunkt den Höchstwert, an dem der Kerntemperaturanstieg noch nicht beendet ist, die Pulsfrequenzkurve bildet daher ein langes, bis zum Ende der Temperaturbelastung reichendes Plateau (Abb. 19). Auffallend ist, daß die Modulation des Pulskurvenverlaufes unter der Temperaturbelastung bei der Steigerung der Pulsfrequenz verlorengeht, die Pulsfrequenzkurve verläuft scharf gezeichnet ohne kurzzeitige Frequenzänderungen. Eine Pulsnachschwankung wird in keinem Fall beobachtet, nach Beendigung der Hitzebelastung vermindert sich die Pulsfrequenz und erreicht nach durchschnittlich 5 Stunden meist früher den Ausgangswert, als die Konsolidierung der Kerntemperatur erfolgt. Das Blutdruckverhalten wird, wie bei den bisherigen Gruppen beschrieben, am wenigsten durch die Temperaturbelastung verändert. Die Blutdruckamplitude erweitert sich infolge einer leichten Erhöhung des systolischen und einer leichten Senkung des diastolischen Wertes, die Modulation des Blutdruckes mit stetem Wechsel der Einzelwerte und Schwankungen innerhalb 25 bis 30 mm Hg verschwindet unter der Temperaturbelastung. Nach deren Ende tritt die Modulation wieder stärker hervor. Die Amplitude vermindert sich, eine Nachschwankung ist nicht zu beobachten (s. auch Abb. 19). Die EKG-Registrierung zeigt, von frequenzbedingten Veränderungen abgesehen unter der Temperaturbelastung keine Besonderheiten. Die Atemfrequenz zeigt unter der Temperaturbelastung mit Erhöhung der Kerntemperatur eine Mittelwertsteigerung bis 46/Min., bei Ausgangsmittelwerten von 26/Min. Die Nachschwankung geht der Dauer der Kerntemperaturnachschwankung parallel, die Höchstwerte sinken rasch ab, die Ausgangswerte werden erst mit Konsolidierung der Kerntemperatur erreicht.

Das typische Verhalten der Blutgaswerte dieser Gruppe während der Temperaturbelastung und die Meßkurven der vegetativen Parameter zeigt Abb. 20. Der Kurvenverlauf entspricht einer respiratorischen Alkalose, die infolge Hyperpnoe schon zu einem Zeitpunkt eintritt (10 Uhr), in dem die Kerntemperatur erst unwesentlich um 0,3° angestiegen ist. Die stärkste Veränderung des pH-Wertes beträgt während der Belastung 7,50, der niedrigste PCO_2-Wert 24,5 mm Hg. Die kompensatorische Verminderung des Basenüberschusses erreicht —4,2 mval/l als Tiefstwert kurz vor Ende der Temperaturbelastung. Die Normalisierungstendenz ist bereits 30 Min. nach Ende der Temperaturbelastung erkennbar. Eine weitere Kontrolle 7 Stunden später ergibt Normalwerte. Während der Belastung vermehrtes Schwitzen deutlich erkennbar, schon ehe Kerntemperatur 38,0° erreicht. Eine Energieumsatzmessung bei einem Dezerebrationskollektiv von fünf Fällen, die nicht hitzebelastet wurden, ergab einen Mittelwert von +137%, womit der gesteigerte Energieumsatz bei der Dezerebration auch zahlenmäßig als gesichert gelten kann. Zusammengefaßt zeigt die Gruppe mit Dezere-

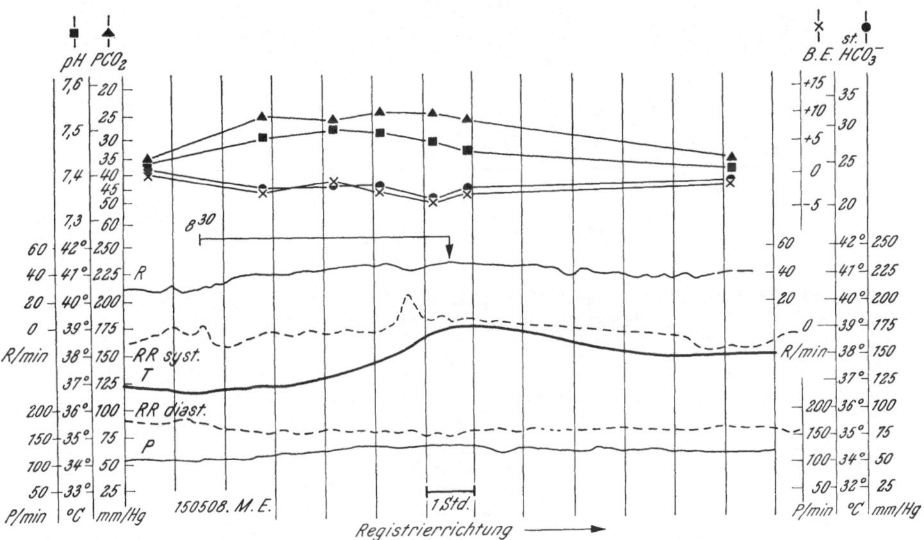

Abb. 20. Verhalten der vegetativen Parameter und der Blutchemie während Hitzebelastung (max. 40°) bei Dezerebration

bration einen statistisch hochsignifikanten Anstieg der Kerntemperatur unter äußerer Hitzebelastung, der eindeutig aus der Gruppe anderer typischer Schädigungen des Zentralnervensystems herausragt und als charakteristisch für dieses neurologische Syndrom anzusehen ist. Veränderungen der übrigen vegetativen Parameter betreffen eine Steigerung der Pulsfrequenz, eine leichte Öffnung der Blutdruckamplitude und eine Atemfrequenzerhöhung, die nach der Blutgasanalyse mit einer Hyperpnoe verbunden ist. Die erhobenen Befunde der Kerntemperatur treten unabhängig von Alter, Geschlecht und Konstitution im Gefolge der Dezerebration zutage.

Gruppe 6 — Das apallische Syndrom

In dieser Gruppe wurden fünf Hitzebelastungen bei vier Patienten in den verschiedenen Stadien des apallischen Syndroms innerhalb der der Akutschädigung folgenden 3 Monate durchgeführt. Die Dauer

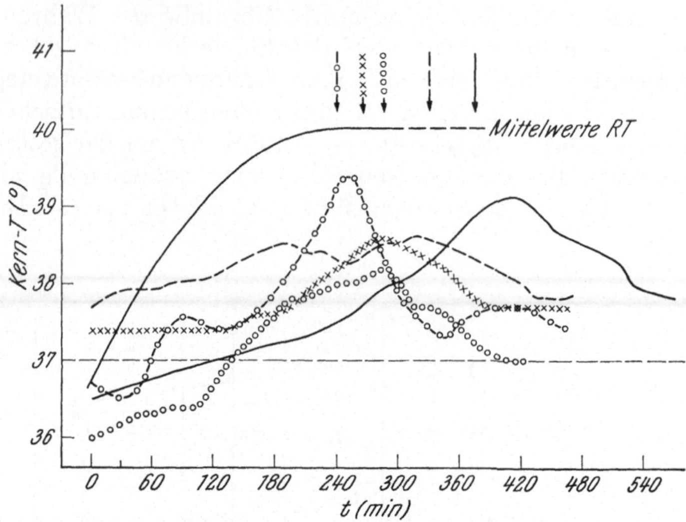

Abb. 21. *6* Hitzebelastung (max. 43°) apallisches Syndrom. (Bezugspunkt: Zeit = 0;
↓ Belastungsende; RT Raumtemperatur)

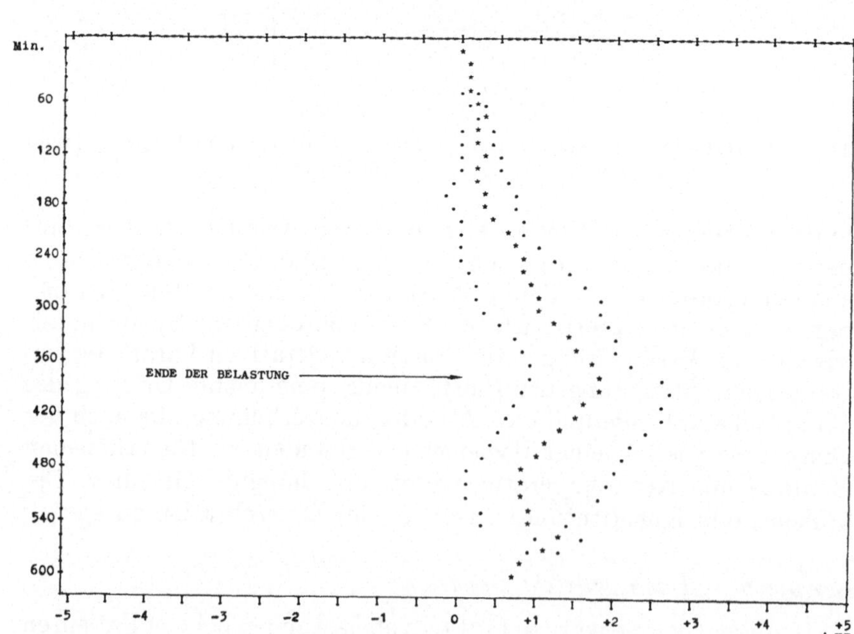

Abb. 22. *6* Hitzebelastung bei apallischem Syndrom. Streubereich ΔKT (entsprechend Tab. 12)

der Belastung betrug 240 bis 375 Min. Unter der Hitzebelastung kommt es in dieser Gruppe zu einer ebenso eindeutigen Erhöhung der Kerntemperatur wie in der vorher beschriebenen. Der Verlauf der Kerntemperaturkurve im Anstieg ist jedoch flacher und von kurzen gegenregulatorischen Phasen unterbrochen, als deren Ausdruck die Kerntemperatur über 15 minütige Zeiträume konstant bleibt oder absinkt (Abb. 21). Insofern ist auf dem ansteigenden Schenkel der Temperaturkurvenverlauf unter der Hitzebelastung weniger einförmig als in der Dezerebrationsgruppe. Die Hitzebe-

Tabelle 12. *6 Hitzebelastung bei apallischem Syndrom*
(Bezugspunkt: Zeit bei Belastungsende [X]. Zeit. Kern-T. [KT]. Raum-T. [RT].
Mittelwerte KT und RT)

I-Z./U-NR.	070845/1		150508/2		150508/3		030950/1		040268/2		MITW	MITW
ZEIT	KT	RT	KT	RT	KT	RT	KT	RT	KT	RT	KT	RT
0			36.5	21							36.5	
15			36.6	25							36.6	
30			36.6	27							36.6	
45	37.7	20	36.7	29							37.2	
60	37.8	21	36.8	31							37.3	
75	37.9	21	36.8	32							37.4	
90	37.9	22	36.9	34			36.0	25			36.9	
105	37.9	23	36.9	33	37.4	24	36.1	27			37.1	
120	38.0	25	37.0	32	37.4	29	36.2	31			37.2	
135	38.0	26	37.0	33	37.4	32	36.3	32	36.7	24	37.1	29
150	38.0	28	37.1	34	37.4	33	36.3	33	36.6	27	37.1	31
165	38.1	29	37.2	36	37.4	35	36.4	34	36.5	32	37.1	33
180	38.2	30	37.2	37	37.4	37	36.4	36	36.6	33	37.2	35
195	38.3	30	37.3	37	37.4	38	36.4	38	37.1	35	37.3	36
210	38.4	31	37.3	38	37.4	39	36.7	39	37.4	36	37.4	37
225	38.5	32	37.4	38	37.4	40	37.0	40	37.6	37	37.6	37
240	38.5	33	37.5	39	37.4	40	37.2	41	37.5	38	37.6	38
255	38.4	33	37.6	39	37.5	41	37.4	41	37.4	39	37.7	39
270	38.4	34	37.8	40	37.6	42	37.6	42	37.4	40	37.8	40
285	38.3	35	38.0	40	37.6	43	37.8	42	37.5	40	37.8	40
300	38.3	36	38.0	41	37.7	43	37.8	43	37.7	41	37.9	41
315	38.4	37	38.1	42	37.9	43	37.9	43	37.9	41	38.0	41
330	38.5	38	38.3	41	38.1	43	38.0	43	38.2	42	38.2	41
345	38.5	38	38.5	41	38.2	43	38.0	43	38.5	42	38.3	41
360	38.6	38	38.7	41	38.4	43	38.1	43	38.8	42	38.5	41
X 375	38.6	38	38.9	41	38.5	43	38.2	43	39.3	42	38.7	41
390	38.5	25	39.0	24	38.6	27	38.0	25	39.4	27	38.7	26
405	38.4	25	39.1	19	38.5	25	37.7	24	38.8	24	38.5	23
420	38.3	24	39.1	19	38.4	24	37.7	23	38.3	22	38.4	22
435	38.2	24	38.9	19	38.3	23	37.6	20	37.8	24	38.2	22
450	38.1	24	38.7	19	38.2	23	37.4	18	37.6	24	38.0	
465	38.0	24	38.6	19	38.0	23	37.2	15	37.4	24	37.8	
480	37.8	24	38.5	19	37.8	23	37.1	11	37.3	24	37.7	
495	37.8	24	38.4	19	37.7	22	37.0	15	37.5	24	37.7	
510	37.8	23	38.3	20	37.7	22	36.9	20	37.6	23	37.7	
525			38.0	22	37.7	22	36.8	20	37.7	23	37.6	
540			37.9	20	37.7	22	36.8	20	37.7	23	37.5	
555			38.1	19					37.7	23	37.9	
570			37.8	19					37.6	23	37.7	
585									37.5	23	37.5	
600									37.4	23	37.4	

lastung wird nach Erreichen einer Kerntemperatur zwischen 38,2° und 39,3° beendet. Die Nachschwankung beträgt maximal +0,2°, die Dauer der Nachschwankung liegt zweimal bei je 15 und einmal bei 60 Min. Zwei Fälle verlaufen nach Beendigung der Hitzebelastung ohne Nachschwankung. Abb. 22 zeigt den Streubereich der Kerntemperatur. Der Mittelwert der Kerntemperatur bei Belastungsende beträgt 38,7° (Tab. 12), die mittlere Deltakerntemperatur +1,8° (Tab. 13). Wiederum zeigt sich bei hohen Differenzen der Deltakerntemperaturmittelwerte eine große Streuung der Mutungs-

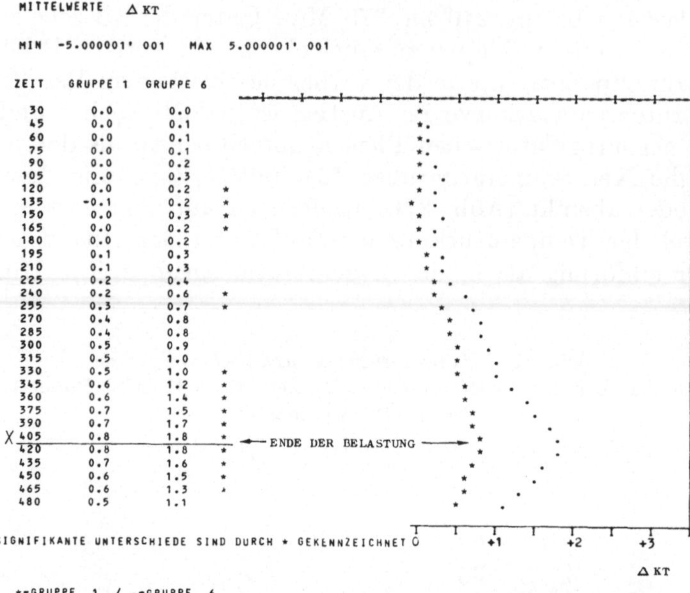

Abb. 23. Vergleich (Wilcoxon-Test $P = 0{,}1$). *1* Hitzebelastung Normalfälle / *6* Hitzebelastung bei apallischem Syndrom

Tabelle 13. *6 Hitzebelastung bei apallischem Syndrom*
(Mittelwerte ΔKT. Standardabweichung. Streubereich. Mutungsintervall mit halber Intervallbreite)

ZEIT	MIT	SA	STREUBEREICH		MUTUNGSINTERVALL		IVB/2
0	0.0						
15	0.1						
30	0.1						
45	0.1	0.1	0.0	0.2	-0.5	0.7	0.6
60	0.2	0.1	0.1	0.3	-0.4	0.8	0.6
75	0.3	0.1	0.2	0.3	0.0	0.6	0.3
90	0.2	0.2	0.0	0.4	-0.1	0.5	0.3
105	0.2	0.2	0.0	0.4	0.0	0.4	0.2
120	0.3	0.2	0.0	0.5	0.1	0.5	0.2
135	0.2	0.2	0.0	0.5	0.0	0.4	0.2
150	0.2	0.3	-0.1	0.6	-0.1	0.5	0.3
165	0.3	0.4	-0.2	0.7	0.0	0.6	0.3
180	0.3	0.3	-0.1	0.7	0.0	0.6	0.3
195	0.4	0.3	0.0	0.8	0.1	0.7	0.3
210	0.6	0.3	0.0	0.8	0.3	0.9	0.3
225	0.7	0.4	0.0	1.0	0.3	1.1	0.4
240	0.8	0.5	0.0	1.2	0.4	1.2	0.4
255	0.8	0.5	0.1	1.4	0.3	1.3	0.5
270	0.9	0.6	0.2	1.6	0.4	1.4	0.5
285	1.0	0.7	0.2	1.8	0.4	1.6	0.6
300	1.0	0.6	0.3	1.8	0.4	1.6	0.6
315	1.2	0.6	0.5	1.9	0.6	1.8	0.6
330	1.4	0.6	0.7	2.0	0.8	2.0	0.6
345	1.5	0.6	0.8	2.0	0.9	2.1	0.6
360	1.7	0.7	0.9	2.2	1.1S	2.3S	0.6
375	1.8	0.8	0.9	2.6	1.1S	2.5S	0.7
390	1.8	0.8	0.8	2.7	1.0S	2.6S	0.8
405	1.6	0.8	0.7	2.6	0.9	2.3	0.7
420	1.5	0.8	0.6	2.6	0.8	2.2	0.7
435	1.3	0.7	0.5	2.4	0.6	2.0	0.7
450	1.1	0.7	0.4	2.2	0.4	1.8	0.7
465	1.0	0.7	0.3	2.1	0.3	1.7	0.7
480	0.8	0.7	0.1	2.0	0.1	1.5	0.7
495	0.8	0.7	0.1	1.9	0.1	1.5	0.7
510	0.8	0.7	0.1	1.8	0.2	1.4	0.6
525	0.9	0.5	0.3	1.5	0.3	1.5	0.6
540	0.9	0.5	0.3	1.4	0.4	1.4	0.5
555	1.3	0.4	1.0	1.6	-0.6	3.2	1.9
570	1.1	0.3	0.9	1.3	-0.2	2.4	1.3
585	0.8						
600	0.7						

S: SIGNIFIKANTE UNTERSCHIEDE ZU GRUPPE 1

intervalle, die bei Belastungsende in einer halben Intervallbreite von 0,7° sichtbar wird. Ein Vergleich der Mutungsintervalle zur Normalgruppe läßt nur für zwei Zeiträume (15 Min.) vor und einem Zeitraum (15 Min.) nach Ende der Hitzebelastung signifikante Unterschiede erkennen. Der Wilcoxon-Test (Abb. 23) zeigt demgegenüber signifikante Unterschiede über insgesamt zehn Zeiträume (135 Min.) vor und nach Ende der Hitzebelastung.

Im einzelnen verlaufen die Temperaturkurven bei zwei Belastungen des Patienten im Stadium des akinetischen Mutismus in An- und Abstieg praktisch identisch, der Ausgangswert der Kerntemperatur wird auch nach 12 Stunden nicht erreicht, der Endwert liegt um 0,5° höher. Bei einem weiteren Fall mit der Symptomatik eines akinetischen Mutismus muß bei einer Kerntemperatur von 38,6° die Hitzebelastung wegen einer schweren Tachypnoe abgebrochen werden (Abb. 24). Ein erster Anstieg auf 38,5° kann über

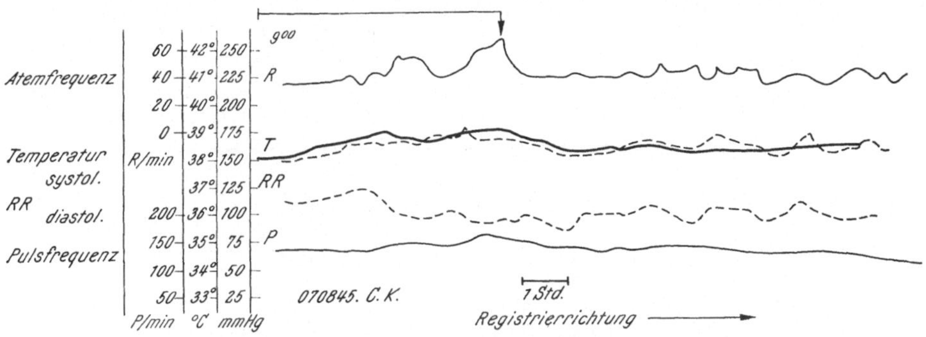

Abb. 24. Ausgeprägte Tachypnoe (↓) bei apallischem Syndrom unter Hitzebelastung (max. 38°)

120 Min. hinweg kompensatorisch gehalten werden, ehe der weitere Temperaturanstieg mit der schweren Frequenzänderung der Atmung eintritt. Der Abfall der Kerntemperatur entspricht der Anstiegssteilheit zum ersten Temperaturgipfel. Die Registrierkurven für Atemfrequenz und EKG (Abb. 25) zeigen die Beschleunigung beider Parameter unmittelbar vor Ende der Belastung. Schon 10 Min. später ist die Atemfrequenz auf 54/Min. abgesunken, weitere 10 Min. später setzt eine Atemperiodik ein. 2 Stunden nach Ende der Belastung haben Atem- und Pulsfrequenz nahezu die Ausgangswerte erreicht, die schon vor Beginn der Belastung mit einer Atemfrequenz von 36/Min. und einer Pulsfrequenz von 136/Min. deutlich beschleunigt waren. (Unterschiede der Atemamplitude werden in Abb. 25 nur vorgetäuscht, sie sind Folge der

4*

Raumtemperaturänderung bei Registrierung über Thermistoren.) Ein Kind im apallischen Vollstadium zeigt nach einer kompensatorischen Temperatursenkung über 75 Min. einen steilen Kerntemperaturanstieg, der bei 39,3° unterbrochen wird und nach 15 minütiger Nachschwankung in gleicher Steilheit absinkt.

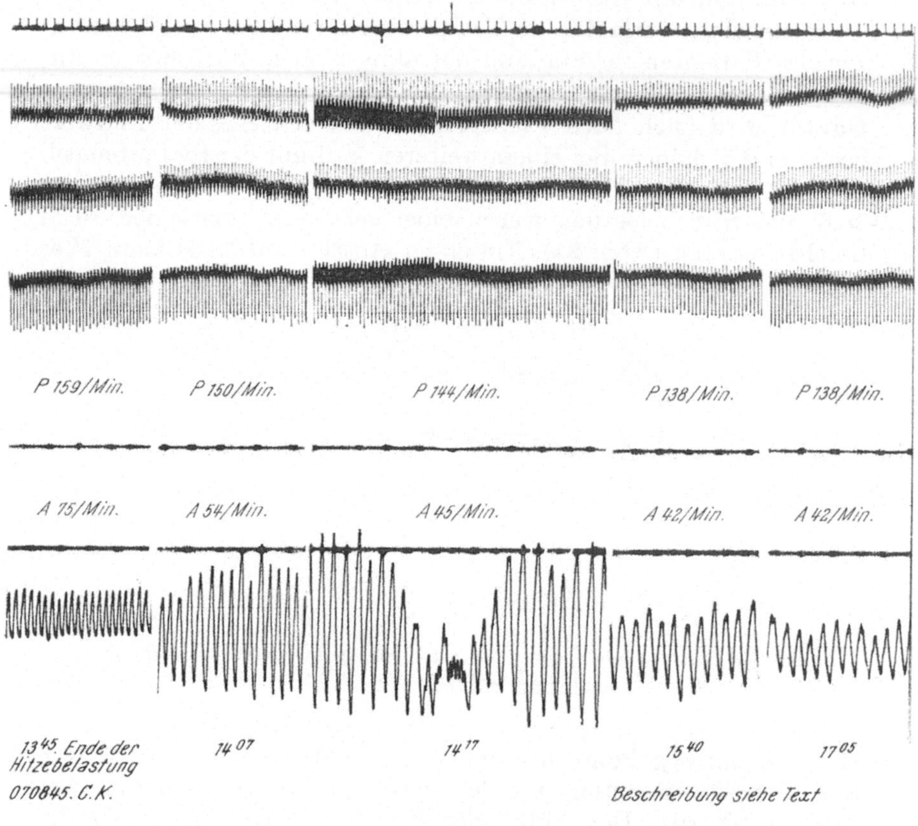

Abb. 25

Die Temperaturbelastung des Falles im apallischen Remissionsstadium ergibt einen langsamen Kerntemperaturanstieg bis 38,2°. Die Belastung muß wegen nicht lenkbarer psycho-motorischer Bewegungsunruhe des Kranken abgebrochen werden, das Absinken der Kerntemperatur in den Normalbereich verläuft hier deutlich steiler als der Anstieg.

Begleitende Veränderungen der übrigen vegetativen Parameter (Tab. 3) betreffen wie in der Dezerebrationsgruppe die Puls- und

Atemfrequenz. Die Pulsfrequenz steigert sich vom Ausgangsmittelwert 109/Min. bis auf 153/Min. am Ende der Belastung. Die Höherstellung der Pulsfrequenz zu einer Niveauanhebung der Pulsfrequenzkurve erfolgt, wie bei der vorhergehenden Gruppe, schon zu einem Zeitpunkt, an dem die Kerntemperatur noch unwesentlich verändert ist. Die Blutdruckamplitude ist bei vier registrierten Fällen nicht so eindeutig im Sinne einer Verbreiterung der Amplitude verändert wie in der Vorgruppe. Die stärkste Veränderung betrifft wiederum die Atemfrequenz mit einem Ausgangsmittelwert von 29/Min., der sich bis zum Ende der Belastung bis auf 62/Min. als Mittelwert stärker steigert als in der Dezerebrationsgruppe. Die Normalisierung der Atemfrequenz setzt sofort nach Beendigung der Hitzebelastung ein, die Ausgangswerte werden aber in unterschiedlichen Zeiträumen erreicht, die keine gruppenspezifische Zuordnung erkennen lassen. Als Ausdruck der Hyperpnoe sind die Blutgaswerte entsprechend einer respiratorischen Alkalose verändert, wobei die pH-Werte bis 7,50 erhöht sind. Der PCO_2-Wert liegt bei 25 mm Hg als Tiefstwert. Basenüberschuß und aktuelles Bikarbonat sind im Sinne einer vollen Kompensation verändert. Vermehrtes Schwitzen wird etwa ab Kerntemperatur 38,0° festgestellt, das abgeschätzt aber nicht so ausgeprägt verläuft wie in der Dezerebrationsgruppe. Energieumsatzmessungen beim apallischen Syndrom wurden im Rahmen der Belastung nicht durchgeführt. Zusammengefaßt zeigt die Gruppe der apallischen Syndrome einen signifikanten Anstieg der Kerntemperatur unter Hitzebelastung. Der Temperaturkurvenverlauf ist weniger einheitlich als bei der Gruppe mit Dezerebration, kompensatorische Faktoren kommen stärker zur Wirkung, wodurch die Kurvensteilheit und das Gipfelniveau der Temperaturkurve unterschiedlich sind. Von den begleitenden vegetativen Parametern sind Atem- und Pulsfrequenz erheblich gesteigert. Das Blutdruckverhalten ist unter der Temperaturbelastung uncharakteristisch.

Gruppe 7 — Hitzebelastung bei Fällen mit der Symptomatik des zentralen Todes

Die Untersuchung konnte an zwei Fällen in vier Einzeluntersuchungen durchgeführt werden. Die Symptomatik des zentralen Todes hatte mindestens 4 Stunden bestanden. Die Temperatureinzelwerte sind aus Tab. 14 ersichtlich, die abweichend von den entsprechenden Tabellen der bisher besprochenen Gruppen als Bezugspunkt Zeit = 0 Minuten ausweist. Wegen der starken Streuung der Temperaturgrundwerte sind Mittelwerte, Mutungsintervalle, mittlere

Tabelle 14. *7 Hitzebelastung bei Bulbärhirnsyndrom (irreversibel)*
(Bezugspunkt: Zeit = 0. Zeit. Kern-T. [KT]. Raum-T. [RT])

I-Z./U-NR.	020549/1		020549/2		020549/3		060758/1	
ZEIT	KT	RT	KT	RT	KT	RT	KT	RT
0	32.1	20	29.4	21	28.2	20	32.6	24
15	31.9	24	29.3	23	28.2	22	32.7	25
30	31.8	27	29.2	24	28.1	24	32.8	25
45	31.8	28	29.1	25	28.0	25	33.0	25
60	31.9	29	29.0	26	28.1	26	33.2	25
75	32.0	30	28.9	27	28.0	27	33.3	26
90	32.1	31	28.7	28	28.0	28	33.4	28
105	32.2	32	28.5	29	28.0	28	33.5	30
120	32.3	32	28.5	30	28.0	29	33.5	33
135	32.5	33	28.6	30	28.1	29	33.6	35
150	32.6	34	28.7	31	28.1	29	33.7	36
165	32.9	34	28.8	31	28.2	30	33.8	37
180	33.1	24	28.8	32	28.3	30	34.0	38
195	33.2	22	28.9	32	28.3	30	34.1	37
210	33.3	20	29.1	33	28.4	30	34.2	35
225	33.4	18	29.3	33	28.5	31	34.1	34
240	33.2	18	29.4	24	28.7	31	34.0	33
255	33.0	17	29.5	21	28.6	31	34.1	33
270			29.6	19	28.8	31	34.2	33
285			29.7	17	29.0	32	34.3	32
300			29.7	17	29.1	32	34.4	32
315			29.6	16	29.2	32	34.6	32
330			29.6	15	29.3	32	34.8	31
345			29.5	15	29.5	32	34.9	31
360					29.6	33	35.0	31
375					29.8	33	35.2	32
390					30.0	33	35.5	32
405					30.1	33	35.5	32
420					30.2	33	35.7	32
435					30.4	34	35.9	32
450					30.7	34	36.0	32
465					30.8	34	36.2	33
480					31.0	34	36.3	33
495					31.2	34	36.4	33
510					31.4	34	36.5	34
525					31.6	34	36.6	34
540					31.8	34	36.8	35
555					32.0	34	36.9	35
570					32.2	34	36.9	34
585					32.5	34	36.9	33
600					32.6	34	36.8	33
615					32.9	34	36.7	32
630					33.0	34	36.6	33
645					33.2	34	36.6	34
660					33.4	34	36.6	34
675					33.6	34	36.7	34
690					33.8	34	36.7	34
705					34.0	34	36.8	34
720					34.1	34	36.9	34
735					34.1	34	37.0	34
750					34.4	34	37.1	34
765					34.6	34	37.2	34
780					34.8	34	37.4	35
795					34.9	34	37.5	35
810					35.1	34	37.6	35
825					35.2	34	37.6	35
840					35.5	34	37.7	35
855					35.6	34	37.9	35
870					35.7	34	38.0	36
885					35.8	34	38.0	36
900					35.8	34	38.1	36
915					35.8	34	38.2	36
930							38.4	36
945							38.5	36
960							38.6	36
975							38.8	36
990							39.0	36
1005							39.1	36
1020							39.2	36
1035							39.3	36
1050							39.5	37
1065							39.6	37
1080							39.7	37
1095							39.8	32
1110							39.7	26
1125							39.6	23
1140							39.5	22
1155							39.4	21
1170							39.2	20

Standardabweichungen und Wilcoxon-Test nicht aufgeführt. Das Temperaturverhalten dieser Fälle unter Hitzebelastung ist aus dem rechten Teil der Abb. 26 ersichtlich.

Es handelt sich um einen 20 jährigen Mann, der bei Klinikaufnahme 4 Stunden nach einem schweren gedeckten Schädelhirntrauma alle Zeichen des zentralen

Todes aufweist. Die auf 28° abgesunkene Kerntemperatur erreicht unter Erhöhung der Umgebungstemperatur auf 34° im Verlauf von knapp 12 Stunden den 36°-Bereich.

Bei dem zweiten Fall liegt die Kerntemperatur 4 Stunden nach Auftreten der Symptomatik des zentralen Todes bei 32,6°, unter stufenweiser Erhöhung der Umgebungstemperatur von 23° auf 37° steigt die Kerntemperatur bis auf 39,8° an. Nach Beendigung der Hitzebelastung beginnt nach einer Niveaubildung von rund 15 Min. das Absinken der Kerntemperatur. Bei einer Raumtemperatur von 10° innerhalb der folgenden 6 Stunden sinkt die Kerntemperatur auf 33,4° ab. Nach Wiedererwärmung der Umgebung bleibt die Kerntemperatur bis zum Herztod 60 Min. später auf diesem Niveau.

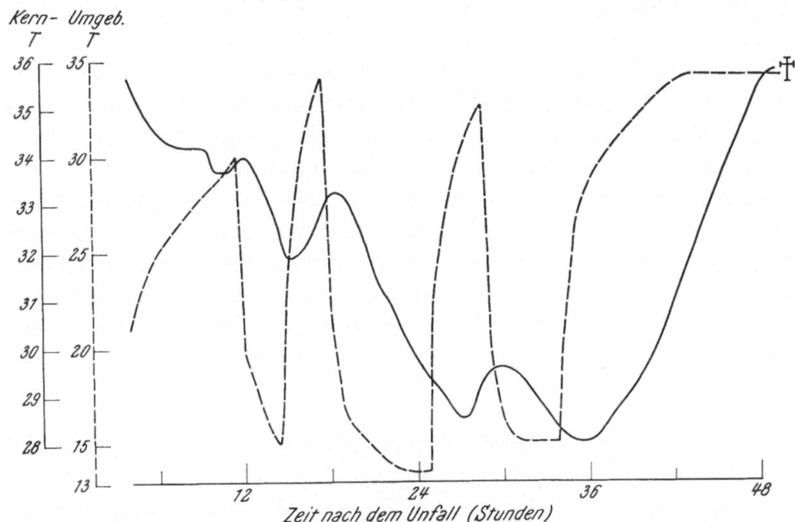

Abb. 26. Korrelation zwischen Umgebungs- und Körperkern-Temperatur bei zentralem Tod (D.S., 20 J., ♂; gedecktes Schädelhirntrauma 4 Stunden vorher)

Im Kurvenverlauf des Kerntemperaturanstieges ist der Einfluß einer kurzfristigen Änderung der Umgebungstemperatur zu erkennen.

Bei einem dritten Fall erfolgt nach spontanem Absinken der Kerntemperatur auf 32,0° die Wiedererwärmung mit einem elektrischen Lichtbogen und fester Bedeckung der Extremitäten mit Ausnahme des linken Armes, an dem die Schalentemperatur gemessen wird. Die Kerntemperatur wird mittels dieser Maßnahmen in den folgenden 36 Stunden bis zum Herztod zwischen 34,0° und 36,0° aufrechterhalten.

Die besondere Form einer Wärmebelastung der Temperaturregulation erfolgte bei einer Patientin mit der Symptomatik des zentralen Todes nach einem auswärtigen Transfusionszwischenfall, der in der hiesigen Medizinischen Klinik behandelt wurde*. Die spontan auf Werte um 35,0° absinkende Kerntemperatur steigt während der Hämodialyse mit Perfusion von 10 Litern etwa 39° warmer Flüssigkeit auf 38,6° an und bleibt über 6 Stunden mit einer Nachschwankung bis maximal 39,5° bestehen, um danach im weiteren Verlauf über 9 Stunden bis auf 35,5° abzusinken. Die folgenden Hämodialysen ergaben analoge Befunde, der Herztod erfolgte erst 8 Tage später.

Die übrigen vegetativen Funktionen weisen ein charakteristisches Absinken der Pulsfrequenz bis auf Werte um etwa 40/Min. auf, währenddem der Blutdruck in dieser Phase fast ausnahmslos der medikamentösen Stützung bedarf. Die spontane Atemtätigkeit bleibt während aller Phasen dieser Untersuchung unverändert erloschen. Die Beatmung muß kontrolliert erfolgen. Während der gesamten Hitzebelastung ist keine Schweißbildung erkennbar. Energieumsatzmessungen wurden nicht durchgeführt.

Zusammengefaßt zeigt die Gruppe mit der Symptomatik des zentralen Todes nach spontanem Absinken der Kerntemperatur, aber auch bei künstlicher Aufrechterhaltung des Temperaturnormbereiches, die Tendenz zum Kerntemperaturanstieg in direkter Abhängigkeit zur Änderung der Umgebungstemperatur. Das Kerntemperaturverhalten ist als *poikilotherm* anzusehen.

Gruppe 8 — Großhirntumoren und gedeckte Schädelhirntraumen ohne Koma und ohne Hirnstammsymptomatik

Die Untersuchung wurde als Vorfeldstudie an fünf Fällen durchgeführt, neurologische Veränderungen im Sinne halbseitiger Ausfälle waren durch die Topik der Tumoren bedingt. Die Hitzebelastung ergibt keine Änderung der Kerntemperatur, die den Normbereich überschreitet. Bei Ausgangswerten zwischen 37,0° und 37,5° werden bei 8 stündiger Belastung Temperatursteigerungen zwischen 37,5° und 37,7° erreicht. Geringe Begleitveränderungen betreffen die Pulsfrequenz, die wie in der Normalgruppe um 16 bis 20 Schläge/Min. erhöht verläuft. Blutdruckverhalten und Atemfrequenz sind unverändert. Die Schwitzneigung verlief ohne erkennbare Abweichungen zur Normalgruppe, vereinzelte Energieumsatzmessungen ergaben Normalwerte.

---

* Ich danke Herrn Prof. LASCH für die freundliche Überlassung der Kasuistik.

Für diese Gruppe kann zusammengefaßt werden, daß der Kerntemperaturverlauf durch die äußere Hitzebelastung sich innerhalb der Norm verhält und keine Abweichungen gegenüber Gruppe 1 erkennen läßt.

Das Verhalten der Schalentemperatur unter Hitzebelastung

Für die Gruppen 1 bis 6 wurde die Hauttemperatur am Oberarm in ihrer Beziehung zur Kerntemperatur in verschiedenen Phasen der Hitzebelastung untersucht. Die Subkutantemperatur wurde zur Kontrolle des Hauttemperaturverlaufes mitregistriert.

Tabelle 15. *Differenzen Kern-/Haut-Temperatur in verschiedenen Stadien der Hitzebelastung Gruppe 1 Normalfälle*

i-Zahl	A Haut	Kern	Diff.	Raum-T.	B Haut	Kern	Diff.	Raum-T.
100745	32,3	36,8	4,5	22	35,1	36,7	1,6	34
280829	31,0	36,5	5,5	21	31,9	36,4	4,5	31
031030	30,8	36,2	5,4	20	31,9	36,2	4,3	30
230739	30,0	37,2	7,2	23	32,0	37,2	5,2	33
210435	29,2	36,4	7,2	18	30,1	36,4	6,3	29
290727	31,1	36,5	5,4	20	32,6	36,2	3,6	30
020438	31,7	36,4	4,7	20	34,1	36,1	2,0	31
021037	31,6	36,7	5,1	21	33,5	36,7	3,2	35
Mittelwerte	31,0	36,6	5,63	21	32,7	36,5	3,84	32

i-Zahl	C Haut	Kern	Diff.	Raum-T.	D Haut	Kern	Diff.	Raum-T.
100745	36,8	37,1	0,3	42	36,4	37,2	0,8	42
280829	36,6	37,0	0,4	41	36,6	37,2	0,6	43
031030	36,4	37,2	0,8	42	36,4	37,5	1,1	43
230739	37,1	37,5	0,4	42	37,2	37,6	0,4	43
210435	36,4	36,9	0,5	40	36,6	37,1	0,5	42
290727	35,9	36,8	0,9	40	36,3	37,1	0,8	40
020438	36,6	37,5	0,9	42	36,8	37,6	0,8	43
021037	36,1	37,2	1,1	41	36,7	37,4	0,7	43
Mittelwerte	36,5	37,2	0,66	41	36,6	37,3	0,71	42

A vor Beginn der Hitzebelastung
B nach 1 Stunde
C 1 Stunde vor Ende
D Ende der Hitzebelastung

Die Normalgruppe (Tab. 15) zeigt in Ruhe bei Raumtemperaturen um 20° einen Hauttemperaturmittelwert für alle acht Fälle von 31,0° bei einer mittleren Kerntemperatur von 36,6°, das heißt, die Differenz Kerntemperatur zu Hauttemperatur beträgt in der Normalgruppe 5,6°. 60 Minuten nach Beginn der Hitzebelastung liegt der Mittelwert der Kerntemperatur als Folge einer vermehrten Wärmeabstrahlung durch Öffnen der Gefäßperipherie um 0,1° niedriger, der Mittelwert der Hauttemperatur beträgt 32,7°, die mittlere Differenz der Kerntemperatur nur noch 3,8°. Eine Stunde vor Ende und am Ende der Hitzebelastung liegt die Hauttemperatur nur noch 0,7° als Mittelwert niedriger als die Kerntemperatur, deren Mittelwert in dieser Phase der Untersuchung 37,2° bzw. 37,3° be-

Tabelle 16. *Differenzen Kern-/Haut-Temperatur in verschiedenen Stadien der Hitzebelastung Gruppe 2 Hypophysentumoren*

i-Zahl	A				B			
	Haut	Kern	Diff.	Raum-T.	Haut	Kern	Diff.	Raum-T.
220131/1	26,2	37,1	10,9	18	28,4	36,8	8,4	24
100806/1	29,5	36,1	6,6	22	32,0	36,1	4,1	30
301235/1	28,6	36,5	7,9	20	32,0	36,7	4,7	31
110544/1	29,0	37,2	8,2	22	31,0	37,0	6,0	32
030827/1	25,0	36,6	11,6	20	27,1	36,6	9,5	23
030827/2	25,0	36,6	11,6	20	27,0	36,5	9,5	23
030827/3	27,5	37,1	9,4	21	35,0	37,0	2,0	23
Mittelwerte	27,3	36,8	9,46	21	31,0	36,7	5,74	26

i-Zahl	C				D			
	Haut	Kern	Diff.	Raum-T.	Haut	Kern	Diff.	Raum-T.
220131/1	34,5	37,0	2,5	28	34,3	37,2	2,9	26
100806/1	35,8	36,9	1,1	36	35,9	36,7	0,8	40
301235/1	37,0	37,8	0,8	42	37,5	38,2	0,7	42
110544/1	35,7	36,5	0,8	41	36,2	36,8	0,6	41
030827/1	35,6	36,9	1,3	29	35,6	36,9	1,3	29
030827/2	35,5	37,5	2,0	30	35,7	37,6	1,9	30
030827/3	35,2	37,3	2,1	32	35,5	37,0	1,5	32
Mittelwerte	35,6	37,1	1,51	33	35,8	37,2	1,38	33

A vor Beginn der Hitzebelastung
B nach 1 Stunde
C 1 Stunde vor Ende
D Ende der Hitzebelastung

trägt. Die Grenzbereiche der verschiedenen Temperaturen und ihre Differenzen können der Tabelle entnommen werden. Die absolut kleinste Differenz zwischen Kern- und Hauttemperatur kann im Einzelfall kleiner sein als die zuletzt gemessene Differenz, das heißt, daß zu einem bestimmten, nicht charakteristischen Zeitpunkt im Verlauf der Hitzebelastung die Hauttemperatur der Kerntemperatur enger angenähert ist als auf dem Höhepunkt der Belastung kurz vor ihrer Beendigung.

In der Gruppe 2, den Hypophysentumoren (Tab. 16), zeigt die Hauttemperatur mit einem Gruppenmittelwert von 27,3° bei annähernd gleichem Kerntemperaturmittelwert (36,8°) wie in der Normalgruppe mit 9,5° Differenz einen signifikant niedrigeren

Tabelle 17. *Differenzen Kern-/Haut-Temperatur in verschiedenen Stadien der Hitzebelastung*

a) Gruppe 3 Supraselläre Tumoren

i-Zahl	Haut	Kern	A Diff.	Raum-T.	Haut	Kern	B Diff.	Raum-T.
191051/1	30,2	36,9	6,7	19	32,0	36,8	4,8	26
191051/2	29,2	36,7	7,5	22	33,2	36,8	3,6	33
070364/1	33,2	37,1	3,9	24	34,5	37,1	2,7	32
210565/1	28,3	37,0	8,7	22	30,6	37,0	6,4	23
Mittelwerte	30,2	36,9	6,70	22	32,5	36,9	4,38	29

i-Zahl	Haut	Kern	C Diff.	Raum-T.	Haut	Kern	D Diff.	Raum-T.
191051/1	35,9	37,2	1,3	34	36,2	37,5	1,3	35
191051/2	36,8	37,5	0,7	42	36,8	37,6	0,8	42
070364/1	37,4	37,9	0,5	41	37,6	37,9	0,3	42
210565/1	35,5	37,2	1,7	30	36,2	37,6	1,4	31
Mittelwerte	36,4	37,5	1,05	37	36,7	37,7	0,95	38

b) Gruppe 4 Supraselläre Tumoren (Sondergruppe)

i-Zahl	Haut	Kern	A Diff.	Raum-T.	Haut	Kern	B Diff.	Raum-T.
020431/1	30,0	37,9	7,9	20	31,4	38,0	6,6	28
020431/2	25,8	37,4	11,6	8	28,5	37,6	9,1	21
020431/3	36,3	37,5	1,2	19	36,5	37,8	1,3	23
280729/1	28,5	36,5	8,0	23	32,6	36,8	4,2	27
041160/1	30,5	37,3	6,8	19	31,2	37,1	5,9	22
Mittelwerte	30,2	37,3	7,10	18	32,1	37,5	5,42	24

i-Zahl	Haut	Kern	C Diff.	Raum-T.	Haut	Kern	D Diff.	Raum-T.
020431/1	38,0	39,1	1,1	35	38,6	39,5	0,9	26
020431/2	37,6	38,2	0,6	34	38,5	38,7	0,2	36
020431/3	37,9	39,1	1,2	26	38,1	39,3	1,2	26
280729/1	35,4	38,3	2,9	30	35,5	38,2	2,7	30
041160/1	36,2	38,4	2,2	28	36,4	39,7	3,3	28
Mittelwerte	36,8	38,6	1,40	31	37,4	39,1	1,66	29

A vor Beginn der Hitzebelastung
B nach 1 Stunde
C 1 Stunde vor Ende
D Ende der Hitzebelastung

Wert als die Normalgruppe. Auch 60 Min. nach Beginn der Belastung liegt der Mittelwert der Hauttemperatur mit 31,0° und 5,7° Differenz zur Kerntemperatur noch signifikant niedriger. Gegen Belastungsende werden die Differenzen der Hauttemperatur im Vergleich zur Normalgruppe geringer.

Die Gruppen 3 und 4 suprasellärer Tumoren mit ausschließlich hypothalamischer und zusätzlich mesenzephaler Ausbreitung verhalten sich in den Hauttemperaturmittelwerten zu Beginn und im weiteren Verlauf ähnlich (Tab. 17a und b). Lediglich gegen Ende der Belastung ist ein größerer Unterschied erkennbar, der als Ausdruck der höheren Kerntemperatur in Gruppe 4 zu erklären ist. Das Gesamtverhalten der Hauttemperatur in den Gruppen 3 und 4 im Vergleich zur Normalgruppe ist für die Ausgangswerte vor Beginn der Belastung und 60 Min. später ähnlich dem Verhalten der Kerntemperatur in Gruppe 2.

Tabelle 18. Differenzen Kern-/Haut-Temperatur in verschiedenen
Stadien der Hitzebelastung
Gruppe 5 Dezerebration

i-Zahl	Haut	Kern	A Diff.	Raum-T.	Haut	Kern	B Diff.	Raum-T.
280422/1	32,7	36,4	3,7	19	33,5	36,1	2,4	23
150508/1	30,0	36,8	6,8	20	35,0	37,0	2,0	31
040268/1	35,5	37,3	1,8	21	36,6	37,5	0,9	30
120352/1	28,5	36,6	8,1	21	31,0	36,8	5,8	29
120352/2	35,0	38,2	3,2	10	36,2	38,1	1,9	21
Mittelwerte	32,2	37,1	4,92	18	34,9	37,1	2,60	27

i-Zahl	Haut	Kern	C Diff.	Raum-T.	Haut	Kern	D Diff.	Raum-T.
280422/1	37,3	38,1	0,8	31	37,6	38,7	1,1	27
150508/1	38,0	38,5	0,5	40	38,5	39,3	0,8	40
040268/1	37,5	38,1	0,6	38	38,6	39,2	0,6	39
120352/1	39,1	39,2	0,1	38	39,8	39,9	0,1	39
120352/2	38,6	40,0	1,4	32	39,5	40,5	1,0	37
Mittelwerte	38,1	38,8	0,68	36	38,8	39,5	0,72	36

A vor Beginn der Hitzebelastung
B nach 1 Stunde
C 1 Stunde vor Ende
D Ende der Hitzebelastung

Die Gruppe 5 — Dezerebration (Tab. 18) — zeigt im Vergleich zur Gruppe 1 signifikant höhere Ausgangswerte der Hauttemperatur zu Beginn der Belastung mit 32,2° und nach 60 Min. mit 34,9°. Entsprechend der stärkeren Steigerung der Kerntemperatur unter der Hitzebelastung liegen die Hauttemperaturmittelwerte am Ende der Belastung und 60 Min. vorher höher als in der Normalgruppe. Die Differenz zwischen den Kern- und Hauttemperaturmittelwerten ist dagegen mit 0,7° für beide Gruppen zu beiden Zeitpunkten gleich.

Die Gruppe 6 — das apallische Syndrom — zeigt analoges Verhalten der Hauttemperatur mit fast gleichen Mittelwerten vor Beginn und nach 60 Min. Belastung (Tab. 19). Die Differenz zur Kerntemperatur ist mit 4,4° bei Beginn und 2,3° nach 60 Min. ebenfalls nur gering unterschiedlich zur vorherigen Gruppe. Für das Verhalten der Gruppe 6 im Vergleich zur Gruppe 1 gilt das für Gruppe 5 Gesagte, woraus die engen Beziehungen in Art und Ausmaß der Temperaturregulationsstörungen beider Gruppen erneut hervorgehoben werden.

Tabelle 19. *Differenzen Kern-/Haut-Temperatur in verschiedenen Stadien der Hitzebelastung Gruppe 6 Apallisches Syndrom*

i-Zahl	A Haut	Kern	Diff.	Raum-T.	B Haut	Kern	Diff.	Raum-T.
070845/1	28,6	37,7	9,1	20	31,3	37,9	6,6	23
150508/2	34,2	36,5	2,3	21	35,8	36,8	1,0	31
150508/3	33,2	37,4	4,2	24	35,0	37,4	2,4	35
030950/1	33,2	36,0	2,8	25	35,0	36,3	1,3	33
040268/2	33,2	36,7	3,5	24	36,8	37,1	0,3	35
Mittelwerte	32,5	36,9	4,38	23	34,8	37,1	2,32	31

i-Zahl	C Haut	Kern	Diff.	Raum-T.	D Haut	Kern	Diff.	Raum-T.
070845/1	38,0	38,4	0,4	37	38,0	38,6	0,6	38
150508/2	37,7	38,1	0,4	42	38,6	38,9	0,3	41
150508/3	37,0	37,9	0,9	43	38,0	38,5	0,5	43
030950/1	37,1	37,9	0,8	43	37,1	38,2	1,1	43
040268/2	37,5	37,9	0,4	41	39,2	39,3	0,1	42
Mittelwerte	37,4	38,0	0,58	41	38,2	38,7	0,52	41

A vor Beginn der Hitzebelastung
B nach 1 Stunde
C 1 Stunde vor Ende
D Ende der Hitzebelastung

Die Ergebnisse sind in Abb. 27 nochmals graphisch zusammengefaßt, wobei die Differenz der Mittelwerte zwischen Kern- und Hauttemperatur und die Mittelwerte der Raumtemperatur in den verschiedenen Stadien der Hitzebelastung aufgetragen sind. Es

wird erkennbar, daß die Gruppe der Hypophysen- und suprasellären Tumoren deutlich höhere Differenzen infolge einer Erniedrigung der Hauttemperatur gegenüber der Normalgruppe auf-

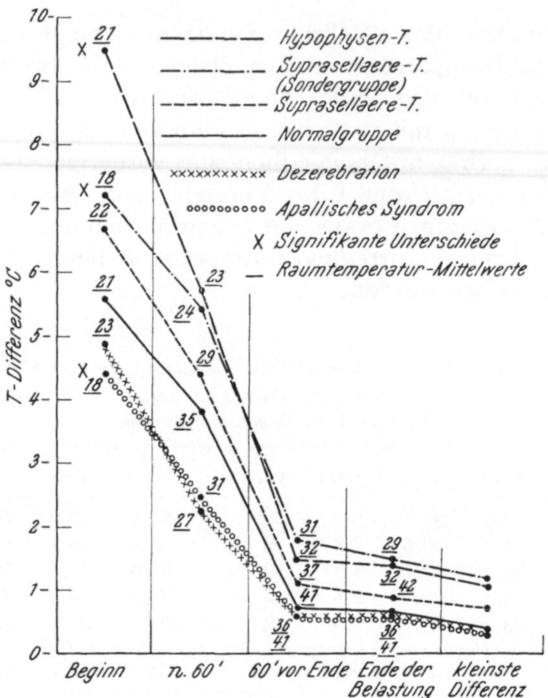

Abb. 27. Differenz Kern-/Haut-Temperatur unter Hitzebelastung bei verschieden
lokalisierter Schädigung

weisen und daß in der Gruppe der Dezerebration und des apallischen Syndroms diese Differenz bei einer absolut höheren Hauttemperatur geringer ist.

Zusammenfassung der Befunde bei Hitzebelastung

Die Fragestellung, ob bestimmte hirnstammbedingte neurologische Syndrome auch Störungen der Temperaturregulation gegen
äußere Hitzezufuhr aufweisen, konnte durch die Ergebnisse von
44 Einzeluntersuchungen bei 34 Personen unter Raumtemperaturerhöhung bis maximal 43° eindeutig bejaht werden. Abb. 28 gibt
eine zusammenfassende Übersicht der Mittelwerte von Raumtemperatur, Kerntemperatur und Hauttemperatur sowie von Puls-

frequenz und Atemfrequenz der einzelnen Gruppen zu verschiedenen Zeitpunkten der Hitzebelastung. Währenddem die beiden
Gruppen mit Hypophysentumoren und prasellären Tumoren,
wie die Normalgruppe, unter Hitzebelastung keine pathologischen
Kerntemperaturverläufe zeigen, tritt eine deutliche Hyperthermie
in den Gruppen suprasellärer Tumoren mit Ausbreitung zum Mittelhirn hin ebenso zutage wie bei der Gruppe mittelhirnbedingter
Dezerebration und ihren Folgezuständen der Gruppe der apalli-

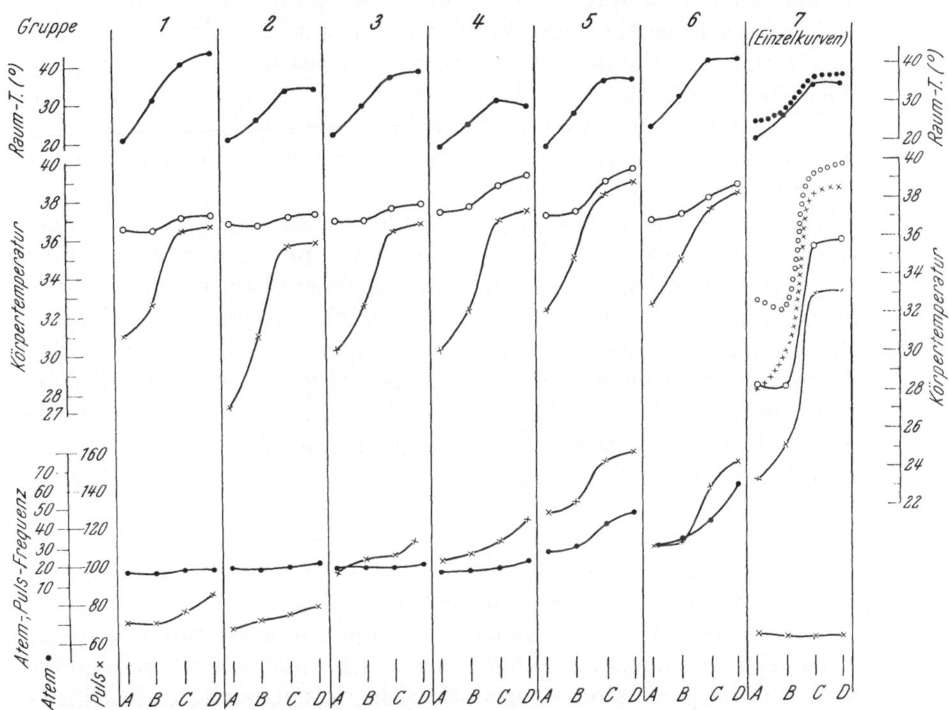

Abb. 28. Mittelwertkurven für Raumtemperatur (●), Kerntemperatur (○), Hauttemperatur (x), Pulsfrequenz und Atemfrequenz unter Hitzebelastung. *1* Normalgruppe, *2* Hypophysentumoren, *3* supraselläre Tumoren, *4* supraselläre Tumoren
mit Mittelhirnbeteiligung, *5* Dezerebration, *6* apallisches Syndrom, *7* zentraler
Tod. *A* vor Beginn der Belastung, *B* nach 1 Stunde, *C* 1 Stunde vor Ende, *D* Ende
der Belastung

schen Syndrome. Zeigen diese drei Gruppen nach der Regulation der
Kerntemperatur einen quantitativ einheitlichen Verlauf, so ist die
Schalentemperatur bei hypophysen- und hypothalamusnaher Al-
teration (Gruppen 2 bis 4) sowohl absolut als auch in ihrer Rela-

tion zur Kerntemperatur niedriger als in der Normalgruppe. In den Gruppen mit Dezerebration und apallischem Syndrom ist die Hauttemperatur absolut höher und die Differenz zur Kerntemperatur geringer als in der Normalgruppe. Aus den Ergebnissen kann die Folgerung gezogen werden, daß bei durchweg erniedrigtem Energieumsatz bei Hypophysen- und suprasellären Tumoren die Aufrechterhaltung der normalen Kerntemperatur durch eine Verengung der Kreislaufperipherie mit dadurch geringerer Wärmeabstrahlung und entsprechend niedrigerer Hauttemperatur erfolgt. Hingegen würde bei der Dezerebration und beim apallischen Syndrom die Neigung zu hyperthermem Verhalten durch eine Öffnung der Peripherie mit der Möglichkeit größerer Wärmeabstrahlung begegnet, die sich in einer höheren Hauttemperatur kennzeichnet. Weitere Untersuchungen mit Energieumsatzbestimmungen und Messungen der Kapillardurchblutung werden eine Stellungnahme zu diesen Vermutungen möglich machen.

Regulationsmechanismen der begleitenden vegetativen Funktionen werden in der „normothermen" Gruppe nur in Form einer geringen Erhöhung der Pulsfrequenzen erkennbar, während Blutdruckwerte und Atemfrequenz praktisch unverändert bleiben. Blutgasanalysen zeigen bei diesen Gruppen eine Veränderung des Atemverhaltens im Sinne einer leichten Hyperpnoe. In den Gruppen 1 bis 3 ist die subjektiv empfundene und geschätzte Schweißmenge annähernd gleich. Die Gruppe suprasellärer Tumoren mit mesenzephaler Ausbreitung leitet in den vegetativen Begleitsymptomen zu den „hyperthermen" Gruppen über, indem die Atemfrequenz wie in der vorigen Gruppe kaum verändert wird, aber die Pulsfrequenz bei relativ hoher Ausgangsfrequenz in die Tachykardie übergeht. Stärkere begleitende Regulationsmechanismen treten in der Dezerebrations- und apallischen Gruppe zutage. Hohe Pulsfrequenzsteigerungen aus stark- und leichtbeschleunigter Grundfrequenz sind ebenso erkennbar wie eine starke Beschleunigung der Atemfrequenz, die besonders in der apallischen Gruppe in einem Fall zum Abbruch der Belastung noch vor Erreichen des 39,0°-Bereiches der Kerntemperatur Veranlassung gab. Alle Fälle der genannten beiden Gruppen zeigen starkes Schwitzen, welches nach der Abschätzung wesentlich stärker ausgeprägt ist als in der Normalgruppe oder bei den hypophysär-suprasellären Tumoren. Bei der Gruppe mit zentralem Tod verändern sich Kern- und Schalentemperatur entsprechend der Umgebungstemperatur, das Körpertemperaturverhalten dieser Fälle ist *poikilotherm*. Die Pulsfrequenz ist unabhängig von der Temperaturbelastung bradykard. Der Blutdruck muß beim Syndrom des zentralen Todes fast ausnahmslos medikamentös gestützt werden. Die Spontanatmung ist zum Erliegen gekommen, kontrollierte Beatmung ist erforderlich. In keiner Phase der Temperaturbelastung wird Schwitzen beobachtet.

*Summary of the Findings in Heat Stress**

The question, as to whether certain brain stem initiated neurological syndromes, also exhibit disturbances of temperature regulation in the presence of an external source of heat, can be definitely answered in the affirmative, by the results of 44 separate investigations in 34 patients, where the room temperature was raised to a maximum of 43° C. Figure 28 gives a summary of the average values of room temperature, core temperature and skin temperature, as well as the pulse and respiration rate, of the individual groups at various points during the heat stress. Whereas the two groups with pituitary and suprasellar tumours, as well as the normal group reveal no pathological patterns of core temperature under heat stress, a definite hyperthermia appears in the group of suprasellar tumours with extension to the mid-brain, just as in the group with decerebration originating in the mid-brain and their sequelae in the group of the decorticate syndrome. If, after regulation of the core temperature these three groups show a quantitative uniform pattern, then the surface temperature in pituitary and hypothalamic tumours (Group 2—4) is lower than in the normal group, both absolutely and also relative to the core temperature. In the group with decerebration and the decorticate syndrome the skin temperature is absolutely higher and the difference from the core temperature less than in the normal group. From these results one can conclude that with the constantly lowered energy exchange in pituitary and suprasellar tumours the maintenance of the normal core temperature results from a peripheral vasoconstriction with a resulting diminished heat radiation and correspondingly lower skin temperature. On the other hand in decerebration and in the decorticate syndrome one comes across the tendency to hyperthermic conditions as a result of peripheral vaso-dilatation with the possibility of greater heat radiation, which is characterized by a higher skin temperature. Further investigations with determinations of energy exchange and measurements of capillary circulation will point the way to an opinion on these conjectures.

Regulation mechanisms of the associated autonomic functions are only apparent in the "normo-thermic" group, in the form of a trifling rise in the pulse rate, whilst blood pressure and respiration rate remain virtually unchanged. Blood gas analyses in these groups showed a variation of the respiratory pattern in the form of a slight hyperpnoea. In groups 1—3 the amount of sweating subjectively experienced and estimated is approximately the same. The group of suprasellar tumours with mid-brain extension form a transition in the autonomic associated syndromes to the "hyperthermic" groups, in that the respiration rate (as in the preceding group) is scarcely changed, but the pulse rate with a relatively higher initial figure changes into a tachycardia. More marked regulation mechanisms are revealed in the decerebrate and decorticate groups. Marked rises in the pulse rate from a greatly or slightly increased basic rate are just as apparent as a marked increase in the respiratory rate, which caused especially in one case in the decorticate group a discontinuance of the stress, even before attaining a core temperature of 39°. All cases in the two groups mentioned show marked sweating,

---

* Ich danke Herrn Dr. CHARLES LANGMAID, Cardiff, für die Freundlichkeit der englischen Übersetzung.

which according to the estimation is substantially more strongly marked than in the normal groups or in the pituitary and suprasellar tumours. In the groups with central death the core and surface temperatures change corresponding to the environmental temperature; the state of the body temperature in these cases is *poikilothermic*. The pulse rate independently of the temperature stress shows a bradycardia. In the syndrome of central death the blood pressure must almost invariably be maintained by drugs. Spontaneous breathing ceases and controlled respiration is necessary. Sweating is not seen at any stage of the heat stress.

b) Belastung der Temperaturregulation durch Erniedrigung der Umgebungstemperatur

Die Ergebnisse des Körpertemperaturverhaltens unter erniedrigter Raumtemperatur wurden durch Dauereinsatz des Gerätes Potentiolux 2 mit 6-Punkt-Schreiber (Hartmann & Braun, Frankfurt/Main) im Routinebetrieb über mehrere Jahre gewonnen. Das Körpertemperaturverhalten jeweils eines Patienten wurde meist über mehrere Tage, bei Bewußtlosen, besonders Dezerebrierten, über Wochen registriert. Die Untersuchungen erfolgten grundsätzlich in den klimatisierten Krankenzimmern der Intensivstation bei mittleren Raumtemperaturen um 16°, manchmal um einige Grade tiefer. Zur Beeinflussung der primären Hyperthermie beim Dezerebrationssyndrom wurde die Raumtemperatur teilweise bis unter 10° gesenkt. Spezielle Belastungsuntersuchungen, deren Grundlagen auf der Auswertung der registrierten Temperaturmeßkurven des ersten Jahres beruhten, wurden im Klimaraum der Intensivstation durchgeführt. Der Einfluß der erniedrigten Umgebungstemperatur auf das Körpertemperaturverhalten bei zentralen Schädigungen wurde systematisch zuerst in Fällen nicht oder schwer beeinflußbarer Hyperthermie bei der Dezerebration untersucht. Aus ersten Befundänderungen ergaben sich Ansatzpunkte für weitere Untersuchungen. Diese sollten die qualitative Fragestellung beantworten, ob abhängig von dem Niveau der Hirnstammschädigung unter Kälteexposition hypotherme Verläufe auftreten. Auf quantitative Analysen mußte verzichtet werden, weil aus pflegerischen und therapeutischen Gründen nicht die gleiche Systematik wie bei Untersuchungen unter Hitzebelastung zugrunde gelegt werden konnte. Auch bestand Schwierigkeit, die Raumtemperatur über einen längeren Zeitraum konstant tief zu halten, da zum Beispiel beim jeweiligen Betreten des Krankenzimmers, besonders während der wärmeren Jahreszeit, ein Raumtemperaturanstieg erfolgte. Dennoch erbrachten die Untersuchungen für einige Hirnstammsyndrome eindeutige qualitative Ergebnisse über das Körpertemperaturverhalten unter Kälteexposition.

Die folgende Analyse bezieht sich auf die Auswertung der im Krankenzimmer mit tiefer Klimatisierung behandelten Kranken, bei denen die Körpertemperaturen teilweise durch Mehrfachregistrierung erfaßt sind. Zugleich sind Raumtemperatur und Luftfeuchtigkeit fortlaufend gemessen worden. Die Messung der Schalentemperatur erfolgte am Oberarm, der unbedeckt blieb, die Messung der Kerntemperatur wurde rektal durchgeführt.

Die analysierten Fälle gehören folgenden Krankengruppen an:

1. Großhirntumoren und gedeckte Schädelhirnverletzungen ohne manifeste Hirnstammsymptomatik.

2. Hypophysentumoren ohne supraselläre Ausbreitung.

3. Supraselläre Tumoren oder suprasellär nach dorsal ausgedehnte Hypophysentumoren.

4. Fälle mit Dezerebration.

5. Apallisches Syndrom.

6. Sondergruppe Dezerebration mit hypothermem Verlauf unter Kältebelastung.

7. Syndrom des zentralen Todes.

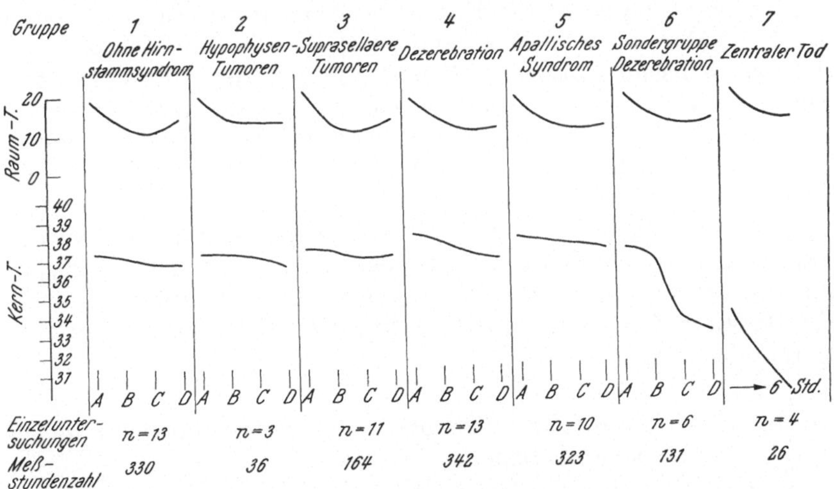

Abb. 29. Mittelwertkurven für Raumtemperatur und Kerntemperatur unter Kälteeinwirkung. *A* vor Beginn, *B* nach 4 Stunden, *C* 4 Stunden vor Ende, *D* Ende

Die Mittelwertkurven von Raum- und Kerntemperatur für alle Gruppen sind in Abb. 29 dargestellt, sie sind das Ergebnis von 1352 Meßstunden mit je 20 Einzelmessungen der Kerntemperatur.

Gruppe 1 — Großhirntumoren und Schädelhirnverletzungen ohne manifeste Hirnstammsymptomatik

In dieser Gruppe ist die Kälteexposition bei 9 Fällen in 13 Einzelperioden über 330 Meßstunden erfaßt. Die durchschnittliche Meßzeit pro Einzeluntersuchung beträgt 25,4 Stunden, die längste Einzelmessung 38 Stunden. Die Raumtemperaturtiefstwerte liegen zwischen 7° und 13°, mit den tiefsten Mittelwerten bei 11°. Die Ausgangswerte der Kerntemperatur liegen zwischen 36,4° und 37,8°, mit einem Mittelwert von 37,4°. Der Mittelwert am Ende der Belastung beträgt 36,9°. In keinem Fall ist ein hypothermer Verlauf aufgetreten.

Zusammengefaßt zeigt eine Kälteexposition auf durchschnittlich 11° über durchschnittlich 25,4 Stunden bei allen Kranken mit Großhirntumoren oder gedeckten Schädelhirnverletzungen ohne manifeste Hirnstammsymptomatik bei gering erhöhter Ausgangstemperatur ein Absinken der Kerntemperatur um durchschnittlich 0,5° ohne pathologische Temperaturverläufe, insbesondere ohne Auftreten einer Hypothermie.

Gruppe 2 — Hypophysentumoren ohne suprasdelläre Ausbreitung

In dieser Gruppe ist die Kälteexposition in drei Einzelperioden bei drei Fällen über 36 Meßstunden erfaßt. Die Raumtemperaturtiefstwerte liegen zwischen 12° und 13°, mit den tiefsten Mittelwerten von 13°. Die Ausgangswerte der Kerntemperatur liegen zwischen 37,0° und 37,7°, der Mittelwert bei 37,3°. Der Mittelwert am Ende der Belastung zeigt 36,6°. Es treten keine hypothermen Verläufe auf.

Zusammengefaßt verursacht die Kälteexposition auf 13° Mittelwert über durchschnittlich 12 Stunden bei der Gruppe mit Hypophysentumoren ohne suprasdelläre Ausdehnung eine durchschnittliche Senkung der Kerntemperatur um 0,7°. Hypotherme Verläufe treten nicht auf.

Gruppe 3 — Suprasdelläre Tumoren oder suprasdellär nach dorsal ausgedehnte Hypophysentumoren

Die Kälteexposition wird bei sechs Fällen elfmal durchgeführt, dabei werden 164 Meßstunden mit einem Durchschnitt von 14,9 Stunden pro Untersuchung erfaßt. Die Raumtemperaturtiefstwerte liegen zwischen 8° und 13°, der tiefste Mittelwert bei 11°. Die Ausgangswerte der Kerntemperatur liegen zwischen 36,7° und 38,2°, mit einem Mittelwert von 37,5°. Der Mittelwert am Ende der Belastung beträgt 37,1°. Bei Erwachsenen tritt unter der Kälteexposition kein Absinken der Kerntemperatur in den hypothermen Bereich auf, bei zwei Kindern mit einem Kraniopharyngeom wird dagegen der Kerntemperaturbereich von 36,0° unterschritten. Beim ersten Fall (210565 B.Z., 5jähriger Junge) beträgt die Ausgangstemperatur 36,7°. Nach 6stündiger stufenförmiger Erniedrigung der Raumtemperatur auf minimal 8° sinkt die Kerntemperatur unter 36,0° und im Laufe der folgenden 2 Stunden bis auf 35,2° als Tiefstwert ab. Der normotherme Kerntemperaturbereich wird trotz Weiterbestehens der Kälteeinwirkung spontan im Verlauf der folgenden 90 Min. erreicht. Beim zweiten Fall (041160 M.R., 9jähriges Mädchen) wird bei einer Ausgangstemperatur von 38,2° nach 4stündiger Kälteexposition von 13° der 36,0°-Bereich unterschritten. Tiefstwert in den folgenden 2 Stunden 35,7°. Der Normbereich der Kerntemperatur wird nach weiteren 30 Min. spontan erreicht, bei weiterbestehender Kälteeinwirkung.

Zusammengefaßt verursacht die Kälteexposition auf 11° als tiefsten Mittelwert bei der Gruppe suprasellärer Tumoren oder nach dorsal suprasellär ausgedehnter Hypophysentumoren bei leicht erhöhtem Mittelwert der Ausgangstemperatur von 37,5° eine durchschnittliche Senkung der Kerntemperatur um 0,4°. Bei Erwachsenen treten keine hypothermen Verläufe auf, diese werden aber bei zwei Kindern mit einem Kraniopharyngeom beobachtet. Die Kerntemperatur erreicht bei diesen Fällen spontan unter Fortbestehen der Kälteexposition den Kerntemperaturbereich über 36,0°.

Gruppe 4 — Dezerebration

In dieser Gruppe wird das Ergebnis von 342 Meßstunden in 13 Einzeluntersuchungen bei acht Patienten analysiert. Die durchschnittliche Meßzeit pro Einzeluntersuchung beträgt 26,3 Stunden. Die Raumtemperaturtiefstwerte liegen zwischen 6° und 13°, der tiefste Mittelwert bei 10°. Entsprechend dem hyperthermen Temperaturverhalten beim Dezerebrationssyndrom liegen die Ausgangstemperaturen mit 38,1° Mittelwert und einem Streubereich von 36,9° bis 40,1° deutlich über den Werten der bisher besprochenen Gruppen. Unter der Kälteexposition sinkt der Mittelwert der Kerntemperatur auf 36,9° ab. In allen Fällen steigt die Kerntemperatur nach Absetzen der Kälteeinwirkung wieder an, bleibt aber mit 37,8° als Mittelwert innerhalb der folgenden 6 Stunden etwas unter dem Ausgangswert. Das Syndrom der Dezerebration wurde hinsichtlich der Reaktionen des Körpertemperaturverhaltens zusätzlich an Einzelfällen untersucht. Der Einfluß der Abkühlung durch die erniedrigte Raumtemperatur auf den Beginn

der zentralen Hyperthermie im akuten Stadium der Dezerebrierung wird in Abb. 30 deutlich. Mit Absinken der Raumtemperatur
sinkt die Schalentemperatur von Haut und Subkutis ab. Die Kern-

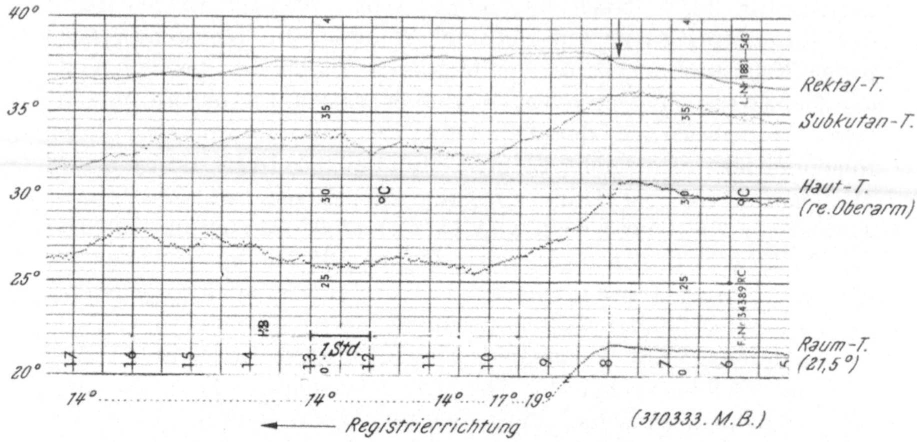

Abb. 30. Körpertemperaturanstieg wird durch Senkung (↓) der Umgebungstemperatur beeinflußt (posttraumatische Dezerebration)

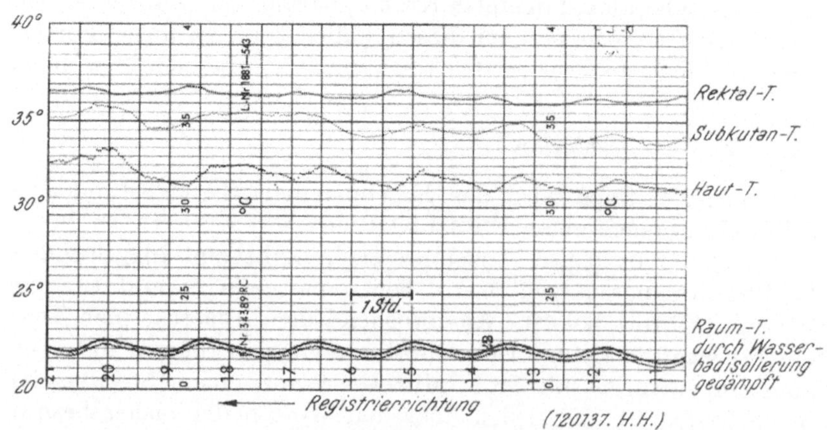

Abb. 31. Störung der Temperaturregulation bei posttraumatischer Dezerebration.
Geringfügige Änderungen der Raumtemperatur bewirken Änderungen der Schalentemperaturen und zeitversetzt der Körpertemperatur

temperatur steigt noch etwa 30 Min. weiter an, bildet dann ein
mehrstündiges Plateau und normalisiert sich danach. Übergänge
vom typisch hyperthermen Verhalten bei der Dezerebration in ein
selten auftretendes labiles Temperaturverhalten, das in Gruppe 6

eingehend besprochen wird, sind in Abb. 31 erkennbar. Änderungen der Raumtemperatur (wie in der vorhergehenden Abbildung ist der Temperaturfühler für die Raumtemperatur durch Wasserbadisolierung gedämpft) verursachen eine sofortige Änderung der Schalentemperatur mit nachfolgenden synchronen Kerntemperaturschwankungen.

Zusammengefaßt kann durch Kälteeinwirkung von minimal durchschnittlich 10° über durchschnittlich 26,3 Stunden bei der Dezerebration der Nachweis einer Beeinflussung der beginnenden oder bestehenden Hyperthermie erbracht werden. Hypotherme Verläufe wurden in keinem Fall beobachtet. Die hypertherme Tendenz beim Dezerebrationssyndrom wird daran erkennbar, daß nach Absetzen der Kälteexposition die Kerntemperatur wieder ansteigt, die Ausgangswerte vor Beginn der Belastung werden innerhalb 6 Stunden nach Ende der Belastung um 0,3° nicht erreicht.

Gruppe 5 — Apallisches Syndrom

Die Kälteexposition wird bei fünf Patienten in zehn Einzeluntersuchungen über 323 Meßstunden aufgeschlüsselt. Die längste Einzelmessung beträgt 38 Stunden. Die Raumtemperaturtiefstwerte liegen zwischen 8° und 14°, mit einem tiefsten Mittelwert bei 10°. Die Ausgangswerte der Kerntemperatur liegen im Streubereich zwischen 36,7° und 38,6°, der Mittelwert beträgt 37,9°. Am Ende der Belastung liegt der Mittelwert der Kerntemperatur bei 37,4°. Hypotherme Verläufe treten nicht auf.

Zusammengefaßt bewirkt die Kälteexposition über durchschnittlich 32,3 Stunden beim apallischen Syndrom eine durchschnittliche Senkung der Kerntemperatur von 0,5°. Hypotherme Verläufe werden nicht beobachtet.

Gruppe 6 — Sondergruppe Dezerebration

Eine Gruppe mit Dezerebration wird gesondert analysiert. Kennzeichen ist ein Absinken der Kerntemperatur in den hypothermen Bereich schon bei einer Raumtemperaturerniedrigung auf 12°. Bei vier Fällen kann das Temperaturverhalten von sechs Einzeluntersuchungen über 131 Meßstunden erfaßt werden. Das Absinken in die Hypothermie erfolgt bei diesen Fällen unabhängig davon, ob die Ausgangstemperatur normo- oder hypertherm ist. Der Streubereich der Ausgangstemperatur liegt zwischen 36,2° und 39,5° mit einem Mittelwert von 37,4°, der um 0,7° unter dem Mittelwert des Dezerebrationskollektivs (Gruppe 4) gelegen ist. Die Raumtemperaturtiefstwerte streuen zwischen 8° und 15°, der Mittelwert liegt als

Tiefstwert bei 12°. Der Bereich 36,0° wird abhängig von der Ausgangstemperatur zwischen 1 Stunde und 21 Stunden erreicht. Der Kerntemperaturmittelwert am Ende der Kälteexposition liegt bei 33,0°.

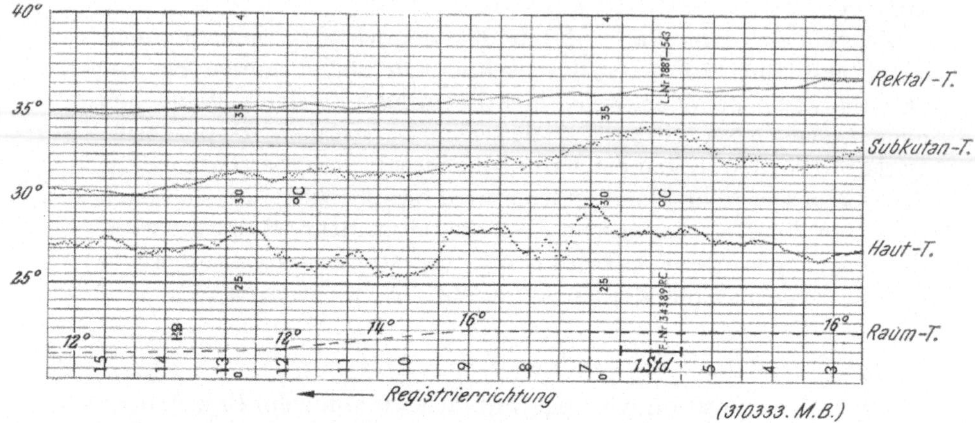

Abb. 32. Leichte Hypothermie nach Senkung der Raumtemperatur (posttraumatische Dezerebration)

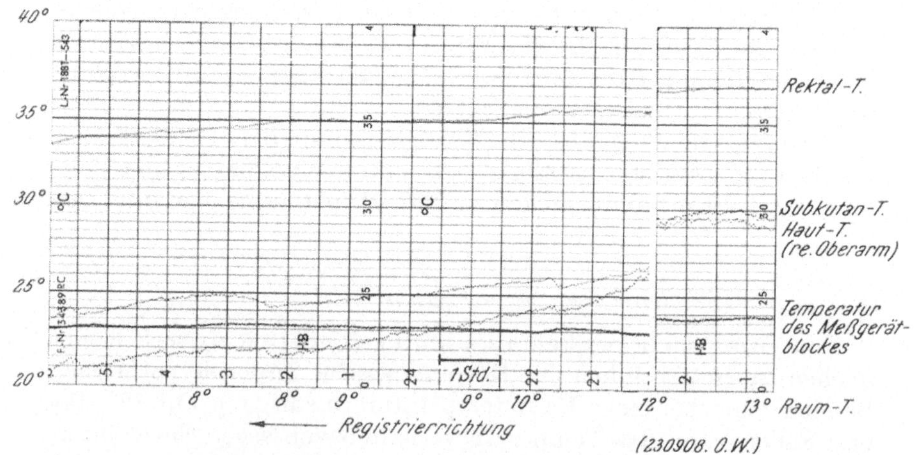

Abb. 33. Präfinaler Temperaturabfall unter Kälteexposition bei Dezerebration infolge spontaner intrazerebraler Blutung

In der Ausprägung hypothermer Verläufe werden bei verschiedenen Fällen quantitative Unterschiede deutlich. Abb. 32 demonstriert bei einem Fall mit posttraumatischer Dezerebration eine leichte Hypothermie bis 34,8° bei Raumtemperaturerniedrigung bis 12°. Ähnliche Verläufe der Kerntemperatur werden auch präfinal beim Dezerebrationssyndrom beobachtet, wie in Abb. 33 dargestellt ist. Unter Kälteexposition bis 8° Absinken der Kerntemperatur unmittelbar präfinal auf 33,6°. Werden bei den beiden letzten Fällen Regelmechanismen im Bereich um 35° mit einer tieferen Einstellung der Kerntemperatur erkennbar, so demonstriert Abb. 34 bei einem 7 jährigen Kind einen Regelmechanismus im Bereich von 31°. Unter Konstanterhaltung der Raumtempera-

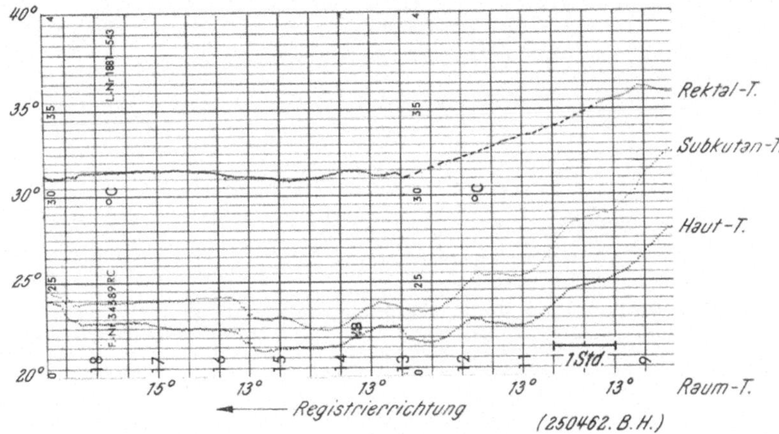

Abb. 34. Tiefe Hypothermie nach Senkung der Raumtemperatur (posttraumatische Dezerebration)

tur bei 30° sinken Kern- und Schalentemperatur auf ein 5° bis 6° niedrigeres Niveau ab, die Kerntemperatur stellt sich um 31° ein. Dieses Verhalten kann bei gleichem neurologischem Syndrom als Ausdruck des im Vergleich zu Erwachsenen bei Kindern ungünstigeren Quotienten aus Körperoberfläche und Körpervolumen gewertet werden. Stärkere Störungen der Temperaturregulation verlaufen mit tief hypothermen Kerntemperaturen, ohne daß aus dem Kurvenverlauf Regelmechanismen eines aufgeschalteten Regelkreises bei Unterschreiten einer bestimmten Kerntemperatur erkennbar werden. Dieses Verhalten konnte an 2 Fällen beobachtet werden, die aus der ersten Untersuchungszeit hypothermer Verläufe stammen, als noch keine genaueren Kenntnisse und Erfahrungen über den Einfluß der Raumtemperatur auf Störungen der Temperaturregulation bei Hirnstammsyndromen bestanden und physikalisch-antipyretische Maßnahmen gegen die vorher bestehende Hyperthermie auch nach Erreichen des 37°-Bereiches fortgesetzt wurden. Unter Konstanthaltung der Raumtemperatur auf 11° sinkt bei einem 7jährigen Kind die Kerntemperatur bis auf 29,4° und bei einem 61jährigen Mann bei 8° Raumtemperatur auf 31,6° ab.

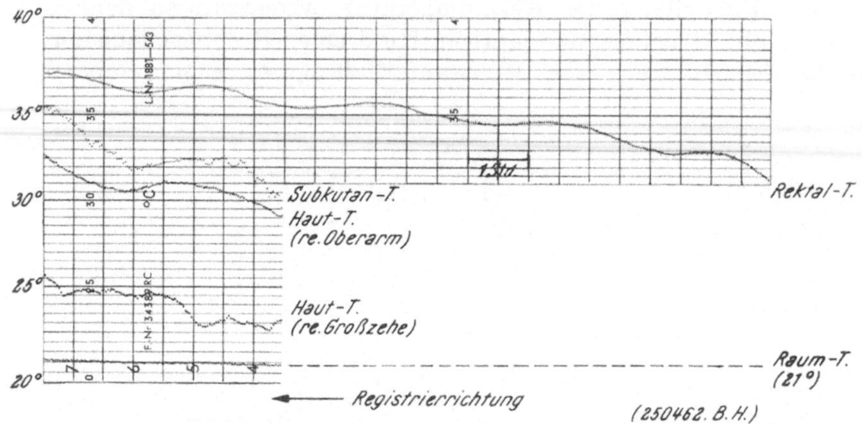

Abb. 35. Temperaturanstieg durch Raumtemperaturerhöhung (21°) nach tiefer Hypothermie infolge längerer Kälteexposition (posttraumatische Dezerebration)

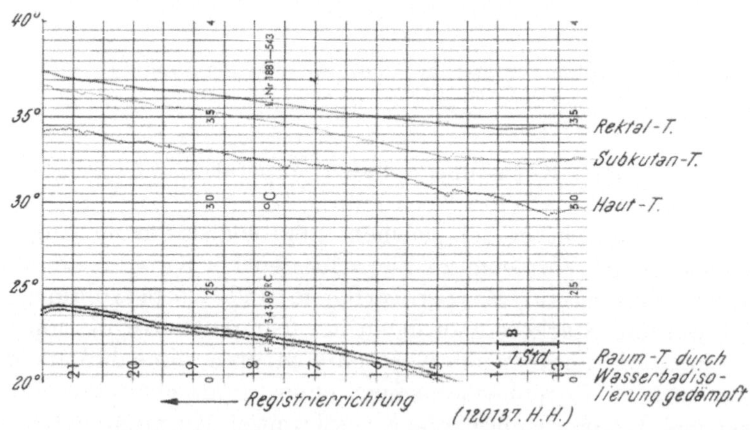

Abb. 36. Anstieg der Körpertemperaturen nach leichter spontaner Hypothermie durch geringe Erhöhung der Raumtemperatur (posttraumatische Dezerebration)

Kennzeichen des Kerntemperaturverhaltens dieser Gruppe ist der spontane Wiederanstieg der Kerntemperatur in den Normbereich nach Normalisierung der Raumtemperatur auf 20° bis 22°. Abb. 35 zeigt den Anstieg der Kerntemperatur von 31,0° in den

Normbereich bei 21° Raumtemperatur. Auch bei spontanem leichtem Absinken der Kerntemperatur ohne Kälteexposition ist im Dezerebrationssyndrom eine Normalisierung der Kerntemperatur zu erreichen. Abb. 36 zeigt einen spontan hypothermen Verlauf bis 34,3°, die Kerntemperatur normalisiert sich nach Erhöhung der Raumtemperatur von etwa 20° auf knapp 25°.

Zusammengefaßt zeigt eine Kälteexposition von durchschnittlich 11° als Tiefstwerte über durchschnittlich 21,8 Stunden bei einer Sondergruppe mit Dezerebrationssyndrom ein qualitatives und quantitatives Abweichen vom üblichen Temperaturverhalten bei der Dezerebration. Schon die Ausgangskerntemperatur liegt

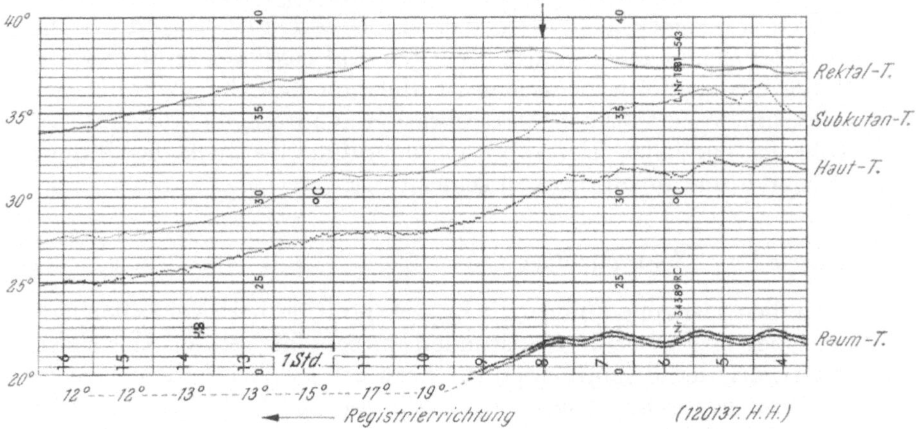

Abb. 37. Der Einfluß der Raumtemperatur auf das Verhalten der Körpertemperaturen bei posttraumatischem inkomplettem Bulbärhirnsyndrom

als Mittelwert mit 37,4° um 0,7° tiefer als bei der Dezerebrationsgruppe. Unter der Kälteexposition sinkt der Mittelwert der Kerntemperatur auf 33,0° ab. Nach dem Temperaturkurvenverlauf scheinen bei Erwachsenen aufgeschaltete Regelmechanismen im Bereich um 34,0° Kerntemperatur wirksam zu werden, die bei Kindern infolge des ungünstigeren Körperoberflächen-Volumen-Quotienten das Temperaturniveau noch einige Grade tiefer absinken lassen. Bei stärkeren Störungen der Temperaturregulation kann ein steiles Absinken der Kerntemperatur resultieren ohne erkennbare gegenregulatorische Mechanismen. Als Besonderheit der Regulationsstörung dieser Gruppe ist die spontane Normalisierung der Körpertemperatur bei Erhöhung der Raumtemperatur auf 20° bis 22° anzusehen.

Diese Form einer Temperaturregulationsstörung unter Kälteexposition bei der Dezerebration leitet zum Temperaturverhalten im Bulbärhirnsyndrom über, das sowohl spontane als auch kälteinduzierte hypotherme Verläufe aufweist. Abb. 37 zeigt das Temperaturverhalten eines Falles, bei dem nach späterer Analyse der Meßkurven aller vegetativer Parameter und des EEGs etwa zum Zeitpunkt der Erniedrigung der Raumtemperatur der Übergang von der Dezerebration in ein inkomplettes Bulbärhirnsyndrom angenommen werden muß. Die Bedingungen von Raum- und Kerntemperatur sind etwa den in Abb. 32 dargestellten identisch. Die Kerntemperatur sinkt als Ausdruck einer wesentlich stärkeren Regulationsstörung aber deutlich steiler ab. Der qualitativ gleichartige Kerntemperaturverlauf unter Kälteexposition kann dahingehend interpretiert werden, daß ein Dezerebrationssyndrom mit gestörter Temperaturregulation gegen Kälteexposition als latentes Bulbärhirnsyndrom anzusehen ist, dies um so mehr, als im Gegensatz zum hyperthermen Dezerebrationssyndrom die Prognose sowohl des speziellen Dezerebrationssyndroms als auch des Bulbärhirnsyndroms gleichermaßen schlecht ist.

Gruppe 7 — Zentraler Tod

In dieser Gruppe konnte die Kälteexposition bei zwei Fällen viermal über insgesamt 26 Meßstunden untersucht werden. Der tiefste Mittelwert der Raumtemperatur liegt bei 13°. Die mittlere Kerntemperatur von 34,0° sinkt innerhalb von durchschnittlich 6 Stunden auf 29,7° ab. Besonders hervorzuheben ist in dieser Gruppe der steile Abfall der Kerntemperaturkurve, der bei Fehlen aller Gegenregulation als Hinweis auf den Verlust der Temperaturregulation anzusehen ist. Eine Erhöhung der Raumtemperatur auf 20° führt in diesen Fällen nicht zu einer Normalisierung der Kerntemperatur. Eine wesentliche Beeinflussung der herabgesetzten Kerntemperatur ist erst durch Erhöhung der Umgebungstemperatur auf über 30° über einen längeren Zeitraum zu erreichen. Abb. 38 stellt einen Abschnitt der Originalkurven des Schemas aus Abb. 26 dar. Die bei Raumtemperatur 15° auf 28,9° abgesunkene Kerntemperatur erreicht bei stufenweiser Erhöhung der Raumtemperatur auf 34° erst nach etwas mehr als 12 Stunden den Normbereich. Keine Änderung der übrigen Befunde des zentralen Todes.

Zusammengefaßt kommt es unter Kälteexposition beim Syndrom des zentralen Todes zu einem steilen Absinken der Kerntemperatur, ein spontaner Wiederanstieg der Kerntemperatur bei Raumtemperaturen um 20° erfolgt nicht. Erst durch mehrstündige

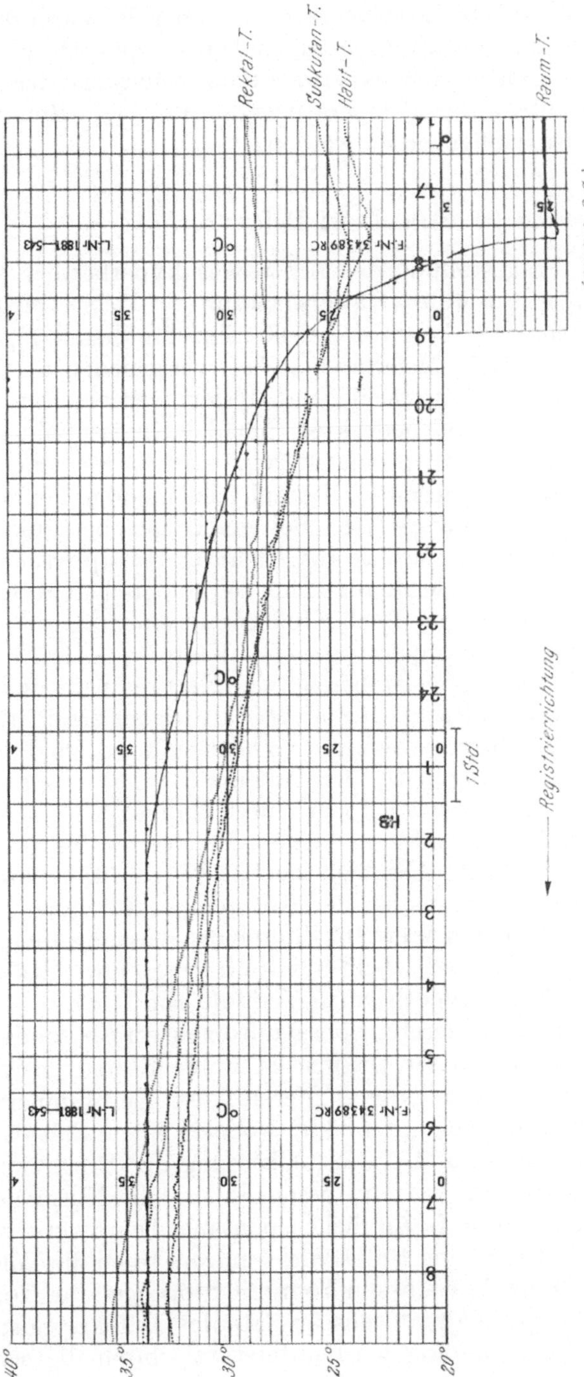

Abb. 38. Poikilothermes Temperaturverhalten bei zentralem Tod

Erhöhung der Umgebungstemperatur auf über 30° kann die Kerntemperatur in den Normbereich angehoben werden. Durch die Untersuchungen konnte der experimentelle Nachweis des poikilothermen Verhaltens der Temperaturregulation beim Syndrom des zentralen Todes nachgewiesen werden.

Zusammenfassung der Befunde bei Kälteexposition

Unter der Fragestellung des Auftretens hypothermer Verläufe der Kerntemperatur unter Kältebelastung auf tiefste Mittelwerte zwischen 11° und 13° konnten bei 60 Einzeluntersuchungen über durchschnittlich 22,5 Meßstunden bei verschiedenen Gruppen qualitativ eindeutige Unterschiede analysiert werden. Eine Gruppe von Gehirntumoren und gedeckten Schädelhirnverletzungen ohne manifeste Hirnstammsymptomatik zeigt ebenso wie eine Gruppe mit rein intrasellär gelegenen Hypophysentumoren keine pathologischen Kerntemperaturwerte. Bei einer Gruppe suprasellärer Tumoren oder nach suprasellär ausgedehnter Hypophysentumoren sind bei Erwachsenen gleichfalls keine pathologischen Kerntemperaturverläufe nachweisbar. Bei 2 Kindern mit einem Kraniopharyngeom sinkt die Kerntemperatur unter Kälteexposition zwischen 35,0° und 36,0° ab. Der Normbereich der Kerntemperatur wird bei weiterbestehender Kälteexposition spontan wieder erreicht. In der Gruppe mit Dezerebrationssyndromen liegt, entsprechend der typischen Hyperthermietendenz, der Mittelwert der Ausgangskerntemperatur mit 38,1° deutlich höher, durch Kälteexposition wird der Mittelwert um 1,2° gesenkt, in keinem Fall treten Temperaturen unter 36,0° auf. Nach Absetzen der Kälteexposition kommt es zum spontanen Wiederanstieg der Kerntemperatur innerhalb von 6 Stunden bis auf einen Wert 0,3° unter der Ausgangstemperatur. In einer Gruppe mit apallischem Syndrom treten unter Kälteexposition ebenfalls keine hypothermen Verläufe auf.

Eine Gruppe mit Dezerebrationssyndromen wird gesondert analysiert. Kennzeichen dieser Gruppe ist unter Kälteexposition ein mehr oder weniger ausgeprägter Verlauf der Kerntemperatur in den hypothermen Bereich unter 36,0°, wobei in einem Fall als Tiefstwert 29,4° erreicht wird. Bei Normalisierung der Umgebungstemperatur auf 20° bis 22° tritt in diesen Fällen eine Normalisierung der Kerntemperatur auf. Ähnliche spontane Temperaturverläufe unter Kältebelastung beim Bulbärhirnsyndrom legen die Folgerung nahe, daß ein Dezerebrationssyndrom mit Störungen der Temperaturregulation gegen Kälteabwehr als latentes Bulbärsyndrom anzusehen ist. Die Folgerung wird unterstützt durch die schlechte

Vitalprognose, die sowohl das Bulbärhirnsyndrom als auch das Dezerebrationssyndrom mit schlechter Kälteabwehr aufweist. Der Verlust der Temperaturregulation beim Syndrom des zentralen Todes kann durch direkte Beziehungen zwischen Umgebungs- und Kerntemperatur in Kälte- und Wärmeexposition nachgewiesen werden. Das Kerntemperaturverhalten dieser Fälle ist poikilotherm.

Summary of the Findings in Exposure to Cold

On this point regarding the occurrence of hypothermic states of the core temperature under cold stress at the lowest average temperature between 11° and 13° C, qualitatively clear differences could be identified in 60 separate investigations over an average period of 22.5 hours in different groups.

A group of cerebral tumours and closed cranio-cerebral injuries, without obvious brain stem symptoms shows no pathological values for the core temperature; and similarly in a group with purely intrasellar pituitary tumours. In a group of suprasellar tumours or pituitary tumours with suprasellar extension there are, in adults, likewise no pathological patterns demonstrable in the core temperature. In two children with craniopharyngioma the core temperature drops to between 35.0° and 36.0° with exposure to cold. With more long-lasting exposure this normal level of the core temperature was regained spontaneously. In the group with decerebration syndromes the average value of the initial temperature is definitely higher at 38.1°, corresponding to the typically hyperthermic tendency; the value is lowered by 1.2° after exposure to cold. In no case is there a temperature under 36.0°. After stopping the exposure to cold there is, within six hours a spontaneous return of the core temperature up to 0.3° below the initial value. In a group with decorticate syndrome there is also no hypothermic tendency with exposure to cold.

A group with decerebration syndromes was separately analysed. A more or less marked falling trend of the core temperature into the hypothermic region under 36.0° is a characteristic of this group during exposure to cold, with one case reaching a lowest point of 29.4°. By correcting the temperature of the environment to 20°—22° in these cases, the core temperature returns to normal. Similar spontaneous patterns of temperature under cold stress, in bulbar syndromes suggest the conclusion that a decerebration syndrome with disturbances of thermoregulation in the presence of cold resistance, is to be regarded as a bulbar syndrome. The conclusion is supported by the bad prognosis, which is shown as much by the bulbar-brain syndrome as by the decerebration syndrome with poor cold resistance. The loss of thermo-regulation in the syndrome of brain death can be shown by the direct relationship between environmental temperature and core temperature on exposure to cold and heat. The behaviour of the core temperature in these cases is poikilothermic.

Zusammenfassung der Ergebnisse der Temperaturbelastungen

Die Ergebnisse der Temperaturregulationsbelastung unter Kälte- und Hitzeeinwirkung sind in Abb. 39 schematisch zusammengefaßt. Die Normalgruppen ohne Hirnstammsymptomatik und die auf die Sella begrenzten Hypophysentumoren zeigen keine patho-

logischen Temperaturverläufe unter der Belastung. Supraselläre
Tumoren mit Schädigungsschwerpunkt im Zwischenhirn zeigen nur
bei Kindern unter Kältebelastung gering hypotherme Verläufe, die
sich noch während des Fortbestehens der Belastung normalisieren,
bei Erwachsenen ist der Temperaturverlauf ohne pathologische Abweichungen. Stärkergradige, qualitativ gleichartige Störungen der
Temperaturregulation mit nur geringen quantitativen Unterschieden weisen dagegen unter Hitzebelastung die Gruppen suprasellärer
Tumoren mit mesenzephaler Ausdehnung, die Dezerebrations-

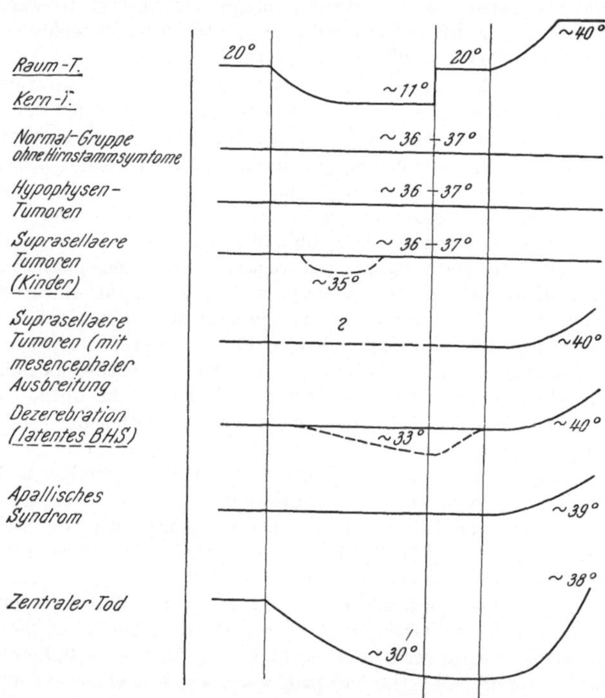

Abb. 39. Korrelation von Kerntemperatur und Umgebungstemperatur bei verschieden lokalisierten Hirnstammschädigungen (schematisch)

gruppe mit komplettem Mittelhirnsyndrom als Schädigungsmerk-
mal sowie die Gruppe mit Folgezuständen nach Dezerebration, die
apallischen Syndrome, aus. Während unter Kältebelastung keine
pathologischen Veränderungen auftreten, kann äußere Wärmezufuhr nicht reguliert werden, es tritt eine nichtregulierte Hyperthermie auf. Eine Sondergruppe mit dem neurologischen Bild des
Dezerebrationssyndroms zeigt unter Kältebelastung ein Absinken

der Kerntemperatur in die Hypothermie, womit sich thermoregulatorisch das Bild eines Bulbärhirnsyndroms ergibt, als Folgerung wird diese Dezerebrationsgruppe dem latenten Bulbärhirnsyndrom zugeordnet. Die Unterscheidung zum Temperaturverhalten beim Syndrom des zentralen Todes ist beim latenten Bulbärhirnsyndrom ein spontanes Wiedererreichen des Kerntemperaturnormbereiches nach Normalisierung der Umgebungstemperatur auf 20° bis 22° ohne zusätzliche Wärmezufuhr. Beim Syndrom des zentralen Todes gelingt eine Anhebung der Kerntemperatur in den „Normbereich" erst nach etwa 12 stündiger Erhöhung der Raumtemperatur auf über 30°. Das Temperaturverhalten beim Syndrom des zentralen Todes kann damit als poikilotherm nachgewiesen werden.

Summary of the Findings in Heat and Cold Stress

The results of damage to thermo-regulation under the effects of cold and heat are summarized schematically in Fig. 39. The normal group without brain stem symptoms and the pituitary tumours confined to the sella show no pathological temperature patterns under the stress. Suprasellar tumours with the site of injury centred in the diencephalon show hypothermic patterns in children only, which become normal even during the continuation of the stress; in adults the course of the temperature shows no pathological deviations. The group of suprasellar tumours with mesencephalic extension, the decerebrate group with a complete midbrain syndrome as evidence of the damage, as well as the group with sequelae after decerebration (the decorticate syndrome), show on the other hand more severe, qualitatively similar, disturbances of temperature regulation, with only slight quantitative differences. In this cases no pathological changes develop under cold stress, but the external heat supply cannot be regulated; thus, a state of unregulated hyperthermia sets in. A special group with the neurological picture of a decerebration syndrome shows, under cold stress a fall of the core temperature into hypothermia accompanied by the thermo-regulatory picture of a bulbar syndrome; as a result, this decerebration group is associated with the latent bulbar-brain syndrome. The difference in behaviour of the temperature pattern in the syndrome of brain death, as in the latent bulbar syndrome, is a spontaneous return to the normal range of core temperature after correcting the environmental temperature to 20°—22° without additional supply of heat. In the syndrome of brain death an elevation of the core temperature to the "normal" range can be achieved only after raising the room temperature above 30.0° for about 12 hours. The behaviour of the temperature in the syndrome of brain death can thus be shown to be poikilothermic.

c) Medikamentöse Belastung der Temperaturregulation

In einer gesonderten Untersuchung wurden einige Fälle mit poikilothermem Temperaturverhalten auf Fieberfähigkeit durch intravenöse Injektion von Endotoxin (Pyrifer II®) getestet. Bei insgesamt acht Einzeluntersuchungen bei Erwachsenen und Kindern konnte nicht die geringste Änderung der Temperatur von Körperkern und Körperschale festgestellt werden. Abb. 40 zeigt die Temperaturkurven bei 20° Raumtemperatur. Zugleich ist der „unmodulierte" Verlauf der Schalentemperatur gut erkennbar, dessen Ge-

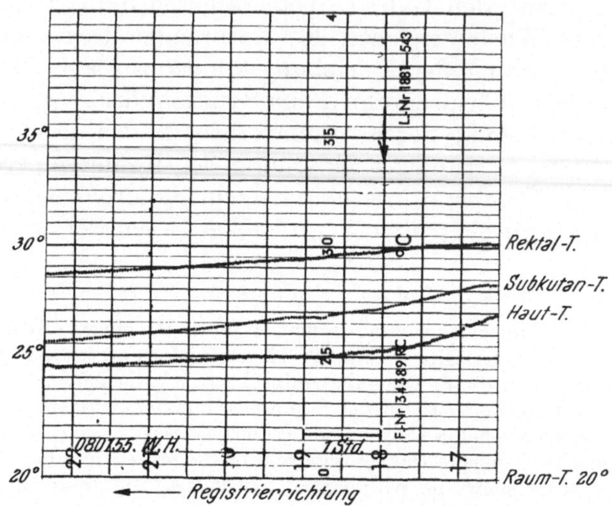

Abb. 40. Fehlende Temperaturreaktion auf i.v. Injektion von Pyrifer II ® (1 ml)
↓ beim Syndrom des zentralen Todes

radlinigkeit der Einzelkurve für das Syndrom des zentralen Todes typisch ist.

D. Spontanreaktionen des Temperaturverhaltens und ihre Korrelation zu anderen klinischen Befunden

a) Die zentrale Hyperthermie

Die postoperativen Hyperthermien

Der postoperative Temperaturverlauf nach Eingriffen am Zentralnervensystem unterscheidet sich nicht grundsätzlich von dem nach anderen operativen Eingriffen am menschlichen Körper. Temperatursteigerungen bis etwa 38,0° gehören zum Normalbild. Postoperative Temperaturen über 39,0° lassen sich im neurochirurgischen Krankengut dagegen signifikant bestimmten Operationsgebieten im Bereich des Zentralnervensystems zuordnen und sind als Sonderform einer Hyperthermie anzusehen. Völlig neue Möglichkeiten zur Analyse postoperativer Temperaturverläufe und der gegenseitigen Korrelation von Körpertemperatur, Blutdruck, Puls- und Atemfrequenz wurden durch die klinische Anwendung automatischer dauerregistrierender Meßgeräte zur Erfassung der vier genannten vegetativen Parameter geschaffen. Dadurch ist eine Analyse der Temperaturverlaufskurven möglich, dementsprechend konnte unter anderem der Einfluß antipyretischer Maßnahmen exakt überprüft werden.

Bei der postoperativen Hyperthermie ist aus klinischem Befund und Krankheitsverlauf die Differenzierung zwischen drei verschiedenen Formen möglich und notwendig, weil sie verschiedene Konditionen und unterschiedliche therapeutische und prognostische Konsequenzen beinhalten.

Die erste Form, von TÖNNIS (1959) als „unspezifisch" bezeichnet, pendelt sich nach Erreichen des Gipfelpunktes durchschnittlich innerhalb 4 bis 6 Stunden auf Werte um 38,0° oder niedriger ein und steht in direktem Zusammenhang mit der Eröffnung der Liquorräume in basalen Zisternen, Hirnventrikeln oder dem spinalen Subarachnoidalraum. Es war naheliegend, eine humorale Genese für diese harmlose Hyperthermieform anzunehmen. Die zweite Form der Hyperthermie tritt nur nach fronto-basalen und hypothalamusnahen Eingriffen auf und ist wie die erste im Gegensatz zur dritten Form prognostisch günstig. Diese dritte Form der postoperativen Hyperthermie, schon früh im Zusammenhang mit Eingriffen im Bereich des Hypothalamus beschrieben (KORNBLUM, 1925), ist als vegetatives Symptom einer pathologisch-anatomischen oder funktionellen Schädigung des Hypothalamus im Sinne einer ergotropen bzw. sympathikotonen Reaktionslage anzusehen und verläuft klinisch unter dem Bild einer Bewußtseinstrübung mit Verwirrtheit, Übergang ins Koma ist möglich.

α) Die funktionelle Hyperthermie nach Eingriffen mit Liquorraumeröffnung

Die Temperaturverlaufskurve dieser Hyperthermieform entspricht in ihrem Anstieg nahezu einer Sinuskurve, die in ihrem Verlauf Änderungen der Steilheit aufweisen kann. Nach Erreichen des Gipfelpunktes treten nur kurzfristig Plateaubildungen im Stundenbereich liegend auf, der Abfall der Temperaturkurve erfolgt flacher als der Anstieg. Die Dauer bis zum Erreichen des Temperaturgipfels hängt unter anderem von der Kerntemperatur bei Operationsende ab, die wiederum in direkter Beziehung zu Operationsdauer, Anästhesietiefe und Anästhesienachwirkung steht. In tiefer Anaesthesie mit stärkerer Beeinflussung der Temperaturregulation und langer Operationsdauer kann die Kerntemperatur auf Werte unter 35,0° absinken. Der Wiederanstieg zur Norm ist von der Dauer der Anästhesienachwirkung auf die Glieder der Temperaturregulation abhängig. Der postoperativ steile Anstieg zum Temperaturgipfel kann entsprechend verzögert verlaufen. Drei Beispiele zeigen repräsentativ den postoperativen Temperaturverlauf in seiner Abhängigkeit von den genannten Faktoren.

1. 62 jähriger Mann, Verschluß der Carotis interna intrakraniell bei traumatischer Carotis-Cavernosus-Fistel. Operationsdauer 150 Min., tiefe Anästhesie, Patient bei Operationsende wach. Ausgangstemperatur postoperativ 34,4°, Temperaturgipfel 39,4° nach 240 Min. erreicht (Abb. 41).

2. 30 jähriger Mann, Basilarisaneurysma, Zugang von supratentoriell. Operationsdauer 270 Min., tiefe Anästhesie mit einer 3 stündigen Nachwirkung postoperativ. Ausgangstemperatur postoperativ 34,4°, Temperaturgipfel 39,4° nach 420 Min. erreicht (Abb. 42).

3. 55 jähriger Mann, frontobasales Meningeom. Operationsdauer 200 Min., anfänglich tiefe, später flache Anästhesie. Patient bei Operationsende wach, Ausgangstemperatur postoperativ 37,2°, Temperaturgipfel 39,8° nach 150 Min. erreicht (Abb. 43).

In Abb. 44 sind die drei im Längsschnitt verschiedenen Verlaufsformen gemeinsam dargestellt.

Die mittlere Zeitdauer von Operationsende bis zum Erreichen des Temperaturgipfels beträgt bei 61 untersuchten Fällen mit funktioneller postoperativer Hyperthermie 271 Min. mit Grenzwerten bei 150 und 520 Min. Die mittlere Dauer zwischen dem

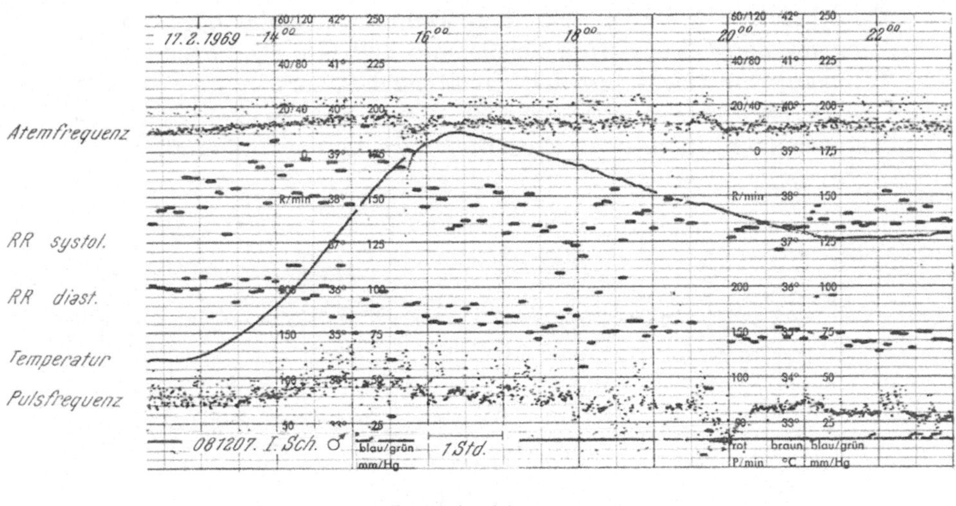

Abb. 41. Postoperative Hyperthermie nach Eröffnung der basalen Zisternen (tiefe Anästhesie, direkt p.o. wach)

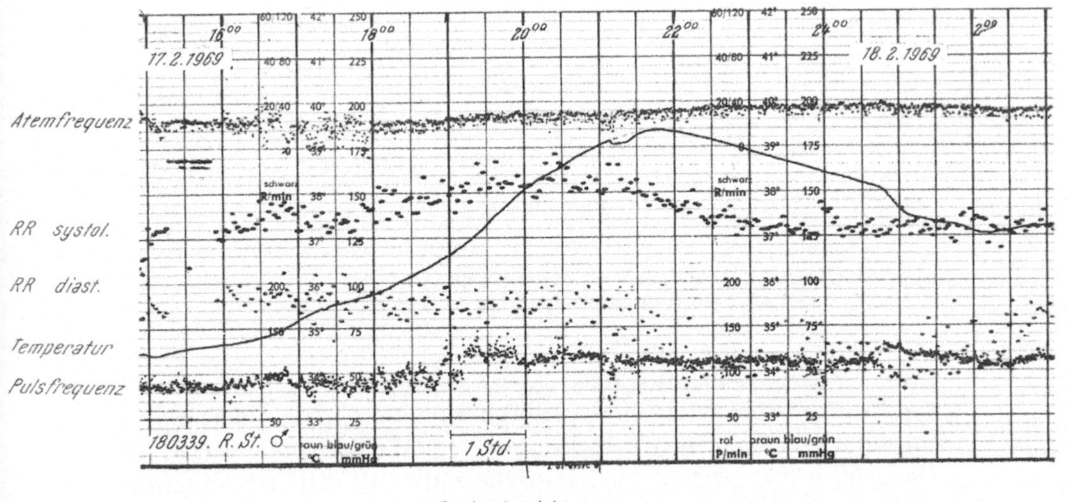

Abb. 42. Postoperative Hyperthermie nach Eröffnung der basalen Zisternen (tiefe Anästhesie mit 3stündiger p.o. Nachwirkung)

Erreichen der 37°-Zone und dem Temperaturgipfel liegt bei 201 Min. mit den Grenzwerten bei 95 und 320 Min. Die Steilheit des Temperaturanstieges pro Zeiteinheit nach Überschreiten der 37°-Grenze ist für die verschiedenen Regionen des Zentralnervensystems nach operativen Eingriffen mit Liquorraumeröffnung in

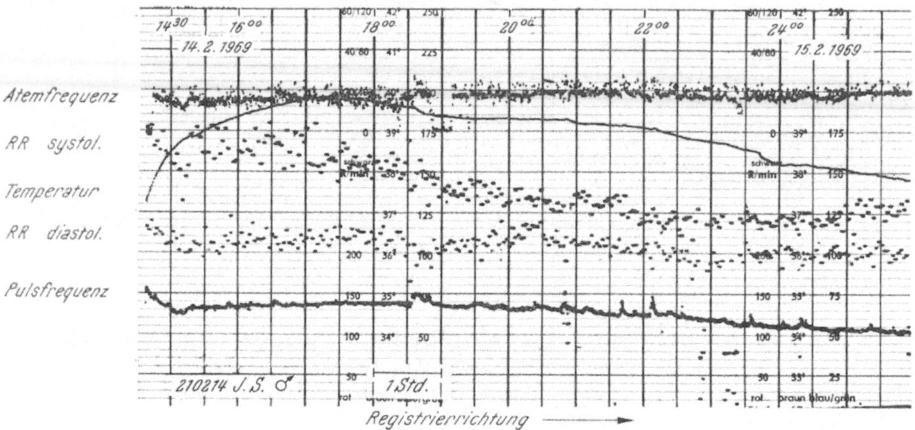

Abb. 43. Postoperative Hyperthermie nach Eröffnung der basalen Zisternen (flache Anästhesie, direkt p.o. wach)

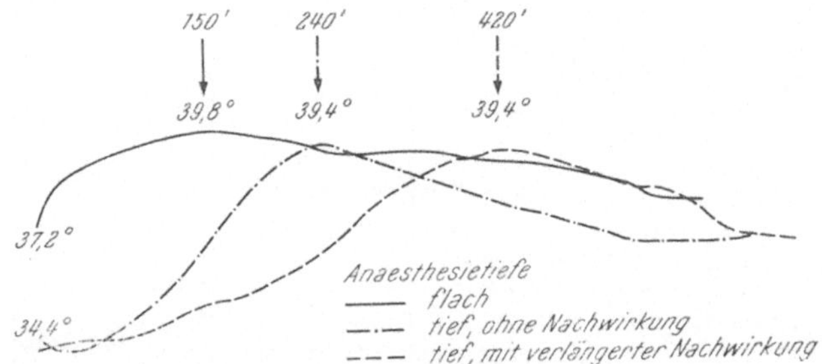

Abb. 44. Korrelation zwischen Anästhesietiefe, postoperativer Kerntemperatur und Dauer bis zum Erreichen des p.o. Temperaturmaximums

Abb. 45 dargestellt. Mögliche Nachwirkungen der Anästhesie auf den Temperaturanstieg sind dadurch eliminiert, daß der Temperaturverlauf erst nach Überschreiten des 37°-Bereiches erfaßt ist. Die größte Kurvensteilheit haben die Fälle mit direkter Ventrikeleröffnung, gefolgt von den Eingriffen im hypophysären und suprasellären Bereich. Bei Eröffnung der basalen Zisternen und bei Eingriffen im Bereich der hinteren Schädelgrube und des Spinalkanals verläuft der Temperaturanstieg dagegen prolongiert. Eine Zuordnung der absoluten Temperaturhöhe zu den Eingriffsorten in den verschiedenen Liquorraumregionen gibt für die Ventrikeleröffnung und die Eingriffe im hypophysär-suprasellären Bereich ebenfalls die höchsten Werte.

Von den übrigen vegetativen Funktionsgrößen zeigt die Pulsfrequenz in Form einer Tachykardie die stärkste Normabweichung bei der postoperativen Hyperthermie. Es findet sich typisch eine Plateaubildung der Pulsfrequenzkurve auf einem höheren Niveau oft

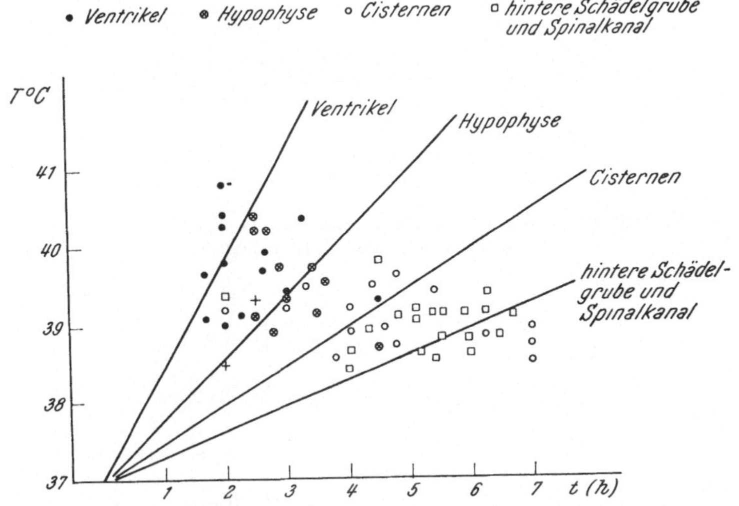

Abb. 45. Korrelationen zwischen Temperaturhöhe, Zeitdauer des Temperaturanstieges und Eingriffsort bei postoperativer Hyperthermie mit Liquorraumeröffnung ($n = 61$)

mit rückläufiger Tendenz, noch ehe der Temperaturgipfel erreicht ist, wobei mit Absinken der Kerntemperatur der Kurvenverlauf beider Parameter nahezu parallel verlaufen kann (Abb. 43 und 46). Weitere enge Beziehungen zwischen Pulsfrequenz und Temperaturverhalten werden darin sichtbar, daß Pulsspitzen im Minutenbereich liegend von einer kurzfristigen Senkung der Kerntemperatur um maximal 0,4° gefolgt werden können. Aus den Temperaturverlaufskurven ist ersichtlich, daß direkte gegenläufige Beziehungen zwischen Pulsfrequenz und Kerntemperatur nur auf dem absteigenden Schenkel der postoperativen Temperaturkurve bestehen, während der ansteigende Schenkel wesentlich konstanter verläuft. Da nicht jeder Pulsgipfel mit einer Temperaturveränderung einhergeht, und bewegungsintendierte Veränderungen auch im ansteigenden Schenkel der Temperaturkurve erkennbar sein müßten, sind für beide Parameter zusätzliche integrierte Regelfaktoren zu

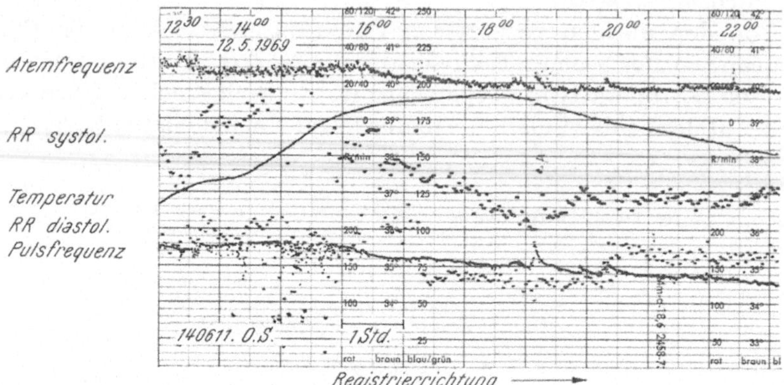

Abb. 46. Verlauf der vegetativen Parameter bei postoperativer Hyperthermie
(Tachykardie ungewöhnlich hoch)

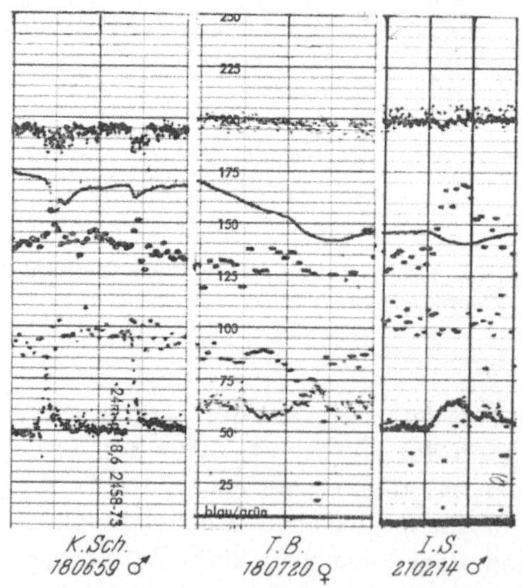

Abb. 47. Direkte Beziehungen zwischen Pulsfrequenz und Körpertemperatur bei
abklingender postoperativer Hyperthermie

vermuten. Abb. 47 zeigt einige Fälle willkürlich aneinandergereiht, bei denen die besprochenen Beziehungen zwischen Puls und Temperatur deutlich erkennbar sind.

Im Vergleich zu der Pulsbeschleunigung ist das Blutdruckverhalten in seiner Beziehung zur postoperativen Temperaturerhöhung geringer verändert und weniger variabel. Während der Phase des Temperaturanstieges sind systolischer und diastolischer Druck mäßig erhöht, wobei eine stärkere Modulation beider Druckkurven erkennbar ist (s. Abb. 41 bis 43). Noch ehe die Temperaturkurve den Gipfelpunkt erreicht hat, beginnt eine mähliche Senkung der Blutdruckwerte, unter Verminderung der vorher stark ausgeprägten Modulation mit langsamem Übergang zu Blutdrucknormalwerten.

Die Atmung ist nach Frequenz und Atemtypus am wenigsten an der postoperativen Hyperthermie beteiligt (s. Abb. 41 bis 43). Nur bei 18% der untersuchten Fälle ist eine Atembeschleunigung auf

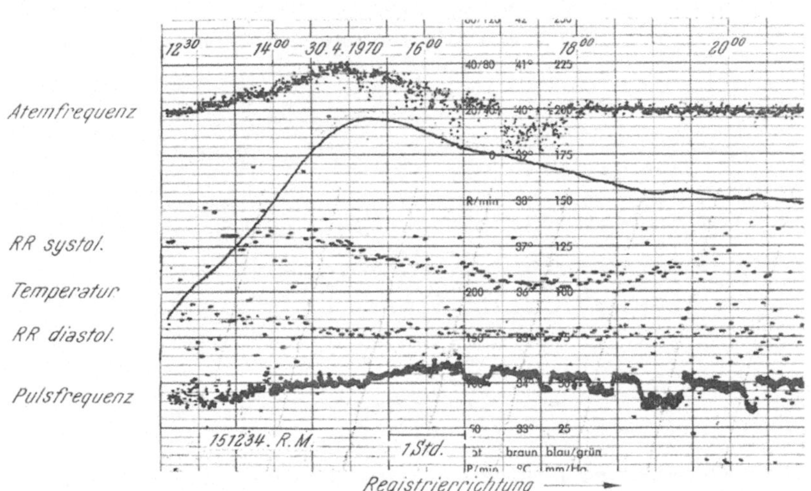

Abb. 48. Verlauf der vegetativen Parameter bei postoperativer Hyperthermie (ungewöhnliche Atemfrequenzsteigerung)

eine Frequenz zwischen 20 und 40/Min. nachweisbar. Die Atemfrequenzsteigerung betrifft besonders die Fälle mit einem relativ steilen Temperaturanstieg zum Gipfel, im weiteren Verlauf geht die Normalisierung der Atemfrequenz dem Temperaturabfall parallel (Abb. 48). Spezifische Veränderungen des Atemtypus (SEEGER, 1968) finden sich nicht.

Die funktionelle postoperative Hyperthermie verläuft neurologisch symptomfrei. Psychisch sind die Kranken ohne Bewußtseinsstörung, insbesondere ist die Bewußtseinshelligkeit erhalten.

Etwaige EEG-Veränderungen sind durch die Grunderkrankung bzw. den operativen Eingriff bedingt, für die funktionelle Hyperthermie typische EEG-Veränderungen gibt es nicht.

Blutzuckerwerte, Serumelektrolyte und harnpflichtige Substanzen im Serum sind ebenso wie die Urinausscheidung normal. Die Blutgasanalyse kann im Temperaturanstieg eine metabolische Azidose als Anästhesiefolge zeigen, auf dem Temperaturgipfel sind die Veränderungen spontan oder durch Substitution normalisiert. Die· Reaktionen der Temperaturregulation laufen ohne Heftigkeit ab, die Verminderung der Wärmeabgabe tritt augenfälliger in Erscheinung als die Erhöhung der Wärmeproduktion. Die Haut ist trocken und relativ kühl, Gänsehautbildung kann unmittelbar nach dem Erwachen aus der Anästhesie auftreten. Die Wärmeproduktion läuft langsam ab, tritt Kältezittern auf, dann nur in der Frühphase des Temperaturanstieges unmittelbar nach Anästhesiebeendigung. Die Wärmeabgabe nach Erreichen des Tempera-

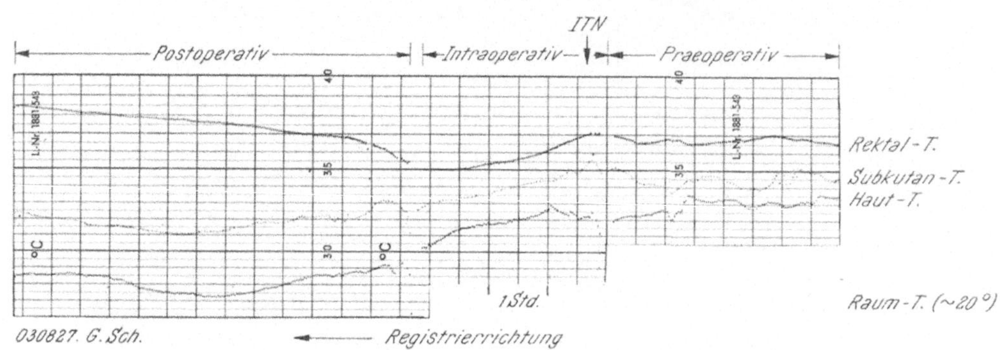

Abb. 49. Körpertemperaturverlauf prä-, intra- und postoperativ bei Liquorraumeröffnung

turgipfels verläuft gemäßigt unter leichter Erhöhung der Hauttemperatur. Schwitzen wird nie beobachtet. Subjektiv fühlen sich die Kranken weder in der Phase des Temperaturanstieges noch nach Erreichen des Temperaturgipfels beeinträchtigt. Abb. 49 zeigt das Verhalten von Kerntemperatur (rektal), Subkutantemperatur und Hauttemperatur am rechten Oberarm gemessen prä-, per- und postoperativ bei der postoperativen Hyperthermie. Das Absinken aller Temperaturen während der Anästhesie ist ebenso erkennbar wie die niedrige Hauttemperatur in der postoperativen Phase (die Mehrfachregistrierkurven der Körpertemperaturen sind von rechts nach links zu lesen).

Eine Besonderheit bei der funktionellen postoperativen Hyperthermie ist neben dem prolongierten Verlauf der Temperaturkurve die geringe Beteiligung der Kreislauf- und Atemparameter. Insofern besteht ein klarer Unterschied zur pyrogenen Hyperthermie (Abb. 50). Dem steilen Temperaturanstieg geht ein ebenso steiler

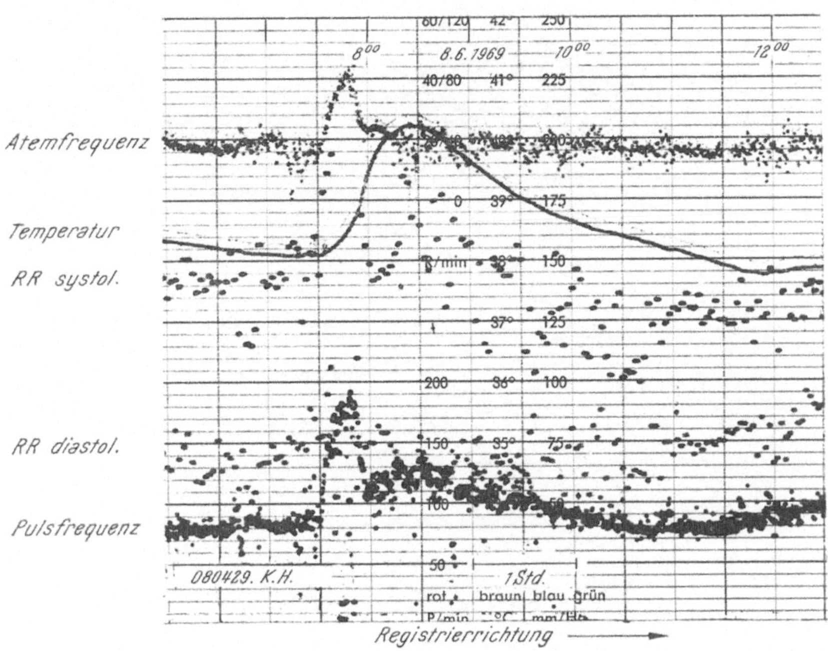

Abb. 50. Verlauf der vegetativen Parameter im pyrogenen Fieberanfall

Anstieg der Puls- und Atemfrequenz mit einem kurzdauernden hohen Blutdruckanstieg voraus. Nach Überschreiten des Umschlagpunktes auf dem ansteigenden Schenkel der Temperaturkurve normalisiert sich die Atemfrequenz, die Kreislaufwerte normalisieren sich mit mählichem Abfall der Temperaturkurve.

Der Einfluß antipyretischer Maßnahmen auf die funktionelle postoperative Hyperthermie

Aus der bisherigen Darstellung des geregelten Temperaturkurvenverlaufes bei der funktionellen postoperativen Hyperthermie läßt sich ursächlich eine zentrale Verstellung des Temperatursollwertes vermuten. Diese These wurde am Einfluß antipyretischer Maßnahmen auf den Temperaturverlauf überprüft. Die Anwen-

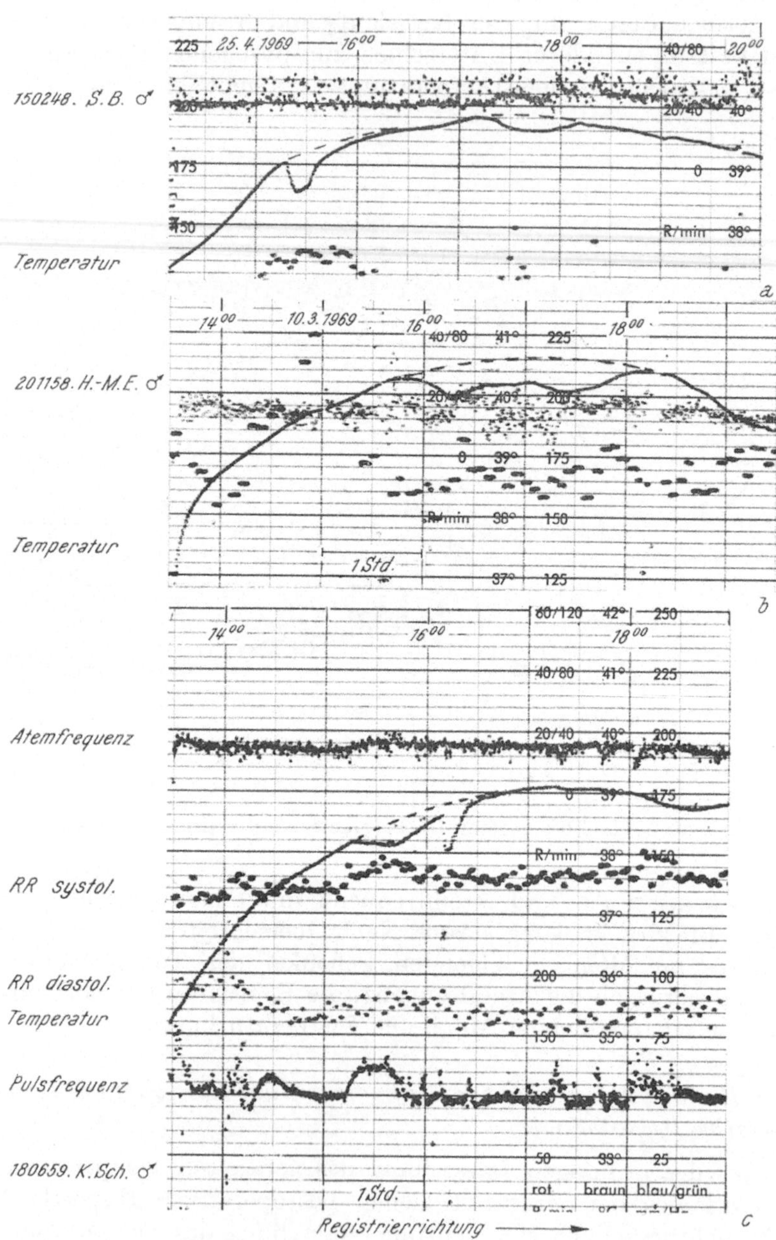

Abb. 51 a—c. Einfluß antipyretischer Maßnahmen auf den Temperaturverlauf bei postoperativer Hyperthermie

dung einfacher antipyretischer Maßnahmen, sowohl Eiswickel als auch Pyrazolon-Präparate, führt ohne Unterschiede nur in knapp 50% aller Fälle lediglich zu einer Unterbrechung des Temperaturanstieges auf der vorgegebenen Verlaufskurve bis zu maximal 60 Min., danach erfolgt der weitere Anstieg der Temperatur so lange schneller und damit steiler, bis die durch die zentrale Verstellung offenbar vorgegebene Verlaufskurve erreicht ist, die dann bis zur vorgegebenen Gipfelhöhe weiterverfolgt wird (Abb. 51a). Erfolgt die antipyretische Therapie erst kurz vor Erreichen des Temperaturgipfels, so kann die Beeinflussung länger als 60 Min. andauern, der vorgegebene Temperaturgipfel wird um wenige Zehntelgrad nicht erreicht, die vorgegebene Kurve paßt sich exakt der nachfolgenden Temperatursenkung an (Abb. 51b). Diese Abbildung hebt die frühere Aussage einer geringen Beteiligung der Atemfrequenz nochmals hervor, bei einer Kerntemperatur von über 40° beträgt die Atemfrequenz um 20 Atemzüge/Min. Zusätzliche vegetative Reaktionen auf die antipyretischen Maßnahmen werden in vielen Fällen an einer Pulsfrequenzsteigerung erkennbar (Abb. 51c). Nach Pyrazolon- und Eiswickelanwendung folgt eine Erhöhung der Pulsfrequenz, die sich erst wieder normalisiert, wenn die Phase der Temperaturbeeinflussung überwunden ist und die Temperatur dem vorgegebenen Wert wieder zustrebt. Die Anwendung von Antipyretika ist zur Beeinflussung der funktionellen postoperativen Hyperthermie ungeeignet. Eine Therapie ist darüber hinaus auch nicht erforderlich, weil der Temperaturabfall nach Erreichen des Temperaturgipfels innerhalb weniger Stunden spontan erfolgt.

Die möglichen Ursachen der funktionellen postoperativen Hyperthermie werden in der zusammenfassenden Diskussion besprochen.

β) Die postoperative Hyperthermie bei direkter Hypothalamusbeteiligung

Im Gegensatz zu der vorher besprochenen rein funktionellen Hyperthermie stehen nach Verlauf und klinischer Symptomatik zwei andere postoperative Hyperthermieformen, die ausschließlich nach direkten fronto-basalen Eingriffen bei großen supra- oder präsellär gelegenen Tumoren oder großen, nach suprasellär kaudal reichenden Hypophysenadenomen vorkommen und ihre Ursache in einer direkten oder fortgeleiteten Alteration der Hypothalamusregion oder der hypothalamisch-hypophysären Verbindungen haben.

Die benigne Form dieser Hyperthermie zeigt einen postoperativen Temperaturanstieg wie in der unspezifischen Form beschrieben. Nach Erreichen des Temperaturgipfels bleibt die Temperatur über

48 bis 72 Stunden auf Werten zwischen 39° und 40°, erst danach
folgt die Normalisierung. Die begleitenden vegetativen Parameter
sind gering verändert. Es besteht eine mäßige Pulsbeschleunigung,
selten über 120/Min. Die Blutdruckwerte sind nur gering erhöht,
der Verlauf der Druckkurven zeigt die gleiche Modulation, wie bei
der funktionellen Hyperthermie dargestellt wurde. Eine mäßige
Atembeschleunigung, nicht über 32/Min., normalisiert sich nach
Erreichen des Temperaturgipfels. Es fehlen alle Hinweise auf eine
zentrale Glukosetoleranzstörung oder eine Polyurie. Die Kranken
sind bewußtseinsklar und fühlen sich subjektiv wohl.

Als Beispiel der postoperative Verlauf bei einer 59 jährigen Frau mit einem
Siebbeinplattenmeningeom. Postoperativ Temperaturanstieg auf 40,2°, weiterer
Temperaturverlauf zwischen 39,5° und 40,0°. Temperaturabfall nach 3 Tagen
(Abb. 52). Keine Störung des Bewußtseins in der ganzen postoperativen Phase,
keine diabetogene Stoffwechsellage, keine Polyurie. Gesamtverlauf gut.

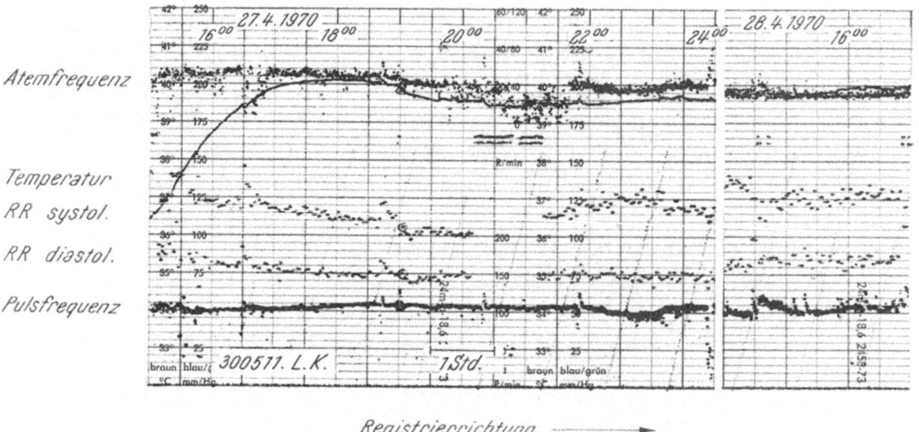

Abb. 52. Postoperative Hyperthermie nach hypothalamusnahen Eingriffen

Es läßt sich anhand von 21 Fällen zeigen, daß nach fronto-
basalen hypothalamusnahen Eingriffen eine zentrale Hyperthermie
auftritt, die sich nur qualitativ von der beschriebenen funktionellen postoperativen Hyperthermie unterscheidet, und zwar nach
Dauer und Temperaturhöhe. Im Gegensatz dazu ist die „läsionelle"
Hyperthermie prognostisch ungünstig und nur ein Symptom in
einer Reihe pathologischer, durch die Hypothalamusschädigung
verursachter Reaktionen, wie anhand von 14 derartigen Fällen
nachgewiesen werden konnte.

Der Temperaturverlauf kann zweigipfelig sein. Der Anstieg erfolgt steil auch sinusförmig, das Temperaturniveau bleibt hoch oder erhöht sich nach vorübergehender Senkung innerhalb der ersten 48 Stunden bis auf Werte um 40,0°. Die begleitenden vegetativen Parameter sind im Sinne einer ergotropen bzw. sympathikotonen Reaktionslage verändert. Entsprechend werden Pulsfrequenzsteigerungen bis 160/Min. und darüber, Blutdruckschwankungen mit hypertoner Tendenz und Atemfrequenzsteigerungen gesehen. Kennzeichen der hypothalamischen Störungen sind schwere, oft insulinrefraktäre zentrale Glukosetoleranzstörungen mit Blutzuckerwerten bis 1000 mg%. Gelegentlich treten isoliert oder kombiniert Polyurien mit Tagesurinmengen bis 7000 ml mit entsprechenden erheblichen Elektrolytveränderungen hinzu. Der klinische

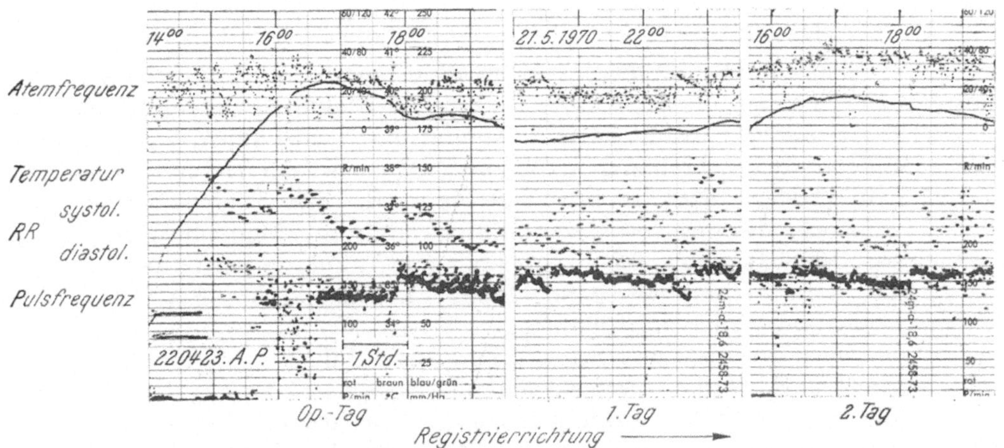

Abb. 53. Verlauf der vegetativen Parameter nach hypothalamusnahen Eingriffen
(prognostisch ungünstige Form)

Befund ist durch Bewußtseinsstörungen bis zum Koma gekennzeichnet. Leichtere quantitative Bewußtseinsstörungen verlaufen immer mit qualitativen Bewußtseinsstörungen im Sinne eines deliranten Syndroms. Der Verlauf dieser Fälle ist ausnahmslos letal, wie an zwei repräsentativen Beispielen gezeigt werden soll.

(Abb. 53) 47 jährige Frau mit großem hinterem Siebbeinplattenmeningeom, seit 6 Jahren infolge Tumordrucks auf die Sehnerven erblindet. Postoperativ zunächst Hyperthermie bis 40,2°. Pulsfrequenz auch nach Temperatursenkung unverändert hoch mit Spitzenwerten um 160/Min. Unregelmäßiger Verlauf der Blutdruckkurven mit Wechsel zwischen hypotonen und hypertonen Phasen. Mäßige Atembeschleunigung. Blutzuckerwerte bis 400 mg% erhöht, Urinzucker und Azeton positiv. Urinausscheidung normal. In den folgenden 24 Stunden Kerntemperatur zwischen 37,5° und 39,2° schwankend bei unveränderter Dysregulation der übrigen vegetativen Parameter. Nach 48 Stunden Temperaturanstieg auf 39,7° mit starker Atembeschleunigung und weiterer Kreislaufdysregulation. Normalisierung der Blutzuckerwerte auf Insulindosen bis 24 Einheiten. Bewußtseinstrübung verstärkt, weitere 48 Stunden später Übergang in die Dezerebration, tödlicher Ausgang unter den Zeichen des zentralen Todes am achten Tage postoperativ.

Bei einem anderen Fall (100806 F.H.) entwickelt sich nach der Operation eines weit supra- und retrosellär ausgedehnten Hypophysenadenoms zusammen mit der Hyperthermie bis 39,2° ein Diabetes insipidus mit Tagesurinmengen bis 6000 ml und eine zentrale Glukosetoleranzstörung mit Blutzuckerwerten bis 580 mg%, die mit Insulin-Tagesdosen bis 60 Einheiten nicht normalisiert werden können. Tödlicher Verlauf nach 5 Tagen.

Die Hyperthermieform bei direkter Alteration der Hypothalamusregion im Zusammenhang mit operativen Eingriffen verläuft auch im vollausgebildeten Syndrom nicht einheitlich, die Prognose ist in jedem Fall ungünstig.

γ) Die Hyperthermie bei akuter Dezerebration

Eine weitere, von den bisher beschriebenen Formen unterschiedliche zentrale Hyperthermie tritt bei der akuten Dezerebration meist infolge Mittelhirneinklemmung im Tentoriumschlitz auf. Eine erste Beschreibung der Hyperthermie bei der Dezerebration gab WILSON (1920). In der Folgezeit wurde diese Temperaturverlaufsform als typisches Dezerebrationssyndrom erkennbar (ERICKSON, 1939; GRIESEL, 1939; KAUTZKY und BUCHARD, 1950; KAUTZKY, KESSLER und MOHRING, 1950; VERBIEST, 1956; PIA, 1957; LOEW und WÜSTNER, 1960).

Das mit Koma und Strecksynergismen ablaufende akute Syndrom (s. S. 11) ist durch begleitende krisenhafte Dysregulationen aller vegetativen Vitalfunktionen gekennzeichnet. Unter ihnen spielt die Körpertemperatur mit Hyperthermiewerten bis 42° die entscheidende Rolle. Sie führt zu einer Potenzierung der ohnehin dekompensierten Kreislauffunktion und der Atemregulation. In früheren Jahren, als die Möglichkeiten einer gezielten Beeinflussung der zentral-vegetativen Krisen noch nicht bestanden, waren daher tödliche Verläufe schon in der Frühphase die Regel. Abb. 54 zeigt den Temperaturverlauf bis zum tödlichen Ausgang in der Frühphase (72 Stunden) bei Dezerebrierung nach schweren gedeckten Schädelhirnverletzungen in früheren Jahren, als die heute übliche komplexe Therapie des vegetativen Dezerebrationssyndroms noch unbekannt war. Es sind zwei verschiedene Verlaufsformen klar zu unterscheiden. Bei der ersten erfolgt der Tod am Ende eines progredienten Temperaturanstieges, die zweite Verlaufsform ist durch kurzfristige Beeinflussung der Temperatursteigerung gekennzeichnet, der tödliche Verlauf tritt ebenfalls in der Hyper-

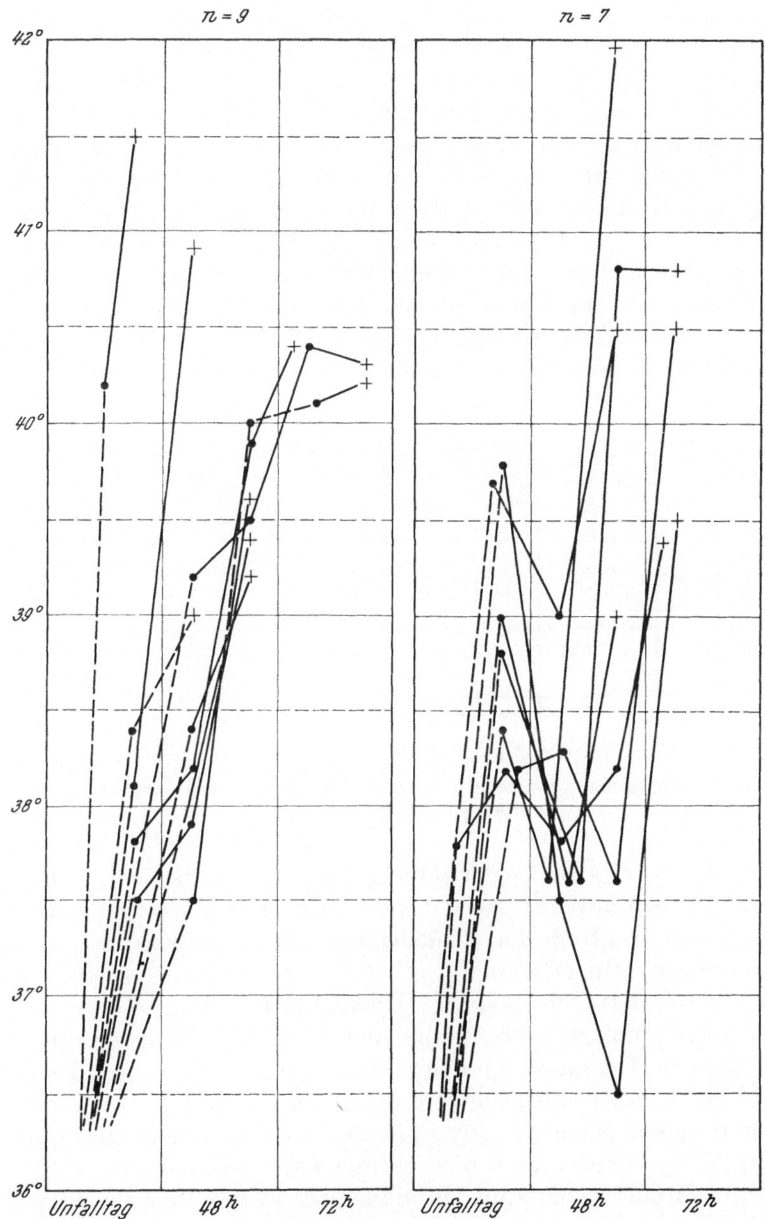

Abb. 54. Verlaufsformen posttraumatischer Dezerebration mit tödlichem Ausgang innerhalb der ersten 72 Stunden

thermie auf. Die erste Temperaturverlaufsform ist typisch für die uneffektiv behandelte Dezerebrationshyperthermie. Der Temperaturanstieg beginnt unvermittelt aus dem bis dahin normalen Verlauf und steigt bei unterschiedlicher Steilheit fast immer geradlinig an. Erst bei etwa 40° erfolgt eine Plateaubildung. Oft noch vor Beginn des Temperaturanstieges tritt eine ergotrope Kreislaufreaktion zunächst nur mit einer stark modulierten Blutdrucksteigerung, nachfolgend auch mit Pulsfrequenzerhöhung auf. Die anfangs normal frequente Atmung wird mit zunehmender Temperaturerhöhung und Kreislaufdysregulation beschleunigt. Die Kranken sind komatös, im neurologischen Befund steht die Dezerebration mit Strecktonuserhöhung und spontanen oder reaktiven Streckautomatismen ganz im Vordergrund. Die zentrale Hyperthermie bewirkt im Gegensatz zu den vorher beschriebenen Hyperthermieformen eine Erhöhung der Schalentemperatur und starkes Schwit-

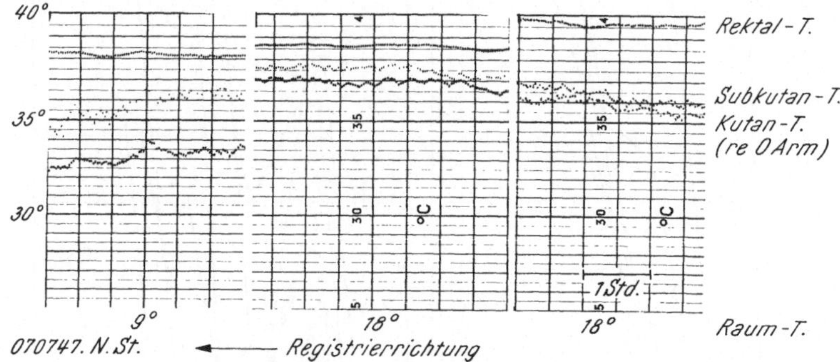

Abb. 55. Korrelationen zwischen Kern- und Schalentemperatur sowie Umgebungstemperatur bei Dezerebration

zen. Abb. 55 zeigt in Registrierrichtung von rechts nach links die hohen Schalentemperaturwerte, der linke Abbildungsteil läßt zusätzlich den Einfluß der erniedrigten Raumtemperatur auf die Schalentemperatur erkennen.

Die dezerebrationsbedingte Dysregulation von Temperatur, Kreislaufparametern und Atemfrequenz wird im Längsschnitt anhand von drei Traumafällen belegt. Solche Fälle von akuten Dezerebrationssyndromen nach schweren gedeckten Schädelhirnverletzungen sind sicher geeignet, diese mit der Dezerebration zusammenhängende Hyperthermie in ihrer reinen Form darzustellen, weil die zerebrale Situation bis zum Unfallereignis in der Regel normal ist und chronische Vorschädigungen des Gehirns, wie etwa durch langsam progredientes Tumorwachstum, entfallen.

Das erste Beispiel (Abb. 56) betrifft einen 13 jährigen Jungen, der 2 Stunden nach einem schweren gedeckten Schädelhirntrauma im Zustand der Dezerebration zur Aufnahme kommt. Die klinischen Untersuchungen ergeben keinen Hinweis auf eine intrakranielle Blutung. Die ersten Meßwerte zeigen nach Adaptation der Meßfühler normales Temperaturverhalten bei 36,4°. Die Pulsfrequenz beträgt 60 bis 70 Schläge/Min., es treten vereinzelt Pulsspitzen bis 130/Min. als Ausdruck spontaner Streckbewegungen auf. Die Blutdruckwerte sind mäßig erhöht, die Atemfrequenz ist normal. Etwa 2 Stunden nach der Aufnahme erfolgt ein plötzlicher Anstieg der Temperaturkurven, der erst oberhalb 39° zu einem Plateau

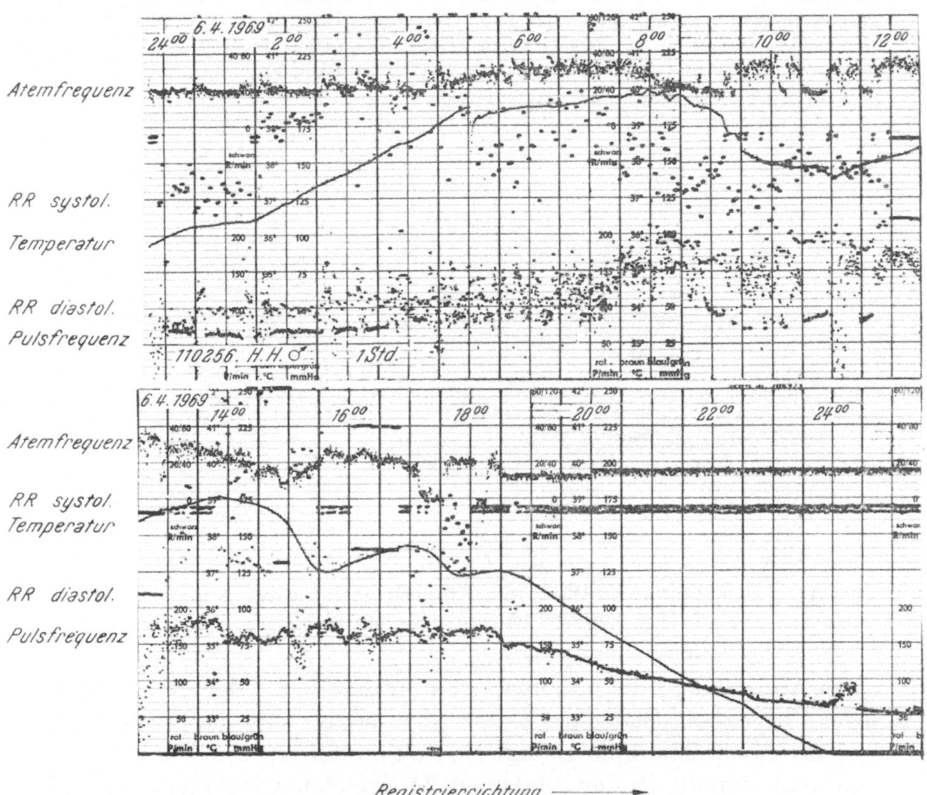

Abb. 56. Verhalten der vegetativen Funktionen bei akuter Dezerebration und nachfolgendem Übergang in den zentralen Tod

führt. Zugleich erfolgt eine Dysregulation der Kreislaufparameter und eine starke Atembeschleunigung. Die übliche Infusionstherapie und energische antipyretische Maßnahmen unter zusätzlichem Einsatz von Barbituraten zur Beeinflussung der spontan ablaufenden Streckautomatismen halten den Temperaturgipfel auf einem 4 stündigen Plateau knapp unterhalb 40°. Der Blutdruck steigt während dieser Phase auf Spitzenwerte bis über 250 mm Hg systolisch an. Die Temperaturkurve ist danach wellenförmig mit Schwankungen um 2,1° innerhalb der folgenden 9 Stun-

7 *

den. Mit der Beeinflussung der Temperatur werden Pulsfrequenz bei Werten um
140 bis 170/Min. und Atemfrequenz bei Werten um 20/Min. konstanter. Im weiteren Verlauf bei Erreichen von 37,0° Körperkerntemperatur Übergang des Mittelhirnsyndroms in ein komplettes Bulbärhirnsyndrom mit Atemstillstand und nachfolgendem Absinken der Kerntemperatur innerhalb von 6 Stunden bis auf 32,0°.
Die Pulsfrequenzkurve wird unmoduliert, der Puls sinkt auf Frequenzen unter
60/Min., der Junge verstirbt 36 Stunden posttraumatisch.

Der zweite Fall betrifft einen 21 jährigen Mann, der nach einem schweren gedeckten Schädelhirntrauma bewußtlos in die Klinik eingeliefert wird. Es besteht
eine ausgeprägte psychomotorische Unruhe, zunächst keine Dezerebration, diese
entwickelt sich als Folge eines posttraumatischen Hirnödems (Hämatom wurde
ausgeschlossen) erst am folgenden Tag. Die vegetativen Parameter verlaufen in
gleicher Weise dysreguliert, wie bei dem vorher demonstrierten Fall. Die Temperatur steigt innerhalb weniger Stunden auf 40,5°. An diesem Fall kann die Langzeitanalyse des Temperaturverlaufes demonstriert werden.

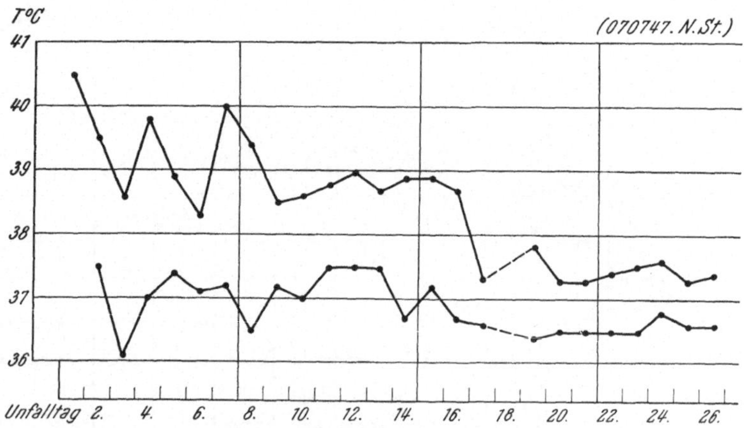

Abb. 57. Maximal-/Minimal-Werte der Körpertemperatur bei posttraumatischer
Dezerebration ohne intrakranielle Blutung

In Abb. 57 sind die Maximal- und Minimalwerte der Temperatur
jedes Tages eingetragen. Unter der später zu besprechenden
konservativen Therapie gelingt es, den Gipfelwert der Temperatur
von 40,5° innerhalb der folgenden 24 Stunden vorübergehend auf
37,5° zu senken. Die Tendenz zur Hyperthermie über 39,0° bleibt
die ganze erste Woche nach Auftreten der Dezerebration bestehen,
wobei sich der Temperaturverlauf in Extremen gestaltet; so wech-
seln innerhalb 24 Stunden (etwa am dritten und vierten Tag) die
Temperaturwerte von 36,1° auf 39,8°. Während der zweiten Woche
nach dem Trauma tritt eine deutliche Beruhigung der Temperatur-
modulation ein, die Hyperthermie erreicht gerade noch 39,0°. In der
dritten Woche kommt es dann zur weitgehenden Normalisierung
des Temperaturverhaltens. Diese letzte Phase korreliert klinisch mit

dem Rückgang der Dezerebrationserscheinungen mit Übergang ins apallische Syndrom, das zu einer Restitution mit mäßigen Defekten führte.

Der dritte Fall betrifft einen 19jährigen jungen Mann, der bei einem Verkehrsunfall ein gedecktes Schädelhirntrauma mit kurzer Bewußtlosigkeit erleidet. Nach einem freien Intervall von weniger als einer Stunde sekundäre Bewußtlosigkeit. Klinikaufnahme im Stadium der Dezerebration, sofortige Ausräumung eines akuten Subduralhämatoms. Postoperativ anhaltende Dezerebration.

Die Langzeitanalyse des Temperaturverlaufes (Abb. 58) zeigt, von individuellen Unterschieden abgesehen, ein fast identisches Temperaturverhalten mit ausgeprägter Hyperthermie in der ersten

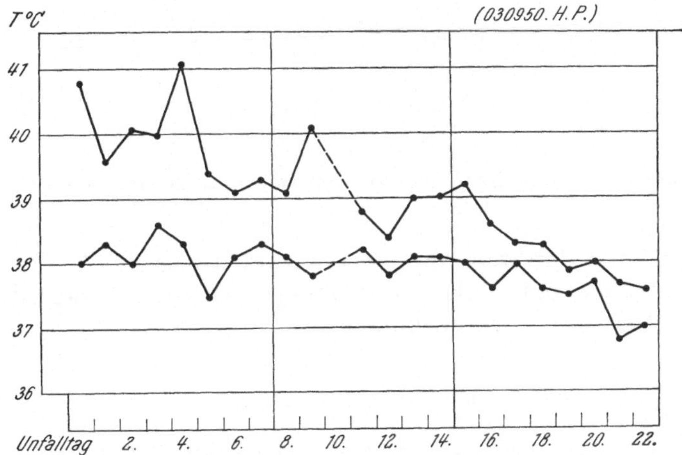

Abb. 58. Maximal-/Minimal-Werte der Körpertemperatur bei posttraumatischer Dezerebration nach akutem Subduralhämatom

und zu Beginn der zweiten Woche, danach bis gegen Ende der dritten Woche weitgehende Normalisierung. Auch hier nach Übergang ins apallische Syndrom gutes Spätergebnis.

Eine besondere Verlaufsform im vegetativen Verhalten bei der Dezerebrationshyperthermie soll am Beispiel eines Tumors im Vierhügelbereich mit Verschlußhydrozephalus demonstriert werden (Abb. 59). Es treten wellenförmige Kurvenverläufe aller vier vegetativen Hauptparameter auf, die bei bestehender Hyperthermie von einem Anstieg des Blutdruckes und der Pulsfrequenz eingeleitet werden, dem eine Atemfrequenzsteigerung folgt. In der ersten Phase beträgt die Temperaturschwankung nur 0,5°, die zweite Temperaturwelle hat eine Amplitude von 1,0° bei etwa gleichem Verlauf der vorhergehenden Kreislauf- und Atemschwankun-

gen. Die Amplitude der dritten Welle beträgt 1,2°. Der Temperaturgipfel wird zu jeweils einem Zeitpunkt erreicht, an dem Pulsfrequenzerhöhung, Blutdrucksteigerung und Atembeschleunigung

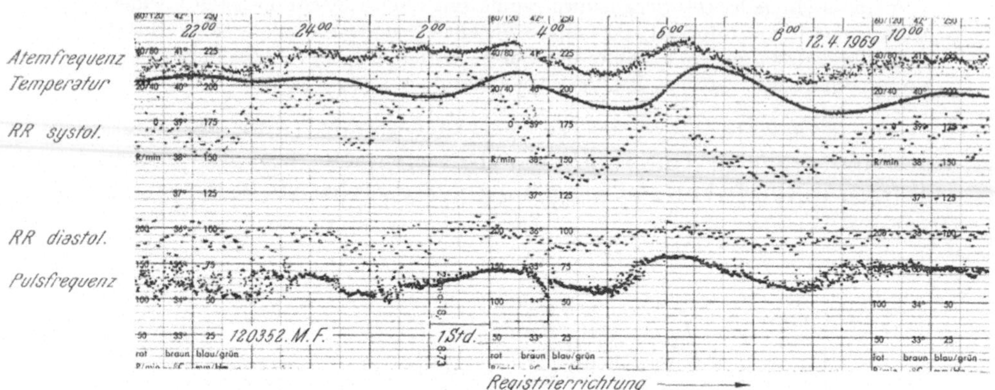

Abb. 59. Spontane Änderung der Kerntemperatur bei Dezerebration

rückläufig sind. Im weiteren Verlauf pendelt sich die Temperaturkurve auf 39,6° ein, Puls und Atmung bleiben im Vergleich zur
Ausgangslage gering beschleunigt.

Die Therapie der Dezerebrationshyperthermie

Am eigenen Krankengut von 112 innerhalb der ersten Woche
tödlich verlaufenen gedeckten Schädelhirnverletzungen mit Dezerebration wird der Einfluß der Intensivtherapie deutlich sichtbar,
wobei nur die Finaltemperaturen erfaßt wurden. Abb. 60 zeigt den
gleitenden Zentralmittelwert aller Finaltemperaturen stark gezeichnet, die schraffierten Linien stellen den oberen und unteren
Grenzbereich dar, die geraden Linien das arithmetische Mittel aller
Finaltemperaturen im jeweiligen Behandlungszeitraum. Die Signifikanz der Ergebnisse wurde nach der Methode von WILCOXON gesichert. Im ersten Behandlungszeitraum 1953 bis 1958 erfolgte die
antipyretische Therapie medikamentös mit Pyrazolon-Präparaten
und physikalisch durch Eiswickel, die Flüssigkeitszufuhr war auf
1000 bis 1500 ml/die begrenzt, eine geringe Senkung der Finaltemperatur ist nach Anwendung der Ganglienblocker zur vegetativen Drosselung ab 1955 erkennbar. Der arithmetische Mittelwert
der Finaltemperaturen in diesem ersten Zeitraum beträgt 39,7°.
Ab 1959 wird die Stoffwechseldrosselung mit anorganischem Jod

(VOSS, L'ALLEMAND, EISENREICH, 1958) in die Therapie aufgenommen, die Flüssigkeitszufuhr wird vereinzelt auf 2000 ml/die erhöht, das arithmetische Mittel der Finaltemperatur sinkt auf 38,5° bei 24 Fällen. Die entscheidende Wendung wurde erst durch eine ausgeglichene Flüssigkeitsbilanz ab 1964 und durch ausreichende Kalorienzufuhr ab 1966 herbeigeführt. Schließlich kommt im Rahmen der Intensivtherapie zu den bisher genannten Maßnahmen die

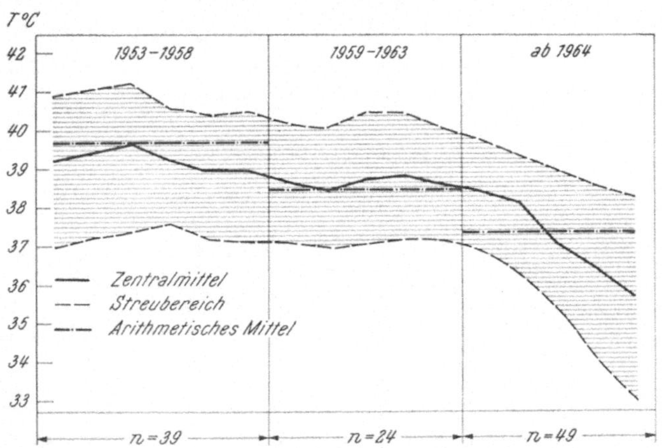

Abb. 60. Finaltemperaturen bei tödlichem Verlauf innerhalb der 1. Woche nach gedecktem Schädelhirntrauma 1953 bis 1968. (Gleitende Mittelwerte aus Zentralmittel und Streubereich)

gezielte äußere Kühlung im Klimaraum der Wachstation mit der Möglichkeit der Raumtemperatursenkung bis auf 6° ab 1967 zur Anwendung. Dadurch kann bei allen Verletzten im Stadium des Mittelhirnsyndroms auch bei prolongierten Verläufen die Kerntemperatur unter Kontrolle gehalten werden, die Dysregulation der übrigen vegetativen Funktionen ist entsprechend geringer. Die Finaltemperaturen sinken in dem letzten Behandlungszeitraum auf einen Mittelwert von 37,3° ab.

δ) Sonderformen der Hyperthermie nach gedeckten Schädelhirnverletzungen

Die dezerebrationsbedingte posttraumatische Hyperthermie wurde im vorigen Abschnitt eingehend erörtert. Zwei Sonderformen zentraler posttraumatischer Hyperthermie bedürfen einer eigenen Erörterung, und zwar die bei traumatisch bedingten Subarachnoidalblutungen und die bei hypothalamisch-hypophysären Läsionen nach gedeckten Schädelhirnverletzungen. Der Verlauf beider Formen ist ähnlich dem als postoperative zentrale Hyperthermie beschriebenen.

Die Hyperthermie bei traumatischer Subarachnoidalblutung ist nach Verlauf und klinischer Symptomatik gleichfalls als humorale Form anzusehen. Der Temperaturanstieg erfolgt einige Stunden nach der Verletzung und weist den von der unspezifischen postoperativen Hyperthermie bekannten sinusförmigen Verlauf auf. Der Temperaturgipfel überschreitet selten den 40°-Bereich. In schweren Fällen mit starker Blutung entspricht der weitere Temperaturverlauf einer Kontinua, während leichtere Blutungen nach Erreichen des Gipfels sich um 38° einpendeln.

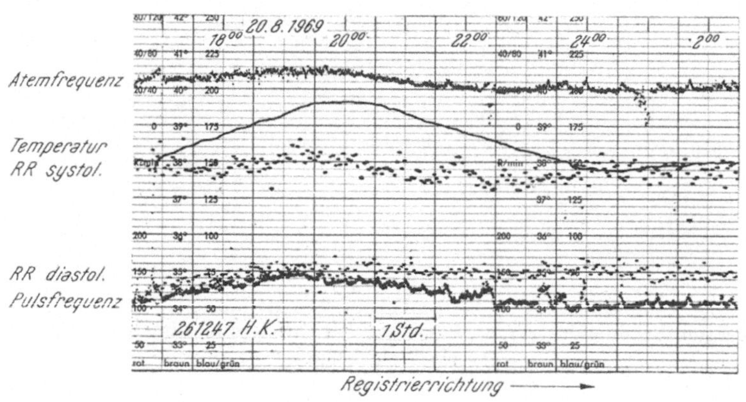

Abb. 61. Traumatische Subarachnoidalblutung

(Abb. 61) 22 jähriger Mann, gedeckte Schädelhirnverletzung, deutliche Bewußtseinstrübung im Sinne einer Somnolenz, gezielte Abwehrreaktionen auf Schmerzreize. Temperaturanstieg innerhalb 3 Stunden nach dem Trauma auf 39,6°. Deutliche Pulsbeschleunigung, leichte Atembeschleunigung. Weiterer Verlauf unkompliziert.

Die Normabweichungen der übrigen vegetativen Parameter betreffen bei unkomplizierten Verläufen nur eine mäßige Pulsfrequenzsteigerung. Der neurologische Befund ist bis auf den meist nachweisbaren Meningismus uncharakteristisch, eventuelle Bewußtseinsstörungen sind vom Ausmaß der gedeckten Hirnverletzung abhängig. Die Dauer der Hyperthermie kann sich bei starken oder anhaltenden Blutungen über Tage erstrecken, in diesem Fall sind auch Kreislauf und Atmung im Sinne einer sympathikotonen Reaktionslage stärker beteiligt.

(Abb. 62) 46jähriger Mann, gedecktes Schädelhirntrauma, kurz bewußtlos. In den folgenden Stunden Verwirrtheit, Einweisung in ein auswärtiges Krankenhaus. Sofort hohe Temperaturen, in den folgenden 48 Stunden bis 40,5° ansteigend, danach Überweisung in die hiesige Klinik. Ausgeprägte Bewußtseinstrübung, Nackensteife, Hirnnerven o. B., keine Paresen. Temperatur 39,9°, wechselnde Pulsfrequenz mit Spitzen bis 130/Min. Hypertone Blutdruckreaktion mit starker Modulation, Atmung leicht beschleunigt. Der weitere Verlauf ist durch einen seit Jahren bestehenden Diabetes mellitus kompliziert.

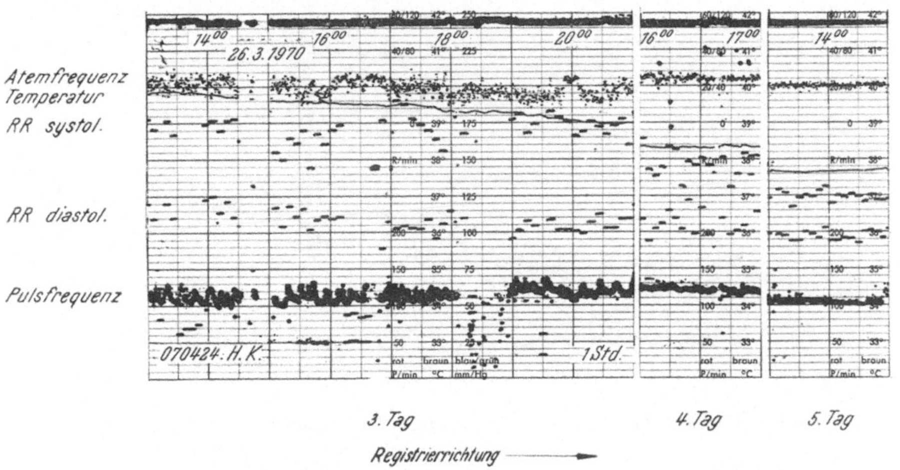

Abb. 62. Traumatische Subarachnoidalblutung

Die therapeutische Beeinflußbarkeit der Hyperthermie infolge einer posttraumatischen Subarachnoidalblutung ist häufig schlecht und der Effekt medikamentös-physikalischer Maßnahmen nur kurzfristig wirksam, dadurch wird ein septischer Verlauf vorgetäuscht. Die Prognose dieser Hyperthermieform ist im allgemeinen günstig, sie korreliert aber direkt zum Grad der Hirnverletzung. Besonders bei älteren Patienten können Begleitverletzungen den Verlauf komplizieren.

Die posttraumatische zentrale Hyperthermie durch eine Läsion oder Funktionsstörung im hypothalamisch-hypophysären Bereich kommt wegen früher tödlicher Verläufe derartiger Verletzungen seltener zur Beobachtung. Der Temperaturanstieg erfolgt zunächst nur mäßig bis in den Bereich um 38° und ist uncharakteristisch. Erst in einer zweiten Phase, bevorzugt innerhalb der ersten 48 Stunden, setzt oft nach vorhergehender leichter Hypothermie (nicht unter 35°) die Hyperthermie ein. Die übrigen vegetativen Parameter sind im Sinne der schon besprochenen ergotropen bzw. sympathicotonen Reaktionslage verändert. Kennzeichen der lokalen hypothalamisch-hypophysären Schädigung sind die Symptome

eines Diabetes insipidus und/oder einer schwer beeinflußbaren dia-
betischen Stoffwechsellage. Der neurologische Befund ist uncharakteristisch, es finden sich nie Dezerebrationssymptome, Bewußt-

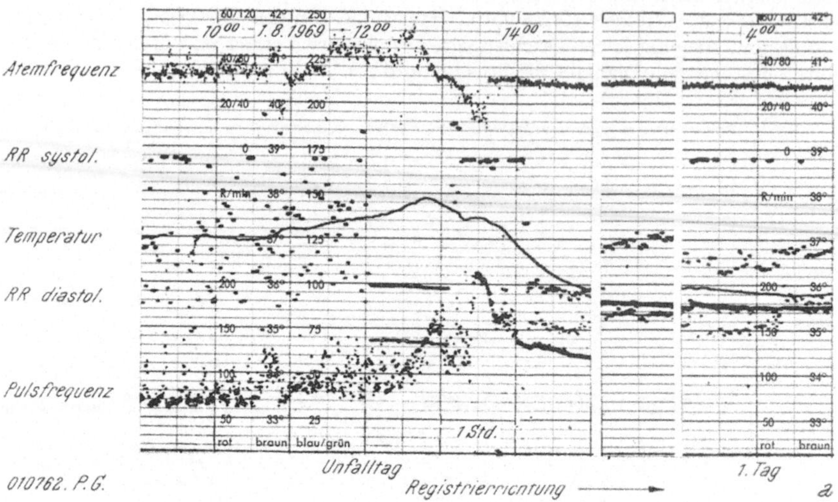

Abb. 63a. Temperaturverlauf bei traumatischer Zwischenhirnschädigung

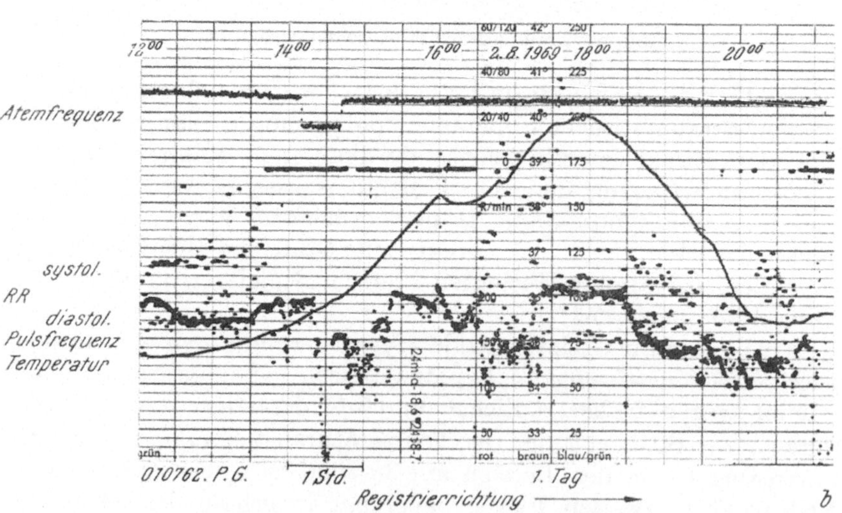

Abb. 63b. Temperaturverlauf bei traumatischer Zwischenhirnschädigung

losigkeit ist die Regel. Die Prognose dieser Verletzungen wird durch
die insulinrefraktäre hyperglykämische Stoffwechsellage bestimmt
und ist ausgesprochen schlecht.

(Abb. 63a und b) 7jähriger Junge, schweres gedecktes Schädelhirntrauma mit fronto-basaler Trümmerfraktur und nasaler Liquorfistel. Bewußtlos, gezielte Abwehrreaktionen auf Schmerzreize, keine Paresen. Temperatur anfänglich unter 38°, Kreislauf dysreguliert mit Pulsspitzen bis 140/Min. und starke Blutdruckschwankungen bei erhöhten diastolischen Werten, Atmung bis 52/Min. beschleunigt. Urinausscheidung nach den ersten 24 Stunden vermindert (700 ml bei 3500 ml Zufuhr). Im weiteren Verlauf Stabilisierung der Kreislauffunktion bei Blutdruckwerten um 120/90 mm Hg, Pulsfrequenzsteigerung bis 180/Min. unmoduliert, Absinken der Kerntemperatur zwischen 35° und 36,0°. Am zweiten Tag nach dem Unfall Pulsbeschleunigung auf 200/Min., starke Blutdruckschwankungen, einige Stunden später Hyperthermie bis 39,9°, kleine Blutdruckamplitude, Atmung „Bird"-assistiert. Mit Einsetzen des Temperaturanstieges Verschlechterung der metabolischen Situation mit ausgeprägter metabolischer Azidose (pH 7,13). Anstieg des Blutzuckers auf 696 mg%, trotz 70 Einheiten Alt-Insulin, in den folgenden 8 Stunden weiterer Blutzuckeranstieg auf 1840 mg% (!). Zu diesem Zeitpunkt Normalisierung des Blut-pH auf 7,45 nach 450 ml Natriumbikarbonat (5%ig). Nach 300 Einheiten Alt-Insulin (!) Senkung des Blutzuckerwertes auf 1228 mg%. Die Hyperthermie sinkt sofort nach Erreichen des Gipfels und pendelt sich auf 35,5° ein, kurze Zeit später Exitus letalis.

Im vorliegenden Fall steht die Dysregulation der vegetativen Parameter zunächst unter Aussparung der Temperatur ganz im Vordergrund. Nach einem vorübergehenden Anstieg folgt ein leicht hypothermer Verlauf bei stabilisierter Kreislauffunktion, aber ausgeprägter Tachykardie. Die Wendung zum tödlichen Ausgang leitet eine schwere hyperglykämische Stoffwechselentgleisung ein, in deren Verlauf gleichzeitig die Temperatur hypertherm reagiert, präfinal Übergang in die hypotherme Temperaturverlaufsform.

b) Die zentrale Hypothermie

Die Fortschritte der Intensivtherapie haben einerseits eine durchgreifende Verbesserung der Überlebenschancen Schwerstkranker bewirkt, andererseits gewissermaßen als Begleiteffekt zu einer deutlichen Lebensverlängerung absolut infauster Fälle geführt. Fortwährende klinische Untersuchungen, besonders unter Dauerregistrierung der vegetativen Funktionsgrößen von Kreislauf, Atmung und Temperatur, und häufige EEG- und EKG-Ableitungen sowie Blutgasanalysen und Elektrolytuntersuchungen haben, abhängig vom Schwerpunkt der verschiedengradigen und -artigen Schädigungen, Verlaufsformen erkennen lassen, die unter den bislang möglichen Untersuchungs- und Überwachungsverfahren nicht zur Darstellung kamen.

Hypotherme Regulationsstörungen von verschiedener Ausprägung und Verlaufsform stellen nach unseren Untersuchungen einen neuen Typ zentral-vegetativer Störungskomplexe dar. Derartige hypotherme Regulationsstörungen treten, abgesehen von querschnittserfassenden Halsmarkverletzungen, praktisch ausschließlich im Zusammenhang mit neurologischen Querschnittssyndromen auf, die verschiedenen Funktionsbereichen des Hirnstammes zugeordnet werden können. Ihr gemeinsames Merkmal ist das Koma als schwerste Form zerebraler Allgemeinstörungen. Der Krankheitsverlauf dieser Fälle ist auch dann tödlich, wenn im Finalstadium der normotherme Bereich wiedererlangt wird. Ausnahmen gelten für die erwähnten Halsmarkläsionen, für postoperative bzw. postnarkotische Hypothermien, für Intoxikationen und alle Fälle, die ein Kältetrauma erlitten haben, und schließlich für schwere reversible Schocksyndrome, besonders bei Kindern bis zum frühen Schulalter, die infolge eines ungünstigeren Quotienten zwischen Körperoberfläche und Volumen schon bei leichteren zentralen Schädigungen hypotherm reagieren können. Es seien zunächst die genannten Ausnahmen an einigen Fällen bzw. durch Literaturangaben demonstriert.

Die spontane Hypothermie bei traumatischen Halsmarkläsionen

Störungen der Temperaturregulation bei kompletten Halsmarkquerschnittssyndromen treten nur bei Akutschäden, meist infolge traumatischer Ursache, nie dagegen bei chronischen Schäden, etwa durch Tumorkompression, auf. Schon in der älteren humanmedizinischen Literatur sind hypotherme Verläufe bei kompletten Halsmarkverletzungen beschrieben (PEMBREY, 1897). Weitere Berichte stammen von HOLMES (1915), ERICHSEN (zit. nach R. MÜLLER, 1917) und VOLKMANN (1917), der vier Fälle mit rektalen Tiefstwerten zwischen 24,4° und 27,0° beschrieb. Die gestörte Temperaturregulation erholt sich nach eigenen Erfahrungen an zehn Fällen innerhalb der ersten 72 Stunden nach dem Ereignis, der Temperaturnormbereich wird wieder erreicht.

Abb. 64 zeigt die Temperaturregistrierkurve bei einer 19jährigen Patientin. Die Registrierung wurde 6 Stunden nach Auftreten einer kompletten traumatischen Halsmarkquerschnittslähmung begonnen. Die Kerntemperatur liegt bei 34,0°, die Hauttemperatur, am rechten Oberarm gemessen, pendelt um 29,0°. Rund 28 Stunden später normalisierten sich die Temperaturen bei unverändertem neurologischem Befund des kompletten Querschnittssyndroms.

Bei akuten kaudaler gelegenen Querschnittslähmungen wurden hypotherme Verläufe nie beobachtet. Temperaturbelastungsuntersuchungen konnten im eigenen Krankengut nicht durchgeführt werden. GUTTMANN, SILVER und WYNDHAM (1958) führten Temperaturbelastungen bei traumatischen spinalen Querschnittssyn-

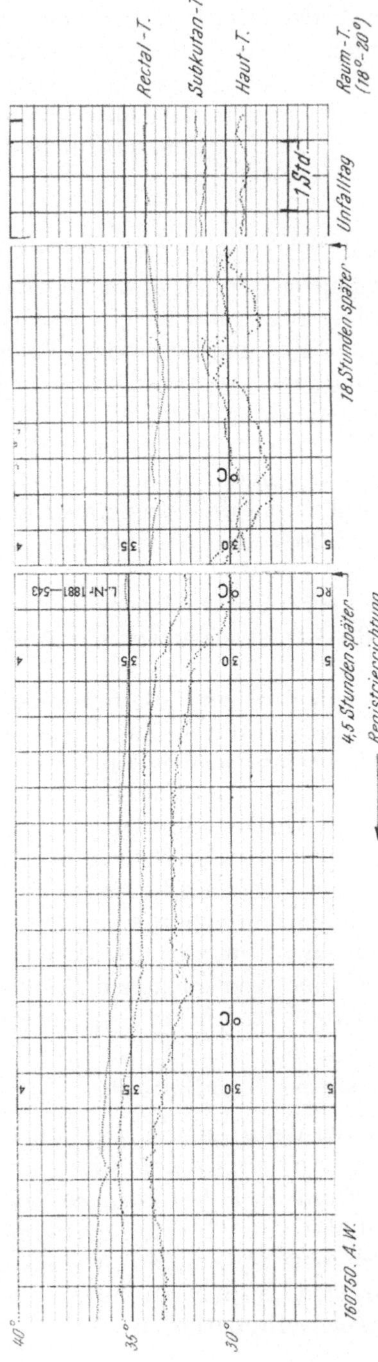

Abb. 64. Spontan reversible Hypothermie bei posttraumatischem komplettem Halsmarkquerschnittssyndrom

dromen durch und konnten auch bei mehrere Monate zurückliegenden Verletzungen des Halsmarks mäßig hypotherme Verläufe (bis 35,0°) unter Raumtemperaturerniedrigung von 27,0° auf 18,0° bis 20,0° nachweisen. Bei kaudaler gelegenen Rückenmarksverletzungen fanden sie dagegen unter den gleichen Bedingungen der Kälteexposition kein Absinken der Kerntemperatur in den hypothermen Bereich.

Die postoperative bzw. postnarkotische Hypothermie

Temperatursenkungen im Bereich unter 36,0° während Narkose und Hirnoperation erfolgen in rund 50% aller Fälle. So konnte in einer Untersuchung an 110 unausgewählten Fällen mit intrakraniellen Eingriffen 57 mal das spontane Absinken der Kerntemperatur am Operationsende unter 36,0° nachgewiesen werden, der Tiefstwert betrug 32,9°. Die durchschnittliche Temperatursenkung unter 36,0° lag bei 0,81° bei einer durchschnittlichen Narkosedauer von 185 Min. Bei 38 Fällen lag die Temperatur am Ende der Narkose zwischen 36,0° und 36,9° und bei 15 Fällen über 37,0°, davon dreimal über 38,0°.

Bezüglich der Temperaturnormalisierung bei postoperativer Hypothermie sei auf die Registrierkurven der Abb. 41 und 42 verwiesen.

In der Literatur ist von Burton und Edholm (1955) bei Operationen am offenen Thorax bei durchschnittlicher Operationsdauer von 210 Min. eine Kerntemperatursenkung um durchschnittlich 1,15° beschrieben worden. Ursächlich wird für Temperatursenkungen in der Anästhesie während der Operation eine vermehrte Wärmeabgabe infolge Vasomotorenerweiterung angeschuldigt, eine Auffassung, die zuletzt von Vale und Lunn (1969) vertreten wurde. In einer neueren Mitteilung von Feldberg (1969) wird als Ergebnis von Tierversuchen die Temperatursenkung in Narkose als Folge des Freiwerdens der drei biogenen Amine Noradrenalin, Adrenalin und 5-Hydroxytryptamin im Hypothalamus erklärt.

Die spontane Hypothermie bei Intoxikationen

Eigene Ergebnisse einer derartigen Hypothermieursache können nicht vorgelegt werden. In der älteren Literatur wurden hypotherme Temperaturverläufe bei Vergiftungen mit Arsen, Blei, Phosphor, Atropin und Morphin (Glaser, 1878), mit Krampfgiften (Harnack, 1898) und mit Pyramidon (v. Krannhals, 1904; Tollens, 1907) beschrieben. In neuerer Zeit sind als Ergebnis der Intensivtherapie häufiger tiefhypotherme Verläufe nach Intoxikationen überlebt worden; die Berichte stammen von Lee und Ames (1965) (7 Fälle, Barbiturat, 28,3°), Linton und Ledingham (1966) (Barbiturat, 23,0°), Fell, Gunning, Bardhan und Triger (1968) (Barbiturat, 22,0°) und Grinsted (1970) (Barbiturat, 26,4°). Weitere zusammenfassende Darstellungen mit Angaben hypothermer Verläufe gaben Barckow, Gruska, Heidrich, Humpert, Ibe und Klems (1969), Lareng, Cathala, Fardou und Jorda (1970) und Martin (1970).

Die spontane Hypothermie bei Kältetrauma

Auch für diese Hypothermieursache liegen keine eigenen Erfahrungen vor. In der Literatur wurden schon vor rund 100 Jahren Berichte über tiefe hypotherme Verläufe, die überlebt wurden, veröffentlicht, so von Reinke, 1874 (24,0°), Nicolaysen, 1875 (24,7°), Fräntzel, 1876 (24,6°) und Janssen, 1894 (22,5°). Laufman (1951) berichtete über die tiefste überlebte Hypothermie mit 18,0°, allerdings mit Kälteverlust aller vier Extremitäten. Zusammenfassende Darstellungen gaben Molnar (1946) und Schmidt (1968) beim Kältetrauma von Schiffbrüchigen und MacMillan, Corbett, Johnson, Smith, Spalding und Wollner (1967) und Cohen (1968) bei luft- bzw. schneebedingter Unterkühlung.

Die spontane Hypothermie im Schock

Im schweren Entspannungskollaps, meist infolge eines hämorrhagischen Schocks, wurden im eigenen Krankengut einige Fälle mit tief hypothermem Verlauf beobachtet, deren Kerntemperatur sich nach Beseitigung des Schocks normalisierte. Ursächlich können sich dabei Störungen der Stellglieder der Temperaturregulation mit einem reversiblen zentralen Ausfall des Reglers kombinieren, wodurch die Hypothermie quantitativ stärker ausgeprägt verläuft. Besonders betroffen sind Säuglinge und Kinder bis zum frühen Schulalter, die entsprechend eines ungünstigen Quotienten zwischen Körperoberfläche und Körpervolumen schneller in eine Hypothermie absinken als Erwachsene.

Abb. 65 zeigt die Registrierkurve bei einem 5 jährigen Kind, das im schweren hämorrhagischen Schock 4 Stunden nach einem Unfall in die Klinik eingeliefert wird. Der HB-Wert beträgt 3,8 g bei einem HK-Wert von 9%. Neurologisch besteht ein komplettes Mittelhirnsyndrom mit Dezerebration. Ursache der Ausblutung ist eine arterielle Verletzung unter dem Kinn. Bereits bei der ersten Temperaturregistrierung besteht eine Hypothermie von 34,7°. Noch während der ersten therapeutischen Maßnahmen treten Herz-

und Atemstillstand auf. Nach sofortiger erfolgreicher Reanimation bildet sich das nach dem Zwischenfall aufgetretene neurologische Bild eines Bulbärhirnsyndroms bis zur Ebene des Mittelhirnausfalles zurück. Die ebenfalls ausgefallene Temperaturregulation erholt sich, die Temperatur erreicht den Normbereich, es entwickelt sich eine der Dezerebration entsprechende Hyperthermie, als ein erneuter Atemstillstand auftritt, der unbeeinflußbar ist und inner-

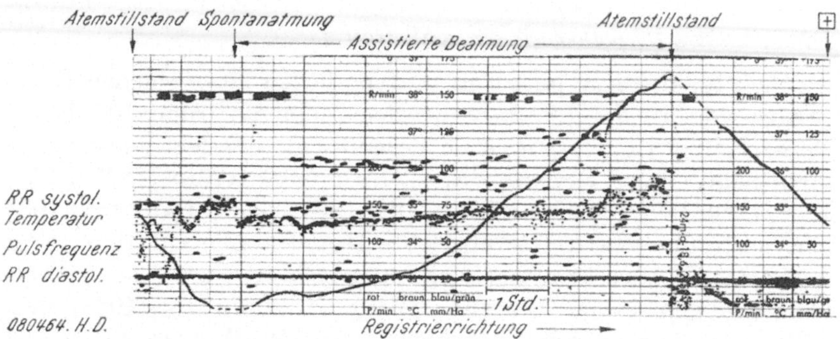

Abb. 65. Temperaturverlauf bei schwerem hämorrhagischem Schock (Kind 6 J.)

halb der folgenden Stunden zum Tode führt. Der aufgezeigte Temperaturkurvenverlauf bis zum zweiten Atemstillstand ist typisch für die Hypothermie im hämorrhagischen Schock.

Die Hypothermie im Schock ist als Ausdruck einer Schädigung der Stellglieder der Temperaturregulation anzusehen. Eine zusätzliche Schädigung des zentralen Reglers kann im Gefolge querschnittserfassender neurologischer Syndrome des Hirnstammes auftreten und stellt in jedem Fall eine prognostisch ungünstige Komplikation dar.

Die spontane Hypothermie bei querschnittserfassenden Hirnstammschädigungen

Die klinische Analyse erfaßt alle präfinalen Hypothermien; als solche werden Temperaturkurvenverläufe dann angesprochen, wenn der 36,0°-Bereich mindestens 3 Stunden unterschritten, der niedrigste Temperaturwert unter 35,0° und die Finaltemperatur unter 36,0° gelegen ist. Die präfinale Hypothermie wird dementsprechend durch zwei Faktoren — die Finaltemperatur und den präfinalen Temperaturkurvenverlauf — bestimmt. Unter der Voraussetzung, daß die Störung der Temperaturregulation um so stärker ist, je tiefer die Kerntemperatur absinkt, sind die Finaltemperaturen eingeteilt in 35,9° bis 35,0° als Ausdruck einer leichten Störung, in 34,9° bis 33,0° als stärkere Störung und in weniger als 33,0° als Ausdruck des Verlustes der Temperaturregulation, dies um so mehr, als in diesem Kollektiv Kerntemperaturwerte unter 33,0° niemals ohne äußere Wärmezufuhr ansteigen. Der Temperaturkurvenverlauf nach Unterschreiten der 36,0°-Linie ist unterschiedlich, wodurch sich weitere Hinweise auf den Grad der Beeinträchtigung der Temperaturregulation ergeben. Die Vielfalt der Kurvenverläufe kann bei der Einzelanalyse in drei Hauptformen eingeordnet werden, die durch den Verlauf undulierend als leichte Form, stufenförmig fallend als schwere Form und gleichförmig fallend als Ausdruck aufgehobener Temperaturregulation gekennzeichnet sind (Abb. 66).

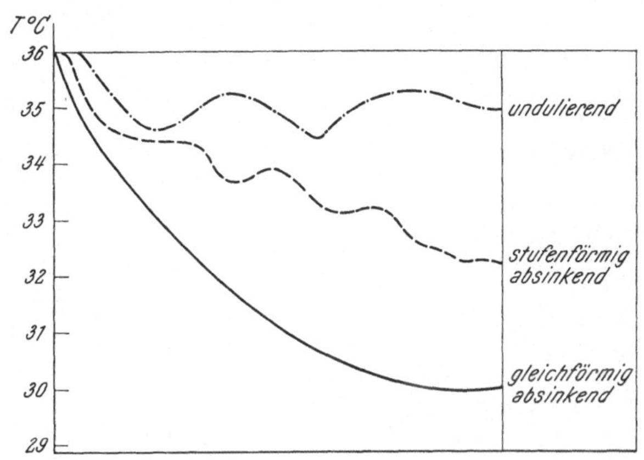

Abb. 66. Verlaufsformen der spontanen zentralen Hypothermie

Als undulierend (A) ist definiert der Temperaturabfall bis mindestens 35,0° mit einem Wiederanstieg um mindestens 1° oder das Konstanthalten des erreichten niedrigen Temperaturniveaus unter einem geringeren Anstieg als 1°.

Als stufenförmig fallend (B) sind die Kurvenverläufe bezeichnet, bei denen eine stete Progredienz durch Temperaturgleichheit über mindestens 3 Stunden (Plateaubildung) oder durch kurzfristigen Temperaturanstieg um weniger als 1° unterbrochen wird.

Als gleichförmig fallend (C) sind die Temperaturverläufe definiert, die einen steten Temperaturabfall ohne Zwischenplateau aufweisen. Bei den Gruppen B und C sind finale Plateaubildungen möglich.

Das Krankengut für diese Analyse der präfinalen Hypothermie ergibt sich aus der Untersuchung des Temperaturkurvenverlaufes bei 212 Todesfällen, innerhalb eines Zeitraumes von 30 Monaten, nach Eröffnung (August 1967) der Intensivstation der Neurochirurgischen Klinik mit den entsprechenden Einrichtungen der Intensivtherapie, einschließlich der Überwachungsanlagen. 61 Fälle (28,7%) erfüllen die Kriterien der präfinalen Hypothermie, bei drei weiteren Fällen, die nicht in das Kollektiv aufgenommen sind, liegt die Finaltemperatur zwischen 35,9° und 35,0° mit weniger als 3stündigem Verlauf unter 36,0°. Bei acht weiteren Fällen besteht eine intermittierende Hypothermie bis auf 35,0° mit Normalisierung präfinal. Diese Fälle sind ebenfalls nicht dem Hypothermiekollektiv zugeordnet worden.

Tabelle 20. *Häufigkeit der präfinalen Hypothermie bei tödlichen Verläufen der verschiedenen Diagnosegruppen (n = 212)*
(August 1967 bis Dezember 1969)

Diagnose	Gesamtzahl	Präfinale Hypothermie
Schädelhirnverletzungen	65	28 (43,1%)
Tumoren	60	9 (15,0%)
Massenblutungen (spontan)	27	8 (29,6%)
Subarachnoidalblutungen	17	3 (17,8%)
Chronische Subduralhämatome	13	1 (7,7%)
Gefäßverschlüsse	4	2 —
Entzündliche Schädigungen	5	— —
Diffuse Schädigungen	16	10 (62,5%)
Wirbelsäulen- und Rückenmarkserkrankungen	5	— —
Gesamtzahl	212	61 (28,7%)

Tab. 20 stellt die gesamte Kasuistik nach Diagnosegruppen geordnet dar. Die größte Einzelgruppe mit 65 Fällen wird durch die akuten Verletzungen gebildet, die bei 43,1% eine finale Hypothermie aufweisen und damit knapp die Hälfte aller Hypothermiefälle umfassen. In der prozentualen Beteiligung hypothermer Verläufe wird die Verletzungsgruppe nur von den akuten diffusen Hirnschäden, einschließlich akuter Hirngefäßverschlüsse, übertroffen, die in 12 (60%) von 20 Fällen final hypotherm verlaufen. Die mögliche Bedeutung der Akuität einer Schädigung für den hypothermen Verlauf wird mit 8 (29,6%) von 27 Fällen mit akuten, nichttraumatischen intrazerebralen Massenblutungen unterstrichen. Demgegenüber verlaufen akute Subarachnoidalblutungen mit 17,6% deutlich seltener hypotherm. Die chronischen Druckschädigungen des Gehirns bei Tumoren sind mit 15% etwa gleich häufig, während chronische Subduralhämatome mit 7,5% hypothermen Verläufen die geringste Beteiligung aufweisen. Entzündliche Schäden des Gehirns, als Abzesse, Empyem und Meningitis vorkommend, haben ebenso wie tödlich verlaufene Wirbelsäulen- und Rückenmarkserkrankungen keine Hypothermie. Die Unterteilung der Verletzungsgruppen läßt eine Häufung hypothermer Verläufe bei raumfordernden Hämatomen mit 52,4% erkennen. Die gedeckten Schädelhirnverletzungen entsprechen mit 41,9% etwa dem Gruppendurchschnitt, während die offenen Hirnverletzungen mit 30,8% vergleichsweise niedrig liegen. Die Tumorgruppe ist wegen der topischen Bedeutung für den hypothermen Verlauf gesondert dargestellt (Tab. 21). Eine signifikante Aussage ist wegen der kleinen Fallzahlen der einzelnen Gruppen nicht möglich, immerhin deutet sich eine Häufung bei Hypophysentumoren und seltenes Vorkommen bei Tumoren der hinteren Schädelgrube an.

Tabelle 21. *Finaltemperaturen der Tumorgruppe (n = 60)*

Tumorlokalisation	Gesamtzahl	Finaltemperatur normo- oder hypertherm	hypotherm
Großhirn	35	30	5
Hypophyse	4	2	2
3. Ventrikel	3	2	> 1
Mittellinie und Hirnstamm	4	4	
Kleinhirn	13	12	1
Brückenwinkel	1	1	—
Gesamtzahl	60	51	9 (15%)

Tabelle 22. *Finaltemperaturen und präfinaler Temperaturverlauf**

Finaltemperaturen	Präfinaler Temperaturverlauf undulierend	stufenförmig fallend	gleichförmig fallend	Gesamtzahl
35,9° bis 35,0°	11	4	—	15
34,9° bis 33,0°	5	6	7	18
unter 33,0°	—	5	23	28
Gesamtzahl	16	15	30	61

* Drei Fälle mit undulierendem Verlauf durch Wärmeapplikation sind unabhängig von der Finaltemperatur der Gruppe „gleichförmig fallend" und Finaltemperatur „unter 33,0°" zugeordnet.

Eine Einzeldarstellung der beiden Faktoren Finaltemperatur und Temperaturkurvenverlauf präfinal für das Hypothermiekollektiv zeigt die Tab. 22. Bei 15 Fällen liegt die Finaltemperatur zwischen 35,9° und 35,0°, bei 18 Fällen zwischen 34,9° und 33,0° und als Ausdruck des Verlustes der Temperaturregulation haben 23 Fälle eine Finaltemperatur unter 33,0°. Der Temperaturkurvenverlauf gehört zu je ein Viertel der Fälle der undulierenden Form als leichtem Grad und der stufenförmig fallenden als stärkerem Grad einer Temperaturregulationsstörung an. In fast der Hälfte der Fälle besteht eine gleichförmig fallende Form als Zeichen des Verlustes der Temperaturregulation. Aus der Übersicht ist erkennbar, daß undulierende Verläufe bei Finaltemperaturen unter 33,0° nicht zur Beobachtung kommen, wie auch Werte von 33,0° im Verlauf des Temperaturabfalles nicht unterschritten werden. Eine integrierende Betrachtung beider Faktoren in den verschiedenen Gruppen muß den Vorbehalt berücksichtigen, daß bei den absinkenden Verlaufsformen B und C die Finaltemperatur vom Eintritt des Todes während des Temperaturabfalles abhängig ist, das heißt, daß bei gleichförmigem, aber auch bei stufenförmigem Absinken der Kerntemperatur die bei anderen Fällen beobachteten Tiefstwerte unter 30,0° nicht erreicht werden, weil die Kranken vorher starben. Abb. 67 stellt Finaltemperatur und Temperaturkurvenverlauf in ihren Beziehungen zu den verschiedenen Diagnosegruppen graphisch dar. Die tiefsten Finaltemperaturen sind zahlenmäßig in der Gruppe akuter und diffuser Schädigungen am häufigsten. Diese Gruppen haben auch den höchsten Anteil an gleichförmigem Temperaturabfall, was eindrucksvoll bei den Verletzungen unabhängig von begleitenden raumfordernden Blutungen erkennbar wird. In der Tumorgruppe ist dagegen mit zwei Drittel der undulierenden Form sowohl nach Verlauf als auch nach Finaltemperatur mit Werten

Tabelle 23. *Alters- und Diagnosen-*

Alter (J.)	Trauma >36°>		Tumoren >36°>		Massen-blutung >36°>		Subarachnoidal-blutung >36°>		SDH chron. >36°>	
1	—	—	1	—	—	—	—	—	—	—
2— 9	3	5	6	2	—	2	1	—	—	—
10—13	2	3	2	—	—	—	—	—	—	—
14—19	2	4	2	—	—	—	1	1	—	—
20—29	6	6	2	—	—	—	1	—	—	—
30—39	1	5	3	1	1	—	—	—	—	—
40—49	4	1	8	—	5	—	2	1	—	—
50—59	8	1	13	1	3	3	5	—	2	1
60—69	7	2	13	5	9	3	3	1	7	—
70—79	4	1	1	—	—	—	1	—	3	—
80	—	—	—	—	1	—	—	—	—	—
Gesamtzahl	37	28	51	9	19	8	14	3	12	1

vorwiegend um 35,0° die Temperaturregulation am geringsten gestört.

Die Dauer der Hypothermie reicht von 3 bis 58 Stunden, mit einem Mittelwert von 21,2 Stunden. Die durchschnittliche Überlebenszeit bei hypothermen Kerntemperaturen liegt bei der Kran-

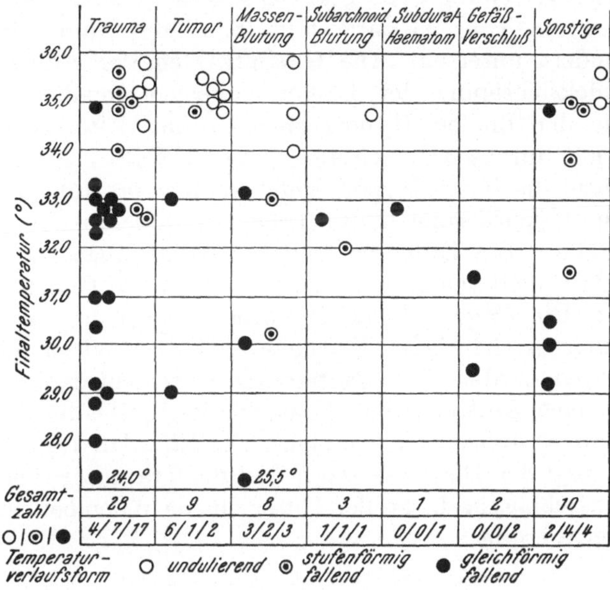

Abb. 67. Finaltemperatur, Temperaturverlaufsform und Diagnose ($n = 61$)

verteilung des Gesamtkollektivs

Gefäß-verschl.		Entzdl. Veränd.		Diffuse Schädg.		WS u. RM Erkrankg.		Gesamt-Zahl		
>36°	>	>36°	>	>36°	>	>36°	>	>36°	>	>36° >
—	—	—	—	1	3	—	—	2	3	
—	—	—	—	1	1	—	—	11	10	
—	—	—	—	—	—	—	—	4	3	} 40 35 (46,7%)
—	—	—	—	—	1	—	—	5	6	
—	—	—	—	2	1	—	—	11	7	
—	—	1	—	1	—	—	—	7	6	
2	2	1	—	—	—	—	—	22	4	
—	—	—	—	1	2	2	—	34	8	
—	—	2	—	—	1	3	—	44	12	} 111 26 (23,4%)
—	—	1	—	—	1	—	—	10	2	
—	—	—	—	—	—	—	—	1	—	
2	2	5	—	6	10	5	—	151	61	

kengruppe mit undulierendem Verlauf mit 28,7 Stunden deutlich über den beiden anderen Gruppen mit zusammen 18,5 Stunden. Demgegenüber bieten die mittleren Überlebenszeiten, nach Finaltemperaturen ermittelt, für die aufgeführten drei Temperaturverlaufsgruppen mit 19,6, 21,5 und 22,0 Stunden keinen signifikanten Unterschied.

Die Altersverteilung der Gesamtkasuistik in ihrer Relation zur Diagnose ist in Tab. 23 dargestellt. Säuglings- und Kindesalter sind gesondert unterteilt. Die Gesamtzahlen der Altersgruppen, ohne Berücksichtigung der Diagnose, zeigen annähernd gleiche Häufigkeit der finalen Hypothermie in den Altersgruppen bis 39 Jahre mit durchschnittlich 46,7% bei 75 Fällen. Ab 40 Jahren tritt dagegen die finale Hypothermie weniger oft auf. Der durchschnittliche Hypothermieanteil beträgt von diesem Alter an 23,4% bei 137 Fällen. Die Differenz beider Altersgruppen ist mit 99% Wahrscheinlichkeit (nach der χ-Quadrat-Methode berechnet) hoch signifikant. Die Frage, ob die Hypothermie bei älteren Kranken deshalb nicht so häufig in Erscheinung tritt, weil sie insgesamt früher sterben, ergibt keine signifikanten Unterschiede in der Überlebenszeit nach Auftreten der Akutschädigung (bis 39 Jahre 66,3 Stunden, ab 40 Jahre 61,1 Stunden). Die Einzelanalyse unter Berücksichtigung der Diagnose zeigt, daß die Traumagruppe den alleinigen Ausschlag für die großen Unterschiede in den beiden Hauptaltersgruppen ergibt.

Tabelle 24. *Analyse von Lebensalter und Finaltemperatur bei nichttraumatischen (a) und traumatischen (b) Schäden*

Alter	a $>36,0°>$		Gesamt-Z.	b $>36,0°>$		Gesamt-Z.
bis 39 Jahre	26	12	38	14	23	37
ab 40 Jahre	88	21	109	23	5	28
Gesamtzahl	114 77,6%	33 22,4%	147 100%	37 56,9%	28 43,1%	65 100%

Die Untersuchung des Kollektivs ohne die Traumagruppe (Tab. 24a) zeigt bis 39 Jahre in 12 von 38 und ab 40 Jahre in 21 von 109 Fällen eine präfinale Hypothermie. Diese Zahlen sind nur mit 95%iger Sicherheit signifikant. Die Betrachtung der nicht traumabedingten einzelnen Schädigungsgruppen läßt dagegen keine Signifikanz erkennen. Die isolierte Betrachtung der Traumagruppe (Tab. 24b) zeigt eine deutliche Bevorzugung des jüngeren Lebensalters bis 39 Jahre für präfinale hypotherme Verläufe mit einer Sicherheit von 99%. Die graphische Darstellung von Altersverteilung, Finaltemperatur und Temperaturkurvenverlauf (Abb. 68) läßt die relativ hohen Finaltemperaturen in der Gruppe mit undulierendem Temperaturverlauf wiederum gut sichtbar werden, ohne daß eine Altersabhängigkeit zu erkennen ist. Finaltemperaturen von 31,0° und darunter sind in den ersten drei Dezennien mit 12 von 29 Fällen häufiger als im späteren Lebensalter, sonstige signifikante Unterschiede sind in der Altersabhängigkeit nicht erkennbar.

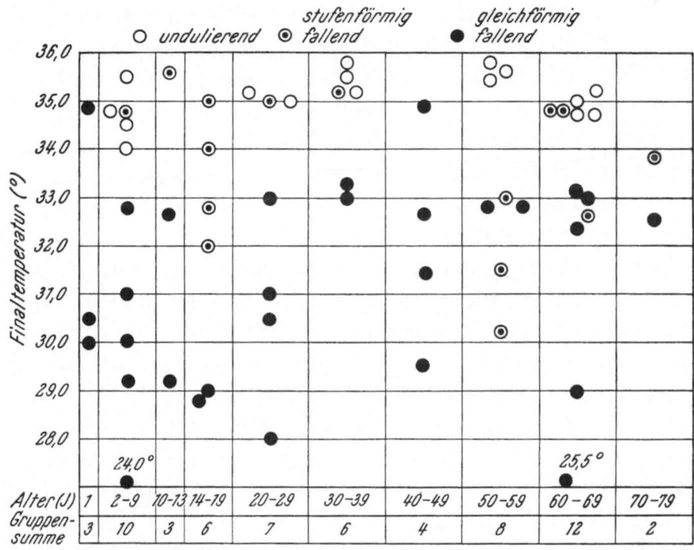

Abb. 68. Finaltemperatur, Temperaturverlaufsform und Altersverteilung ($n = 61$)

Eine Geschlechtsdisposition ist weder bei Betrachtung des gesamten Hypothermiekollektivs noch seiner verschiedenen Diagnosegruppen zu erkennen. Von den 61 Hypothermiefällen, die 28,7% aller registrierten Finaltemperaturen ausmachen, sind 38 Männer und 23 Frauen. Bei einem Anteil von 131 Männern und 81 Frauen in der Ausgangsgruppe sind die entsprechenden Prozentzahlen 29,0 und 27,6%.

Erwartungsgemäß ist der Ernährungszustand der Kranken ohne Einfluß auf Auftreten und Verlauf der Hypothermie. Bei 39 Patienten ist der Ernährungszustand gut bis sehr gut und nur 15 mal mäßig bis schlecht. Bei 7 Fällen ist der Ernährungszustand nicht vermerkt.

Die Lokalisation der Krankheitsursache nach Unterteilung in supra- und infratentoriell, zentral und diffus, mit und ohne Hydrozephalus zeigt mit nur 5 Fällen von Hydrozephalus dessen geringe ursächliche Bedeutung für das Auftreten einer Hypothermie. Die Hauptbedeutung besitzen ursprünglich supratentoriell gelegene Prozesse in der Phase der Dekompensation (30) und diffuse Schädigungen (20), die besonders bei der Traumagruppe angenommen wurden. Rein zentrale mittelliniennahe Lokalisation des Grundprozesses besteht bei 5 Fällen, und nur bei einem Fall ist die Lokalisation des Grundprozesses im Bereich der hinteren Schädelgrube gelegen.

Zum Zeitpunkt des Beginns der Hypothermie bieten lediglich 6 Patienten keine Hinweise auf gesteigerten Hirndruck, es sind 2 direkte Hypothalamusschäden bei einer fronto-basalen Enzephalozele und einem großen nach suprasellär reichenden Hypophysentumor. 4 weitere Fälle betreffen diffuse Schädigungen bei postoperativer zerebraler Hypoxie bei Zerebralsklerose, einer Masernenzephalitis und einem Gefäßverschluß im Hirnstamm.

Aus der Anamnesendauer der Grunderkrankung lassen sich Zusammenhänge zur Hypothermie nicht erkennen, nicht zuletzt wegen der mit 36 Fällen mehr als die Hälfte des Kollektivs betreffenden Akutschädigungen innerhalb von Stunden. 6 weitere Fälle haben eine Anamnese bis zu 1 Woche, 3 bis zu 1 Monat. Bei 11 Fällen reicht die Anamnese der Grunderkrankung 1 Jahr und bei 5 Fällen mehr als 1 Jahr zurück. Die Dauer zwischen Auftreten der „Noxe" als Akutschädigung oder akuter Verschlechterung eines chronischen Krankheitsbildes und Beginn der Hypothermie liegt in mehr als der Hälfte (34) der Fälle innerhalb der ersten 24 Stunden, davon in 12 Fällen innerhalb 6 Stunden. Bei 10 weiteren Fällen beträgt der Zeitraum bis 96 Stunden, 12 Fälle lagen darüber, bei 5 Fällen war der Zeitpunkt der Noxe nicht festzulegen. Das heißt aber, daß auch hier die Bedeutung der Akutschädigung für das Auftreten einer spontanen Hypothermie erkennbar wird.

Der neurologische und psychische Befund zu Beginn der Hypothermie ist einer eingehenden Analyse unterzogen worden. Genauere Angaben über die Art der Bewußtseinsstörung fanden sich in 57 Fällen (die Einteilung des Grades der Bewußtseinsstörung erfolgt in Anlehnung an JELLINGER, 1968). Ein Koma besteht bei 54 Fällen, davon 36 mal (60%) ohne Abwehrreaktion auf Schmerzreize. Nur 3 Patienten haben eine Bewußtseinsstörung mit gezielter Abwehr als Ausdruck einer geringergradigen Alteration der Bewußtseinssphäre. Alle drei Fälle betreffen Kleinkinder unter 1 Jahr, zweimal bei hochgradigem Hydrozephalus und einmal bei einem zentralen Versagen 18 Stunden nach Operation einer ausgedehnten fronto-basalen Enzephalozele. Diese Fälle bestätigen erneut die geringe Belastungsbreite der Temperaturregulation im frühen Säuglingsalter, wodurch schon bei leichteren zentralen Versagenszuständen, die noch nicht zum Koma führen, die Kerntemperatur absinken kann.

Angaben über das Pupillenverhalten bei Beginn der Hypothermie sind in 42 Fällen verwertbar. Keiner der registrierten Fälle weist normale Weite oder Reaktion auf, die bei 3 Fällen mit Anisokorie verzögert ist. Dagegen ist in 39 Fällen die Pupillenreaktion erloschen, davon 32 mal bei seitengleicher Mydriasis, 1 mal bei Miosis und 6 mal bei Anisokorie. Der Kornealreflex ist unter 45 registrierten Fällen 1 mal normal (bei einem der drei Säuglinge), 3 mal doppelseitig und 4 mal einseitig abgeschwächt und in 37 Fällen beiderseits erloschen.

Das Verhalten des Muskeltonus ist in allen 46 registrierten Fällen pathologisch. Die häufigste Erscheinung betrifft mit 35 Fällen den totalen Tonusverlust, 8 mal besteht eine allgemeine Strecktonuserhöhung, in 3 weiteren Fällen ist eine Beugetonuserhöhung der Arme bei schlaffem Beintonus (zweimal) und eine Strecktonuserhöhung der Beine bei schlaffem Armtonus nachweisbar.

Die Extremitätenreflexe zu Beginn des hypothermen Verlaufes sind 41 mal vermerkt, wobei nur zweimal normales Reflexverhalten registrierbar ist. 28 mal sind alle Reflexe erloschen, davon einmal bei nachweisbaren Pyramidenbahnzeichen. In 4 weiteren Fällen besteht eine allgemeine Reflexabschwächung. 7 mal sind die Extremitätenreflexe bei nachweisbaren Pyramidenbahnzeichen gesteigert und nur 2 mal normal auslösbar.

Die vegetativen Parameter, systolischer Blutdruck, Pulsfrequenz und Atemverhalten, sind für die Phase des Hypothermiebeginns ebenfalls aufgeschlüsselt.

Bei 28 Fällen ist vorher ein irreversibler Atemstillstand aufgetreten, der kontrollierte Beatmung erforderlich macht. 16 mal ist die Atmung nach Frequenz und Atemform normal. 6 maliger Atemverlangsamung mit Frequenzen unter 12/Min. stehen 4 mal Atembeschleunigungen über 30/Min. gegenüber. In 6 weiteren Fällen ist eine assistierte Beatmung erforderlich.

Das Kreislaufverhalten zu Beginn der spontanen Hypothermie ist in 18 Fällen durch einen Kollaps mit systolischen Werten unter 80 mm Hg gekennzeichnet und erfordert eine medikamentöse Unterstützung. In 5 weiteren Fällen liegt der Blutdruck systolisch zwischen 80 und 99 mm Hg und 19 mal zwischen 100 und 139 mm Hg. 11 mal liegt der systolische Wert zwischen 140 und 169 mm Hg. und nur 3 Fälle haben höhere Werte als 170 mm Hg systolisch. Die Pulsfrequenz neigt noch stärker zu Normalwerten, der Frequenzbereich von 70 bis 119/Min. ist bei 28 Fällen nachweisbar. 5 Fälle haben Frequenzen zwischen 60 und 69/Min. und nur 1 Fall unter 60/Min. In 22 Fällen liegt die Frequenz über 120/Min., davon 6 mal über 140/Min.

Die integrierende Betrachtung von systolischem Blutdruck und Pulsfrequenz zu Beginn der Hypothermie zeigt bei 56 Fällen (Tab. 25), für die beide Parameter registriert sind, nur in 10 Fällen

Tabelle 25. *Verhalten von RR (systolisch) und Pulsfrequenz bei Beginn der spontanen Hypothermie*

RR systol. (mm Hg)		Pulsfrequenz/Min.				Gesamtzahl
	unter 60	60—69	70—119	120—139	140—159	
unter 80	—	2	8	6	2	18
80— 99	—	—	2	3	—	5
100—139	1	2	10	3	3	19
140—169	—	1	5	4	1	11
170	—	—	3	—	—	3
Gesamtzahl	1	5	28	16	6	56

den gleichzeitigen Normbereich von systolischem Blutdruck 100 bis 139 mm Hg und Pulsfrequenz 70 bis 119/Min. Aus der Tabelle ist ersichtlich, daß die Steigerung der Pulsfrequenz in dieser Phase die größere Bedeutung besitzt als die Pulsverlangsamung und daß die Kreislaufhypotonie im Verhältnis von etwa 3 : 2 zur Hypertonie steht. Die Analyse von Kreislauf und Hypothermie zeigt darüber hinaus, daß der anhaltende Kollaps, der durch eine Vita minima des Kreislaufs längere Zeit überlebt wird, zu einem deutlichen Absinken der Kerntemperatur führen kann oder mit dieser parallel geht. Ein ausgeprägtes Absinken der Kerntemperatur ist andererseits ohne jede oder nur mit geringer Kreislaufdepression möglich.

Eine Zusammenstellung nach dem vegetativen Hauptparameter, der zuerst ausgefallen ist, ergibt für den Ausfall der Spontanatmung den höchsten Wert mit 22 Fällen. Der Kreislaufzusammenbruch ist hingegen nur 10 mal erstes vegetatives Ausfallsymptom. Die Temperaturregulation ist bei 21 Fällen annähernd gleich häufig wie der Atemausfall zuerst betroffen. In 8 Fällen erfolgt ein gleichzeitiger Ausfall der drei vegetativen Hauptparameter, es handelt sich stets um Schädelhirnverletzungen, 7 mal im Stadium des Bulbärhirnsyndroms und 1 mal im Mittelhirnsyndrom mit nachfolgendem Übergang ins Bulbärhirnsyndrom, das heißt, daß das gleichzeitige Auftreten von Störungen der Atmung, des Kreislaufes und der Temperaturregulation als absolut infaustes Zeichen zu werten ist.

Die die Blutchemie wesentlich bestimmenden Faktoren pH, PCO_2, Basenüberschuß und akt. Bikarbonat, sind bei den meisten

Fällen routinemäßig mehrfach untersucht. Tab. 26 gibt einen Einblick in das blutchemische Verhalten während des hypothermen Verlaufes. Die metabolische Azidose ist bei 34 Fällen nachweisbar, davon 31 mal isoliert und 3 mal mit einer respiratorischen Azidose kombiniert. Demgegenüber haben 7 Fälle eine respiratorische Azidose. Die Bedeutung der Alkalose — respiratorisch oder metabolisch — tritt mit 3 Fällen deutlich zurück. In 4 Fällen finden sich während des ganzen hypothermen Verlaufes Normalwerte. Der hohe Anteil metabolischer Azidose weist auf eine wechselseitige Beteiligung von Stoffwechsel und Hypothermie hin. Korrelationen

Tabelle 26. *Blutchemisches Verhalten während der spontanen Hypothermie bei den verschiedenen Verlaufsformen*

| | | Temperaturverlaufsform | | | Gesamt-zahl |
		undulierend	stufenförmig fallend	gleichförmig fallend	
	metabolisch	9	7	15	31
Azidose	respiratorisch	1	2	7	10
	gemischt	—	1	2	3
Alkalose	metabolisch	—	2	—	2
	respiratorisch	1	—	—	1
Normalwerte		3	1	—	4
Nicht untersucht		2	2	6	10
Gesamtzahl		16	15	30	61

zwischen Ausmaß der Azidose und der Körpertemperatur sind in keiner Phase des hypothermen Verlaufes zu erkennen. So verlaufen extreme Azidosen mit pH-Werten um 7,0 und einem Basendefizit von 20,0 mit Temperaturen — auch final — um 35,0°, wie auch Temperaturen bis 31,0° mit geringen Störungen einhergehen. Besonders hervorzuheben sind die 4 Fälle, die in keiner Phase des hypothermen Verlaufes pathologische Werte zeigen.

Das EEG ist zum Zeitpunkt des Hypothermiebeginns oder kurz danach in 25 Fällen abgeleitet. 10 mal besteht ein Nullinien-EEG in allen Ableitungen als Ausdruck des Verlustes der hirnelektrischen Tätigkeit, in 4 weiteren Fällen ist der Kurvenverlauf abgeflacht als Ausdruck einer Verminderung der Aktivität. 11 mal bestehen schwere Allgemeinveränderungen mit Deltawellen über allen Hirnregionen, teils mit Betonung über den primär geschädigten Hirngebieten. Bei 38 Fällen ist im Verlauf der Hypothermie der EEG-Befund teilweise mehrfach erhoben worden. 28 mal findet sich ein Nullinien-EEG bei einem neurologischen Befund, der 2 mal einem kompletten Mittelhirnsyndrom, 6 mal einem inkompletten und 20 mal einem kompletten Bulbärhirnsyndrom entspricht und

damit zum Syndrom des zentralen Todes überleitet. In 10 Fällen
ist noch eine hirnelektrische Tätigkeit nachweisbar, davon 7 mal
mit langsamen Deltawellen. 5 dieser Fälle bieten neurologisch ein
komplettes Mittelhirnsyndrom, 2 ein inkomplettes und 3 ein komplettes Bulbärhirnsyndrom mit Atemstillstand. Der tiefste Kerntemperaturwert bei noch erhaltener hirnelektrischer Tätigkeit liegt bei
29,0°, die übrigen bei 32,0°, 33,0°, 33,7°, 33,9°, 34,6° und über 35,0°.

Die neurologischen Befunde sind den heute als Syndromursachen
anerkannten Schädigungsbereichen (unter anderen CAIRNS, 1952;
MOLLARET, BERTRAND und MOLLARET, 1959; MOLLARET, 1962;
MÜLLER, 1965; MAYER, 1968) zugeordnet. Dabei ergibt sich, daß
der Beginn der Hypothermie einmal im Vorstadium III des Mittelhirnsyndroms (nach GERSTENBRAND, 1967) und 15 mal unter dem
Vollbild des Mittelhirnsyndroms erfolgt. In 15 weiteren Fällen ist
die Ebene der Vestibulariskerne betroffen, unter dem klinischen
Bild des inkompletten Bulbärhirnsyndroms. Ein komplettes Bulbärhirnsyndrom mit Atemstillstand als Leitsymptom nach voran-
gegangenem Koma besteht bei 25 Fällen. Nur fünfmal, davon bei
den drei mehrfach erwähnten Säuglingen und bei einem Fall mit
einem unbeeinflußbaren Kollaps infolge schwerer diffuser intesti-
naler Blutung, ist kein neurologischer Schädigungsbereich feststell-
bar. Tab. 27 zeigt das Verhalten des neurologischen Syndroms vom

Tabelle 27. *Neurologisches Syndrom („Schädigungsebene")
zu Beginn der Hypothermie und präfinal*

Beginn der Hypothermie		Gesamtzahl	Präfinal			
			Dezerebration		Bulbärhirnsyndrom	
			inkompl.	kompl.	inkompl.	kompl.
Dezerebration	inkomplett	1	—	—	1	—
	komplett	15	—	7	1	7
Bulbärhirn-	inkomplett	15	—	—	9	6
syndrom	komplett	25	—	—	—	25
Gesamtzahl		56	—	7	11	38

Beginn der spontanen Hypothermie bis unmittelbar präfinal. Unter
56 Fällen mit eindeutigen Merkmalen der verschiedenen neurologischen Syndrome bleiben 41 mal die Befunde auf den Schädigungsbereich bezogen konstant, und zwar 7mal beim Mittelhirnsyndrom, 9-mal bei inkomplettem und 25 mal bei komplettem
Bulbärhirnsyndrom. Die größte Umwandlungsquote im Sinne der
Verschlechterung zeigen die Mittelhirnsyndrome mit 9 von 16 Fällen, die 2 mal in das inkomplette und 7 mal in das komplette
Bulbärhirnsyndrom übergehen. Von 15 inkompletten Bulbärhirn-
syndromen leiten 6 zum kompletten Bulbärhirnsyndrom über.

Tab. 28 zeigt die entsprechende Gruppeneinteilung in Beziehung zum Temperaturverlauf, wobei die freien Zahlen den Befund bei Beginn der Hypothermie und die in Klammer gesetzten Zahlen den präfinalen Befund darstellen. Der eine Fall mit inkomplettem Mittelhirnsyndrom zeigt einen gleichförmigen Temperaturabfall mit späterem Übergang in das inkomplette Bulbärhirnsyndrom.

Tabelle 28. *Beziehungen zwischen neurologischer „Schädigungsebene"* *zu Beginn der Hypothermie und Hypothermieverlaufsform*

„Schädigungsebene"	Temperaturverlaufsform undulierend	stufenförmig fallend	gleichförmig fallend	Gesamtzahl
Inkomplette Dezerebration („dienzephal")	—	—	1 (0)	1 (0)
Komplette Dezerebration („mesenzephal")	5 (4)	4 (0)	6 (3)	15 (7)
Inkomplettes Bulbärhirnsyndrom („pontin")	6 (5)	5 (5)	4 (1)	15 (11)
Komplettes Bulbärhirnsyndrom („bulbär")	4 (6)	5 (9)	16 (23)	25 (38)
Gesamtzahl	15	14	27	56

Zahlen in Klammern entsprechen „Schädigungsebene" präfinal.

Die 15 Fälle mit komplettem Mittelhirnsyndrom bei Beginn der Hypothermie haben etwa gleich häufig die verschiedenen Temperaturverlaufsformen, die präfinal im Mittelhirnsyndrom verbleibenden 7 Fälle zeigen 4mal den undulierenden Verlauf als leichte Störung der Temperaturregulation und bei 3 Fällen den gleichförmig abfallenden Verlauf. Alle drei Fälle sind akute Schädigungen, zweimal durch ein gedecktes Schädelhirntrauma und einmal durch eine spontane intrazerebrale Massenblutung. Auch bei den inkompletten Bulbärhirnsyndromen ist die Verteilung der Temperaturverlaufsformen annähernd gleich, wobei elf neurologisch auf das Syndrom beschränkt bleibende Fälle anteilig den undulierenden und stufenförmig fallenden Verlauf zeigen. Das komplette Bulbärhirnsyndrom, mit 25 Fällen bei Beginn der Hypothermie am stärksten in der Gesamtgruppe vertreten, weist als Ausdruck einer erheblichen Störung bis zum Verlust der Temperaturregulation 21 Fälle mit abfallendem Verlauf auf, davon 16 gleichförmig, nur 4 Fälle aus dieser Gruppe haben einen undulierenden Verlauf.

Besondere Beachtung wurde der Frage gewidmet, ob zusätzlich äußere Ursachen für das Absinken in den hypothermen Bereich in Betracht kommen. Dies konnte in 15 Fällen zumindest teilursächlich gesichert werden. Es handelt sich um Kälteapplikationen

durch Verminderung der Raumtemperatur (4 Fälle), Alupent-®
Medikation zur Öffnung der Kreislaufperipherie bei Kreislaufzentralisation oder zusätzlicher medikamentöser Therapie bei
Kreislaufkollaps (6 Fälle), bei 5 Fällen wird die Hypothermie durch
die Anästhesie eingeleitet und bleibt postoperativ bestehen.

Der Einfluß der Raumtemperatursenkung auf das Temperaturverhalten ist im Abschnitt Kältebelastung beschrieben.

Die Anwendung von Alupent, einem Betarezeptoren-spezifischen Sympathikomimetikum mit positiv inotroper und positiv
chronotroper Wirkung, erfolgt außer bei Kreislaufzentralisation
zur Öffnung der Kreislaufperipherie auch bei medikamentöser
Kreislaufunterstützung mit Katecholaminpräparaten. Durch Öffnung der Peripherie sind besonders Kleinkinder von dem Wärme-
verlust bedroht. In sechs Fällen ist ein direkter Zusammenhang des
Beginns der Hypothermie mit einer Alupent-Tropfinfusion erkennbar. Der Temperaturverlauf gehört je zweimal der undulierenden,
der stufenförmigen und der gleichförmig fallenden Form an. Das
weitere Absinken der Kerntemperatur, auch nach Absetzen der
Alupent-Medikation zeigt, daß die Wirkung des Alupents, trotz des
zeitlich gesicherten Zusammenhangs, lediglich als Begleitursache
angesehen werden kann.

Die intraoperativ eingeleitete, postoperativ anhaltende Hypothermie findet sich im Kollektiv bei fünf Fällen. Sie betreffen im einzelnen ein schweres gedecktes Schädelhirntrauma, bei dem nach
der Probetrepanation postoperativ ein allgemeiner vegetativer Zusammenbruch mit Atemstillstand, Kreislaufkollaps und Temperatursenkung binnen 3 Stunden auf 32,0° erfolgt. Weiterhin ist ein
Hypophysentumor mit suprasellärer Ausbreitung beteiligt, bei
dem sich postoperativ eine schwere diabetische Stoffwechsellage
mit entsprechender metabolischer Azidose entwickelt, die Hypothermie ist unbeeinflußbar. Der präoperative Wert liegt bei 36,0°.
Die Narkosedauer beträgt 217 Min., die rektale Temperatur am
Operationsende 35,4°. Der postoperative Temperaturverlauf ist
undulierend mit einem Tiefstwert von 34,2° und einer Finaltemperatur von 35,0°. Bei einem weiteren Fall einer schweren gedeckten
Schädelhirnverletzung ist nach der Operation die Kerntemperatur
auf 34,5° abgesunken, die Finaltemperatur beträgt 33,0°. Als Begleitursache der Hypothermie ist die Anästhesie bei drei Fällen anzusehen, bei einem weiteren Fall ist am allgemeinen vegetativen
Zusammenbruch von Atmung und Kreislauf auch die Temperaturregulation beteiligt. Alle fünf Fälle dieser Gruppe haben bei den blut-
chemischen Untersuchungen eine Azidose, die dreimal metabolisch
und zweimal gemischt respiratorisch-metabolisch ist.

E. Diskussion der Ergebnisse

Ausgangspunkt der vorliegenden Untersuchungen war die klinische Beobachtung isolierter oder kombinierter Normabweichungen der drei vegetativen Hauptfunktionen von Atmung, Kreislauf und Körpertemperatur in Abhängigkeit von umschriebenen oder diffusen Hirnstammschädigungen. In einer zusammenfassenden Darstellung hatte aus dem Arbeitskreis der Gießener Neurochirurgischen Klinik PIA (1957) erste Hinweise auf Zusammenhänge bestimmter Funktionsmuster gegeben, die von SEEGER (1968) für die Atemfunktion näher geklärt werden konnten. Entsprechende Analysen des Kreislaufverhaltens (LORENZ) und des Eiweißstoffwechsels (BAUER) stehen vor dem Abschluß.

Die Temperaturuntersuchungen wurden mit dem Ziel durchgeführt, den Verlauf, die Reaktion auf innere und äußere Belastung der Regelung und, wenn möglich, kausale Faktoren verschiedener zentralbedingter Temperaturabweichungen hyperthermer und hypothermer Art zu analysieren und eine Korrelation zum jeweiligen Funktions- oder Schädigungsniveau im Hirnstamm zu finden. Darüber hinaus sollten ältere Auffassungen über besondere Merkmale zentraler Temperaturabweichungen überprüft und der Frage therapeutischer Beeinflussung und prognostischer Aspekte nachgegangen werden.

Die Analyse der zentralen *Hyperthermie* ergab drei ätiologisch zu differenzierende Formen mit unterschiedlichem Temperaturkurvenverlauf:

1. eine spezielle funktionelle Form ohne anatomisches Korrelat nach zentralen operativen Eingriffen mit Eröffnung der großen Liquorräume

2. bei direkter morphologischer oder funktioneller Schädigung im hypothalamusnahen Bereich und

3. bei Mittelhirneinklemmung im Tentoriumschlitz mit Dezerebration.

Einige spezielle Gesichtspunkte einer zentralen Hyperthermie nach gedeckten Schädelhirnverletzungen wurden gesondert betrachtet.

Für die zentrale *Hypothermie* konnten drei typische Verlaufsformen in enger Beziehung zu funktionellen oder morphologischen Ausfällen im Hirnstamm in querschnittserfassender Ausdehnung differenziert werden.

Die Bezeichnung Hyperthermie wird im Gegensatz zur Definition der Physiologen für alle zentral bedingten Temperatursteigerungen beibehalten, um eine klare Unterscheidung gegen nicht zentral bedingte Temperatursteigerungen, die als Fieber bezeichnet sind, schon vom Begriff her auszudrücken. Dies ist um so wichtiger, als sowohl in der fremdsprachlichen wie in der deutschsprachlichen Literatur fast ausnahmslos von „zentraler Hyperthermie" und nur vereinzelt von „zentralem Fieber" gesprochen wird. THAUER (1939) hatte als Fieber Temperatursteigerungen bezeichnet, die durch Infektionserreger oder andere Ursachen Störungen des Wärmeregulationsmechanismus hervorrufen und den Begriff Hyperthermie auf Temperatursteigerungen beschränkt, die infolge Überschreitens der Leistungsgrenzen des Wärmeregulationsapparates auftreten. Entsprechend bezeichnete HENSEL (1955) unter Anwendung der Begriffe aus der Regelungstechnik als Hyperthermie ein Überschreiten des Stellbereiches der Stellglieder oder eine Störung oder Änderung der Stellglieder, währenddem als Fieber eine Temperaturerhöhung infolge einer Verstellung des Reglers selbst definiert wurde.

Von der unspezifischen Temperaturerhöhung, die nach Operationen jeder Art — auch im Bereich des Zentralnervensystems — auftritt und etwa 38° erreicht, läßt sich eine spezielle *funktionelle hypertherme* Verlaufsform eindeutig differenzieren. TÖNNIS (1959) beschrieb erstmals ihren Zusammenhang mit der Eröffnung der großen zerebralen oder spinalen Liquorräume, nachdem KAUTZKY und ULLRICH (1951) ohne Bezugnahme auf die Eröffnung der Liquorräume in einer sorgfältigen Studie unterschiedliche Höchstwerte der postoperativen Hyperthermie den verschiedenen Lokalisationen des Eingriffsortes zugeordnet hatten. Die eigenen Untersuchungen konnten die Ansicht von TÖNNIS bestätigen.

Bei der speziellen Hyperthermieform verläuft der Temperaturanstieg nahezu sinusförmig mit einem erkennbaren Umschlagpunkt im ansteigenden Schenkel. Der Gipfelpunkt liegt bevorzugt zwischen 39,0° und 40,0°, der Temperaturabfall bis in den Bereich der unspezifischen Temperaturerhöhung (etwa 38,0°) erfolgt innerhalb weniger Stunden. Der allmähliche Ablauf aller Mechanismen der Temperaturregulation zeigt sich daran, daß weder während des Temperaturanstieges Kältezittern noch während des nachfolgenden Absinkens der Temperatur Schwitzen auftritt. Insofern unterscheidet sich diese Hyperthermieform von der Begleitsymptomatik eines akuten pyrogenen Fieberanfalls. Die identische geometrische Form beider Temperaturverlaufskurven läßt dagegen eine qualitativ gleichartige und nur quantitativ verschiedene Ursache der Temperaturveränderung vermuten. Beide Verlaufskurven erscheinen auch bei optischer Analyse reguliert und unterscheiden sich insofern etwa von der Dezerebrationshyperthermie. Die Stärke der Regelung bei der postoperativen Hyperthermie wird am geringen Einfluß antipyretischer Maßnahmen erkennbar, die unabhängig von ihrer Wirkungsweise — medikamentös und/oder physikalisch — den Temperaturverlauf nur vorübergehend für maximal 60 Minuten beeinflussen können. Der nachfolgende weitere Anstieg der Temperatur verläuft solange um so steiler, bis die virtuelle, das heißt durch Regelung eingestellte Kurve erreicht wird. Die Beteiligung der übrigen vegetativen Einzelfunktionen beschränkt sich bei dieser Hyperthermieform auf eine mäßige Tachykardie, manchmal eine leichte Beschleunigung der Atemfrequenz.

Bei der Ursachenanalyse ist es, dem funktionellen Charakter dieser Hyperthermieform entsprechend, naheliegend, einen humoralen Mechanismus mit einer Verstellung des zentralen Reglers zu diskutieren. Endotoxin scheint als Ursache dieser gemäßigten Verlaufsform auszuscheiden, weil der Temperaturanstieg im typischen Endotoxinfieber, wie in Übereinstimmung mit Befunden von FAVORITE und MORGAN (1942), GERBRANDY, CRANSTON und SNELL (1954) und CRANSTON (1959) gezeigt werden konnte, nicht nur steiler mit erheblichen Reaktionen der Temperaturregulationsmechanismen verläuft, sondern auch von Kreislaufveränderungen, insbesondere hoher Pulsbeschleunigung und ausgeprägter Atemfrequenzsteigerung, begleitet wird. Diese heftig ablaufenden vegetativen Begleitreaktionen fehlen bei der speziellen postoperativen Hyperthermie.

Seit der Einbeziehung der biogenen Amine (Literatur bei EICHENBERGER, 1966) in die Untersuchungen zur experimentellen Fiebererzeugung ergeben sich auch für die Ursachen der zentralen postoperativen Hyperthermie neue Aspekte. So konnten AMIN, CRAWFORD und GADDUM (1954) und VOGT (1954) im Hypothalamus Nor-Adrenalin und 5-Hydroxytryptamin (Serotonin) in hoher Konzentration nachweisen. BRODIE und SHORE (1957), v. EULER (1961) und FELDBERG und MYERS (1963) vermuteten, daß diese Amine an der Temperaturregulation beteiligt sind. Die letztgenannten Autoren (s. unter FELDBERG) konnten bei Katzen, später auch bei Hunden und Affen durch intraventrikuläre oder intrahypothalamische Injektion von 5-Hydroxytryptamin einen Temperaturabfall herbeiführen. COOPER, CRANSTON und HONOUR (1965) fanden gegenteiliges Verhalten bei intraventrikulärer Injektion an Kaninchen, ein Befund, der von ANDERSSON, JOBIN und OLSSON (1966) und von BLIGH (1966) an Schafen erhoben werden konnte. Weitere Versuche mit Azetylcholin, kürzlich von BECKMAN und CARLISLE (1969) durchgeführt, ergaben bei der Ratte nach Injektion in das Ventrikelsystem und den vorderen Hypothalamus Temperatursteigerungen. In einer neueren Arbeit bestätigt FELDBERG (1969) die unterschiedliche Auswirkung der Injektion von 5-Hydroxytryptamin und den beiden Katecholaminen Adrenalin und Nor-Adrenalin auf die Temperaturregulation verschiedener Tierarten. Zusammenhänge zwischen Monoaminverschiebungen und zentraler Temperaturregulation werden auch von GIARMAN, TANAKA, MOONEY und ATKINS (1968) in einer vorsichtigen Stellungnahme zu eigenen tierexperimentellen Ergebnissen vermutet.

In der Humanpharmakologie ist die Wirkung der Neuroleptika aus der Reserpin- und Phenothiazinreihe auf die Monoamine Serotonin und Dopamin bekannt, die durch Monoamino-Oxydase-Vermehrung in stärkerem Maße abgebaut oder durch Permeabilitätshemmung an den intrazerebralen Grenzflächen vermindert aufgenommen werden. Besonders die Phenothiazinderivate haben eine stoffwechseldrosselnde und temperatursenkende Wirkung, ein Effekt, der zur Entwicklung und klinischen Anwendung der potenzierten Narkose führte (LABORITT und HUGUENARD, 1954). Danach kann im Analogieschluß eine Verschiebung der Monoamine im Hypothalamus als Ursache der Hyperthermie nach operativer Eröffnung der Liquorräume angenommen werden. Es ist naheliegend, den Bluteintritt in die Liquorräume während des operativen Eingriffes für die Verschiebung verantwortlich zu machen. Die Vermutung wird durch eine identische Verlaufsform bei leichten, traumatisch bedingten subarachnoidalen Blutungen nach gedeckten Schädelhirnverletzungen unterstrichen. Die Klärung der Frage, inwieweit das beim Thrombozytenzerfall frei werdende Serotonin oder andere Blutzerfallsprodukte eventuell im Zusammenhang mit einer Verschiebung des Liquor-pH-Wertes im einzelnen wirksam werden, muß weiteren Untersuchungen vorbehalten bleiben. Hierfür scheint die von MATTHIAS und LIEMANN (1970) entwickelte Doppelisotopenmethode zur Bestimmung von Katecholaminen geeignete Ansatzpunkte zu bieten. Die beschriebene zentrale Hyperthermie unterscheidet sich als vermutlich humorale Form nicht nur aus der Verlaufskurve deutlich von funktionellen oder läsionellen Formen mit direkter oder indirekter Beteiligung von Hypothalamus oder Hirnstamm, sondern im Gegensatz zu diesen durch voll erhaltenes Bewußtsein.

Die Funktion des Hypothalamus für die Temperaturregulation ist seit BARBOUR (1912) genauer bekannt. In einer damals neuen Interpretation eigener und fremder tierexperimenteller Ergebnisse folgerte THAUER (1935, 1939), daß der Hypothalamus nicht alleiniges Zentrum der Temperaturregulation ist. Die Bestätigung wurde durch spätere wegweisende Untersuchungen besonders des Arbeitskreises um THAUER (SIMON, RAUTENBERG, JESSEN) erbracht, indem entlang der gesamten „Achse" des Zentralnervensystems bis ins Rückenmark thermoregulatorische Funktionen nachgewiesen wurden.

Aus klinischer Sicht lassen sich als Ausdruck spezieller Störungen der Temperaturregulation bestimmte Temperaturabweichungen und Verlaufsformen ursächlich den verschiedenen gestörten Funktionsbereichen von Hypothalamus und Hirnstamm zuordnen. Diese topische Zuordnung des Schädigungsschwerpunktes bei zentralen Temperaturabweichungen orientiert sich am Grad der Bewußtseinsstörung, dem neurologischen Befund und typischen Lokalmerkmalen. Für alle tiefgreifenden „zentralen" Temperaturverlaufsänderungen ist die *akute* Schädigung gemeinsames Merkmal. Bei chronischen Schädigungen werden offenbar Anpassungsvorgänge wirksam, die pathologische Temperaturverlaufsformen verhindern. Dementsprechend finden sich in der Literatur nur vereinzelt Hinweise auf spontane, leicht hypotherme Verläufe bei chronischen Schäden (FOERSTER, 1935; DAVISON und SELBY, 1935; SUNDERMAN und HAYMAKER, 1947 und WECHSLER, 1956), die ebenso wie spontan hypertherme Verläufe (STRAUSS und GLOBUS, 1931; GAGEL, 1936 und TÖNNIS, 1959) ausschließlich bei hypothalamusnahen Prozessen auftraten. Derartige Beobachtungen zeigten sich in der umfangreichen eigenen Kasuistik nicht.

Die *akute hypothalamisch-hypophysäre Schädigung* verursacht Temperaturabweichungen und Änderungen der übrigen vegetativen Parameter im Sinne einer sympathikotonen bzw. ergotropen Reaktion und ist durch die Lokalsymptome einer Polyurie und/oder einer hyperglykämischen Stoffwechsellage gekennzeichnet. Das Syndrom verläuft primär ohne Koma, auch fehlen alle Zeichen einer Dezerebration. Im Vordergrund stehen leichte bis mäßige quantitative Bewußtseinsstörungen („Wachbewußtsein" im Sinne von ZUTT) und stärkere qualitative Bewußtseinsstörungen mit ausgeprägt deliranten Zustandsbildern. Der neurologische Befund ist auch bei Bewußtlosigkeit durch gezielte Abwehrreaktionen auf Außenreize gekennzeichnet. Die zentrale Glukosetoleranzstörung kann zu extremen Blutzuckerwerten (in einem Traumafall des eigenen Kollektivs bis 1800 mg%) führen und ist ganz oder teilweise insulinrefraktär, wodurch die Prognose wesentlich beeinflußt wird. Dieses hypothalamisch-hypophysäre Syndrom kann primär sowohl von hyperthermem als auch hypothermem Temperaturverhalten begleitet sein, ohne daß für die eine oder andere Verlaufsform jeweils typische Merkmale erkennbar werden.

Die Hyperthermie kann postoperativ doppelgipfelig, manchmal mit dem zweiten Gipfel innerhalb der ersten 48 Stunden auftreten und im ansteigenden Schenkel der unspezifischen postoperativen Hyperthermie gleichen. Im Gegensatz zu dieser Form setzt nach Erreichen des Gipfelpunktes nicht der Temperaturabfall ein, son-

9*

dern es bildet sich ein Plateau. Diese Verlaufsform beinhaltet zusammen mit dem neurologisch-psychischen Befund und den endokrinen Regulationsstörungen in allen Fällen die schlechte Vitalprognose, der tödliche Verlauf ist unbeeinflußbar vorgezeichnet. Die Polyurie und/oder die zentrale Glukosetoleranzstörung werden schon unmittelbar postoperativ erkennbar, entwickeln sich aber bei traumatischen Schädigungen auch noch nach Tagen.

Wie die zentrale Hyperthermie hat die hypothalamisch bedingte Hypothermie bei gleichen neurologisch-psychischen und vegetativen Begleitbefunden eine schlechte Prognose. Der Verlauf der Hypothermie ist schwach moduliert, die Temperaturkurve pendelt zwischen 36,0° und etwa 34,0°, die Begleitbefunde unterscheiden sich nicht von der hyperthermen Verlaufsform. Als besondere Kennzeichen hypothalamisch läsioneller Temperaturveränderungen kann hervorgehoben werden, daß Extremwerte weder in hyperthermer noch in hypothermer Richtung auftreten.

Der lokale Schädigungsschwerpunkt dieser Temperaturstörungen läßt ursächlich eine direkte Korrelation zu umschriebenen Reiz- oder Ausfallerscheinungen im Wärmeerhaltungs- oder Wärmeabgabezentrum vermuten, die auch ZERNICKI, DOTY und SANTIBAÑEZ-H (1970) durch neuere tierexperimentelle Befunde bestätigten. Seit der näheren Kenntnis dieser beiden Zonen aus dem Tierexperiment sind entsprechende Überlegungen auch für die Humanpathophysiologie, besonders für die Hypothermie bei chronischer Schädigung, angestellt worden. Im Fall von SUNDERMAN und HAYMAKER (1947) mit einem Hämangiom des Hypothalamus bei einem 3 Monate alten Säugling wurde im Rahmen einer allgemeinen schweren Kachexie eine spontane Hypothermie mit Werten um 32,2°C (90°F) in den letzten 4 Lebensmonaten beobachtet. Bei der Autopsie fanden die Autoren eine Zerstörung beider Ventromedialkerne im Hypothalamus und schlossen daraus auf eine Beteiligung dieser Kerngebiete am Wärmeerhaltungszentrum. SERINGE, PLAINFOSSE und DESPRES (1965) postulierten auf Grund zweier Fälle mit Tumoren im vorderen Hypothalamus bei Kleinkindern, daß bilaterale Läsionen der präoptischen Kerngebiete eine Hyperthermie und bilaterale Läsionen des postero-lateralen Hypothalamus eine Hypothermie hervorrufen. KILLEFFER und STERN (1970) beschreiben eine umgebungstemperaturabhängige Hyperthermie nach Totalresektion eines suprasellären Tumors bei einem 5 Jahre alten Kind. Während der 6jährigen Überlebenszeit bestanden ausgeprägte Symptome eines hypophysär-hypothalamischen Syndroms (Diabetes insipidus, Diabetes mellitus, Hyperphagie, Schlaf-Wach-Störungen, episodische Verhaltensstörungen) und seitens der

Temperaturregulation eine Neigung zur Hyperthermie während Hitzeperioden bei sonst normaler Körpertemperatur. Die Autopsie ergab eine vollständige Destruktion der hypothalamischen Region.

BRÜCK (1970) hält eine zentrale Hyperthermie durch Entzügelung infolge Zerstörung thermosensitiver Strukturen im vorderen Hypothalamus für vorstellbar. Ein Befund, der von BEATON und HERMANN (1945) mitgeteilt wurde, scheint die These zu erhärten. Die Autoren fanden bei der Autopsie eines Traumafalles, der eine progrediente Hyperthermie bis auf 42,3° (108,2°F) Finaltemperatur hatte, eine umschriebene Erweichung der beiderseitigen präoptischen Region des Hypothalamus entsprechend der Lokalisation des Wärmeabgabezentrums.

Trotz der mitgeteilten Beispiele erlauben die topographischen und funktionellen Verbindungen der beiden Zentren nur bedingt eine derartige Deutung pathologischer Temperaturverlaufsformen, zumindest für akute Läsionen. So haben auch andere Analysen posttraumatischer Schäden keine einheitlichen Temperaturverlaufsformen für verschiedene umschriebene hypothalamische Läsionen nachweisen können (ZÜLCH und HESSELMANN, 1965). Umfangreiche Untersuchungen über posttraumatische hypophysäre Schäden und ihre Rückwirkung auf das hypothalamische System (PORTER und MILLER, 1948; WITTER und TASCHER, 1957; ALTMAN und PRUZANSKI, 1961; KORNBLUM und FISHER, 1969) erbrachten gleichfalls keine Klärung der Fragestellung. Die Temperaturabweichungen nach akuten hypothalamischen Schäden sind hinsichtlich ihrer kausalen Beziehungen zu den beiden Zentren trotz der mitgeteilten Einzelbefunde vorerst zweifelhaft.

Das Temperaturverhalten bei chronischer Alteration der hypothalamisch-hypophysären Region wurde in der eigenen Kasuistik unter Temperaturbelastungsbedingungen untersucht. Eine Krankengruppe mit intrasellär begrenzten Hypophysentumoren und eine weitere mit suprasellärer Ausbreitung des Hypophysentumors oder einem suprasellären Tumor wurden einer mehrstündigen Hitzebelastung bis maximal 42° Umgebungstemperatur unterzogen. Es waren in beiden Gruppen keine signifikanten Änderungen der Kerntemperatur im Vergleich zu einem Untersuchungskollektiv gesunder Personen erkennbar. Die Untersuchung der Schalentemperatur zeigte dagegen sowohl vor Beginn als auch während der Belastung in den Tumorgruppen deutlich erniedrigte Werte, die die Folgerung nahelegen, daß die Kerntemperatur bei durchweg reduziertem Basisstoffwechsel im Gefolge einer derartigen Tumorart und Lokalisation unter Verminderung der Wärmeabgabe im Normalbereich gehalten wird. Außer der Hitzebelastung wurden beide Tumorgruppen einer Kälteeinwirkung bis zu 24 Stunden ausgesetzt, die aus äußeren Gründen nicht mit der gleichen Systematik wie die Hitzebelastung durchgeführt werden konnte. Die Ergebnisse zeigen trotz begrenzter Aussagekraft in keinem Fall bei Erwachsenen das Auftreten eines hypothermen Temperaturverlaufes und bestätigen damit die von THAUER schon 1939 in der Interpretation seiner damaligen Tierversuche vertretene Auffassung einer funktionstüchtigen Temperaturregulation auch bei Lokalschädigung des Hypothalamus, wenn der Ausfall nur so langsam erfolgt, daß tiefere Regionen Anpassungsvorgänge der Temperaturregulation entwickeln können. Auch FOERSTER (1935), WITTERMANN (1936) und FOERSTER, GAGEL, MAHONEY (1937) hatten Fälle mit suprasellärer Tumorlokalisation teils mit vollständiger Zerstörung des Hypothalamus ohne Veränderungen der Kerntemperatur beschrieben. Offenbar scheint es für diese Anpassung Grenzen zu geben, die durch das Verhältnis Körperoberfläche zu Körpervolumen abgesteckt sind. Der Quotient beider Größen wird unter dem Gesichtspunkt der Temperaturregulation um so ungünstiger, je kleiner das Körpervolumen wird, das heißt also, daß bei Kindern unter pathologischen Klimabedingungen Schwierigkeiten auftreten können, die Körpertemperatur innerhalb normaler Grenzen konstant zu erhalten; eine Vorstellung, die durch das Auftreten einer begrenzten Hypothermie unter Kältebelastung bei zwei Kindern mit einem Kraniopharyngeom unterstrichen wird. Die besprochenen Literaturfälle spontaner hypothermer Verläufe widersprechen unter diesem Gesichtspunkt nicht den heutigen Modellvorstellungen von der zentralen Temperaturregulation.

In einer weiteren Analyse wurde das *Temperaturverhalten bei Dezerebrationssyndromen* untersucht. WILSON (1920) hatte zuerst die Hyperthermie als typisches Symptom der akuten Dezerebration beschrieben. Der Befund wurde in der Folgezeit mannigfach bestätigt, ohne dabei den besonderen Verlaufscharakter hervorzuheben (ERICKSON, 1939; PIA, 1957; FROWEIN, 1958, 1961; LOEW und WÜSTNER, 1960; MÜLLER, 1965; GERSTENBRAND, 1967 und andere). Der Temperaturanstieg ist bei dieser Hyperthermieform durch eine stete Progredienz wechselnder Steilheit gekennzeichnet, es fehlt die bei der humoralen Form beschriebene harmonische Schwingung im Kurvenverlauf. Regulationsmechanismen werden erst im Bereich um 40° mit einer abrupten Plateaubildung in der Verlaufskurve erkennbar, die als Hinweis auf einen zweiten Regelkreis im Sinne einer Notfallregulierung gelten kann, den schon DUBOIS (1949) auf Grund einer klinischen Fieberanalyse vermutete. Eine allgemeine Dysregulation auch der Kreislauf- und Atmungsfunktion verläuft primär unabhängig von der Hyperthermie. Sekundär verursacht die therapeutisch nicht beeinflußte Hyperthermie unter begleitender Tachypnoe den Kreislaufzusammenbruch mit Tachykardie und Absinken des Blutdrucks und tödlichem Verlauf, oftmals schon innerhalb der ersten Stunden nach Auftreten des Syndroms. Die Hyperthermie beherrschte früher das klinische Bild so eindrucksvoll, daß PIA (1957) die manifeste Hyperthermie bei der Dezerebration als letales Zeichen ansah. Inzwischen ist es durch eine schrittweise verbesserte Intensivtherapie gelungen, im Stadium der akuten Dezerebrierung den Circulus vitiosus der Hyperthermie und der begleitenden Dysregulation der übrigen vegetativen Funktionen zu unterbrechen und die vegetative Situation soweit zu beherrschen, daß Frühtodesfälle infolge der Hyperthermie nicht mehr auftreten. Die wesentlichen Faktoren der Therapie sind die medikamentöse vegetative Dämpfung einschließlich antikonvulsiver und stoffwechselsenkender Maßnahmen und eine ausgeglichene Flüssigkeitsbilanzierung, deren Einfluß auf das Temperaturverhalten an einer Kasuistik von 112 Fällen demonstriert werden konnte. Die besonders die Prognose der ersten Tage verbessernde medikamentöse Stoffwechseldrosselung und Ganglienblockade führt nicht nur zu einer Stabilisierung der vegetativen Gesamtfunktion, sondern bewirkt die entscheidende Verminderung der Wärmeproduktion durch Beeinflussung der für die Dezerebration charakteristischen Streckautomatismen bei Strecktonuserhöhung. Die Flüssigkeitsbilanzierung unterstützt die Therapie der ersten Tage, wirkt sich in der Prognose aber erst aus, wenn die Flüssigkeitsdepots des Körpers erschöpft sind, ein Zustand, der früher zumeist noch innerhalb der ersten Woche erreicht wurde.

Bei Anwendung der van't Hoffschen Regel der chemischen Reaktionsgeschwindigkeit bewirkt die Erhöhung der Körpertemperatur um 1° eine Steigerung des Energieumsatzes um 20 bis 30%, das heißt, bei Körpertemperaturen um 41° ist ungefähr mit einer Verdoppelung des Energieumsatzes zu rechnen. Dieser Energieumsatz wird zusätzlich durch Muskelarbeit infolge der ausgeprägten Erhöhung des Strecktonus und der spontan ablaufenden Streckautomatismen gesteigert. Durch beide Faktoren kann der Energieumsatz auf 6000 bis 8000 Kal/die erhöht und die evaporative Flüssigkeitsabgabe bei Zugrundelegung von 42 ml/100 Kal (GROSSE-BROCKHOFF, 1969) von normal etwa 900 ml/die auf rund 2500 ml/die gesteigert werden. Zusätzliche Flüssigkeitsverluste durch vermehrtes Schwitzen und die Urinausscheidung können noch innerhalb der ersten Woche nach Auftreten des Syndroms die kritische Verlustgrenze von 15% des Körperwassers erreichen lassen.

Einer Flüssigkeitsbilanzierung auf dieser Grundlage stand noch vor rund 15 Jahren die Befürchtung entgegen, ein bestehendes Hirnödem zu verstärken, deshalb war die Flüssigkeitszufuhr auf

1000 bis 1500 ml/die begrenzt worden. Die zunächst empirisch gewonnenen, neuerdings experimentell und klinisch erhärteten Erkenntnisse (REULEN, MEDZIHRADSKY, ENZENBACH, MARGUTH und BRENDEL, 1969; WESEMANN, EGGERT und KIRSCHSTEIN, 1970), das Hirnödem durch ausgeglichene Flüssigkeitsbilanzierung unter Elektrolytsubstitution zu behandeln, fanden ihren Niederschlag in der eindeutigen Verbesserung der frühen Vitalprognose.

Die Temperaturuntersuchungen haben bei der Dezerebration parallel zur erhöhten Kerntemperatur eine Erhöhung der Schalentemperatur erkennen lassen. Insofern konnte die schon von KAUTZKY und BUCHARD (1950) angezweifelte These von KROLL (1935) und GRIESEL (1939) über eine Dissoziation zwischen Kern- und Schalentemperatur als typisches Kennzeichen der zentralen Hyperthermie widerlegt werden.

Die Dauer dieser globalen Hyperthermie steht in direkter Beziehung zur Dezerebrationsdauer. Schnelle Beseitigung der Dezerebration, etwa durch Ausräumen posttraumatischer Hämatome oder durch akut entlastende Eingriffe bei Hirntumoren, führt auch zur raschen Normalisierung der Temperatur. Bei Übergang der akuten Dezerebration ins chronische Stadium normalisiert sich das spontane Temperaturverhalten etwa Ende der zweiten Woche. Die Tendenz zur Hyperthermie bleibt aber bestehen, wie durch die Ergebnisse der eigenen Temperaturbelastungen nachgewiesen werden konnte.

So führt die Erhöhung der Umgebungstemperatur auf maximal 43° über durchschnittlich 7 Stunden zu einem in der Verlaufsform der akuten Dezerebrationshyperthermie gleichenden geradlinigen Temperaturanstieg, dem eine Steigerung der Pulsfrequenz mit Erweiterung der Blutdruckamplitude vorausgeht, während die Beschleunigung der Atmung dem Temperaturanstieg etwa parallel verläuft. Die Störung der Temperaturregulation durch äußere Hitzebelastung konnte in gleicher Weise bei den dem Begriff apallisches Syndrom subsumierten Rückbildungssyndromen der chronischen Dezerebration sichtbar gemacht werden. Auch in dieser Gruppe kam es zu einem Anstieg der Kerntemperatur, die sich nur im Anfang der Belastung durch bessere Regulation in Form abgeflachter Verlaufskurven unterschied. Beide Belastungsgruppen standen ebenso wie alle übrigen Fälle während der Belastungsuntersuchungen nicht unter dem Einfluß dämpfender oder anregender Medikamente. Mit den Untersuchungen konnte der Nachweis der gestörten Temperaturregulation bei Hitzebelastung für die Dezerebration und ihre Rückbildungssyndrome geführt werden. Dieses Temperaturverhalten ist typisches Kennzeichen des Dezerebrationssyndroms. Keine eindeutige Antwort ergibt sich auf die Frage, welche Stelle des Temperaturregelkreises bei der Dezerebration gestört ist. Eine Verstellung des zentralen Thermostaten scheidet nach der Form der Temperaturverlaufskurve aus. Regulationsvorgänge der Wärmeabgabe sowohl bei der spontanen als auch bei der induzierten Hyperthermie zeigen sich in der erhöhten Schalentemperatur und in profuser Schweißbildung. Demgegenüber besteht ein mehrfach erhöhter Energieumsatz als Folge der typischen Streckautomatismen und der allgemeinen Muskelrigidität. Diese vermehrte Wärmeproduktion kann durch eine Funktionssteigerung der Wärmeabgabemechanismen offensichtlich nicht kompensiert werden, wodurch sich zumindest eine relative Störung der Wärmeabgabe darstellt.

Lokalisatorisch bestehen enge Beziehungen dieser Hyperthermieform zu Funktionsstörungen im Mittelhirnniveau. Dies konnte dadurch nachgewiesen werden, daß bei einem Kraniopharyngeom mit autoptisch nachgewiesener Ausbreitung bis ins Mittelhirn und bei einem zweiten Fall eines suprasellären Tumors mit neurologischen Hinweisen auf eine Mittelhirnbeteiligung ein nahezu identischer Hyperthermieverlauf unter Hitzebelastung wie in der Dezerebrationsgruppe auftrat. Wird dadurch die Schädigung im Mittelhirnniveau als Ursache der Störung in der Temperaturregulation wahrscheinlich, so ist das genaue morphologische Substrat oder der Ort der funktionellen Störung noch nicht genügend geklärt. Ansatzpunkte könnten die Untersuchungen von NAKAJAMA und HARDY (1969) geben, die bei thermischer Reizung der Regelzentren für die Temperatur in der präoptischen und vorderen hypothalamischen Region eine Aktivitätszunahme in der Formatio reticularis des oberen Mittelhirns nachwiesen. Es wäre vorstellbar, daß beim Mittelhirnsyndrom die durchlaufenden oder im Mittelhirn umgeschalteten Bahnen für die Wärmeabgabe blockiert sind und die Hyperthermie hervorrufen. Die eigenen klinisch-experimentellen Befunde stimmen mit den tierexperimentellen Ergebnissen an Hunden von KELLER und McCLASKEY (1964) nach Durchtrennung des Mittelhirns am Übergang vom vorderen zum mittleren Drittel überein. Bei Erhöhung der Raumtemperatur von 30° auf 38° über 6 Stunden trat eine ausgeprägte Hyperthermie auf. Die Untersuchung wurde am zehnten Tag nach der Durchtrennung durchgeführt. Dieser Effekt war bei Durchtrennung direkt unterhalb des Hypothalamus reproduzierbar; Befunde, die den eigenen Ergebnissen bei suprasellären Tumoren mit Ausbreitung zum Mittelhirn entsprechen. Die Verfasser konnten in Übereinstimmung mit den eigenen Vorstellungen eine Störung der Wärmeabgabemechanismen als

Ursache der exogen hervorgerufenen Hyperthermie nachweisen und diskutieren eine Erhöhung des Schwellenwertes der Wärmeabgabemechanismen.

Die bei der Dezerebration vereinzelt festgestellte gegenteilige Temperaturform — die Hypothermie — leitet zu einer Gruppe schwerer, ausnahmslos tödlich verlaufender Hirnstammsyndrome über, die bei 61 Fällen des eigenen Krankenguts unter verschiedenen klinischen Gesichtspunkten untersucht wurden. Die Analysen der Temperaturverlaufskurven bei unterhalb des Zwischenhirns lokalisierten querschnittserfassenden Hirnstammsyndromen haben drei unterschiedliche hypotherme Verlaufsformen erkennen lassen, die syndromspezifische Merkmale aufweisen.

1. Eine undulierende Verlaufsform als Typ einer vorwiegend im oralen Hirnstamm gelegenen Schädigung;

2. eine stufenförmig absinkende Verlaufsform, bevorzugt bei kaudalen Hirnstammläsionen, und

3. eine steil absinkende Verlaufsform als Ausdruck des zentralen Todes.

Leicht hypotherme Verlaufsformen bei mesenzephalen Läsionen sind in der Literatur von KAPLAN, HART und BROWDER (1952) beschrieben worden, wurden in der Folgezeit aber offenbar nicht mehr beobachtet. Tief hypotherme Verläufe werden dagegen in den letzten Jahren im Zusammenhang mit den Diskussionen über den zentralen Tod häufiger erwähnt (zuletzt SCHNEIDER, 1970; BUTENUTH, SCHNEIDER und SCHNEIDER, 1970).

Die leichteste Form einer Störung der Temperaturregulation ist die *undulierende Form*, die durch gutes Kompensationsverhalten gekennzeichnet ist und sich gewissermaßen auf einem niedrigeren Temperaturniveau abspielt. Die Annahme einer Tieferstellung des zentralen Thermostaten der Temperaturregulation in Analogie zur Höherstellung bei der unspezifischen zentralen postoperativen Hyperthermie hat sich bisher für diese Temperaturverlaufsform nicht bestätigen lassen. Die Finaltemperaturen dieser Gruppe liegen zwischen 35,9° und 33,0°, mit Schwerpunkt zwischen 35,0° und 35,9°. Der dieser Temperaturverlaufsform zugeordnete neurologische Befund zu Beginn der Hypothermie entspricht in rund zwei Drittel aller Fälle dem Mittelhirn- und inkompletten Bulbärhirnsyndrom, wobei bis zum tödlichen Ausgang nur unbedeutende Verschiebungen der Syndrome auftreten.

Eine stärkere Beeinträchtigung der Temperaturregulation drückt sich in der zweiten Verlaufsform durch *stufenförmiges Absinken* der Kerntemperatur aus. Die Finaltemperatur dieser Gruppe unterschreitet bei einem Drittel der Fälle den 33,0°-Bereich. Der neuro-

logische Befund zu Beginn dieser hypothermen Verlaufsform ist wie
2 : 1 auf Bulbärhirnsyndrom — inkomplett bis komplett — und
Mittelhirnsyndrom verteilt. Anders als bei der undulierenden Form
zeigen hier alle Fälle mit Mittelhirnsyndrom im Finalstadium den
Übergang in das Bulbärhirnsyndrom.

Die Temperaturverlaufsform *„gleichförmig fallend"* ist als Ausdruck des Verlustes der Temperaturregulation anzusehen. Dieser
Kurvenverlauf ist schon bei etwa 75% aller Fälle zu Beginn der
Hypothermie mit neurologischen Befunden kombiniert, die dem
Bulbärhirnsyndrom entsprechen. Im Finalstadium findet sich ein
Bulbärhirnsyndrom in etwa 90%. Diese Verlaufsform ist bei komplettem Bulbärhirnsyndrom dem Syndrom des zentralen Todes zu-
zuordnen. Das Kerntemperaturverhalten dieser Fälle ist als poikilotherm anzusehen, die Anpassung folgt der jeweiligen Umgebungstemperatur.

Der Temperaturverlauf unter dem Gesichtspunkt der Progredienz des neurologischen Hirnstammsyndroms betrachtet, läßt erkennen, daß sich im Mittelhirnsyndrom die Hypothermie zwar vorwiegend in der leichten Form entwickelt, aber rund die Hälfte
der Fälle in ein Bulbärhirnsyndrom mit entsprechend tieferem
Temperaturverlauf übergeht. Für das inkomplette Bulbärhirnsyndrom ist besonders die gleichförmig fallende Temperaturverlaufsform ein Hinweis auf späteren Übergang in das komplette
Bulbärhirnsyndrom, während für das primär komplette Bulbärhirnsyndrom auch primär tiefe hypotherme Verläufe typisch sind.
Die aufgeführten Befunde heben die Bedeutung des Ausmaßes der
Temperaturregulationsstörung für den weiteren Verlauf hervor, indem für eine Progredienz der Hirnstammschädigung typische Temperaturverlaufsformen bereits vor der Verschlechterung der neurologischen Symptomatik auftreten.

Die *Analyse des Hypothermiekollektivs* nach Schädigungsursache
und Akuität ihres Auftretens zeigt die schon erwähnte Eigenheit
zentraler Temperaturabweichungen besonders durch akute und
diffuse Schädigungen. Das gilt vor allem für akute Verletzungen
mit und ohne Blutungen und für akute nichttraumatische intrazerebrale Blutungen. Demgegenüber spielen hypotherme Verläufe
in der Tumorgruppe eine untergeordnete Rolle. Hier sind es bevorzugt die beschriebenen durch Operation oder Traumen ausge-
lösten Alterationen bei hypothalamusnahen Tumoren, die hypotherme Verläufe der undulierenden Form zeigen.

Die Aufschlüsselung der Altersverteilung und ihre Beziehung zu
Diagnose und Schädigungsart ergibt bei gleicher durchschnittlicher Gesamtüberlebenszeit überraschenderweise eine fast doppelt

so häufige Beteiligung am Hypothermiekollektiv für die ersten vier Dezennien im Vergleich zu der Altersgruppe ab 40 Jahre. Der Einfluß des Lebensalters auf hypotherme Verläufe ist in der Verletzungsgruppe wegen ihrer ziemlich gleichmäßigen Verteilung auf alle Altersperioden besonders gut nachweisbar.

Das Verhalten von Kreislauf und Atmungsfunktion zu Beginn und während des hypothermen Verlaufes läßt weniger kausale als korrelative Aspekte erkennen. So besteht sowohl zu Beginn der Hypothermie als auch während des weiteren Verlaufs die geringste Kreislaufdepression bei der undulierenden Temperaturform. Die stufenförmige Form zeigt bei meist geringer Beteiligung des Kreislaufs zu Beginn der Hypothermie im weiteren Verlauf ein stärkeres Absinken. Bei steil abfallendem Temperaturverlauf besteht in knapp 50% vor Einsetzen der Hypothermie ein Kreislaufkollaps, der wiederum in der Hälfte der Fälle nicht effektiv beeinflußbar ist.

Der Atemstillstand als Ausdruck des kompletten Bulbärhirnsyndroms bei fast der Hälfte der Gesamtgruppe zu Beginn der Hypothermie bestehend, tritt in etwa einem Viertel erst im weiteren Verlauf auf. Beziehungen zum Absolutwert der Kerntemperatur sind nicht erkennbar, der tiefste Kerntemperaturwert bei erhaltener Spontanatmung beträgt 28,0°.

Entsprechend der Kreislaufbeeinträchtigung und als Ausdruck einer Stoffwechselstörung besteht in rund drei Viertel der untersuchten Fälle im Verlauf der Hypothermie eine metabolische Azidose, in einem weiteren Fünftel findet sich eine gemischte Azidose. Die Serumelektrolytwerte, die bei pathologischen Veränderungen anhaltend substituiert wurden, lassen keine Beziehung zur Hypothermie erkennen.

EEG-Veränderungen bei der Hypothermie korrelieren nicht zum Verlauf oder der absoluten Höhe der Kerntemperatur, auch ist die Korrelation zum neurologischen Syndrom nicht einheitlich. So besteht ein isoelektrischer Kurvenverlauf unter 28 Fällen 2 mal beim Mittelhirnsyndrom, sechsmal im inkompletten und 20 mal im kompletten Bulbärhirnsyndrom. Demgegenüber findet sich zweimal im inkompletten und dreimal im kompletten Bulbärhirnsyndrom eine hirnelektrische Tätigkeit in der Deltawellenfrequenz bei Kerntemperaturtiefstwerten von 29,0° und 32,0°. Diese Befunde zeigen besonders für das komplette Bulbärhirnsyndrom mit Atemstillstand die Bedeutung, die einer integrierenden Würdigung *aller* Faktoren zur Beurteilung des zentralen Todes zukommt.

Zusammenhänge zwischen Hypothermie und stoffwechseldrosselnden Maßnahmen unter Endojodin® oder Persantin® sind nicht nachgewiesen. Dagegen folgt der intravenösen Infusion von Alupent®, einem Betarezeptoren-spezifischen Sympathikomimetikum mit positiv inotroper und bathmotroper Wirkung, in einigen Fällen direkt ein hypothermer Verlauf. Die Wirkung auf die Temperaturregulation beruht auf einer vermehrten Wärmeabgabe durch Öffnung der Kreislaufperipherie unter relativer Erhöhung der Hauttemperatur. Besondere Vorsicht ist aus den erwähnten Gründen bei der Anwendung von Alupent im Säuglingsalter geboten, um ein rasches Auskühlen bei ungenügender Wärmeproduktion zu vermeiden. Schließlich ist als äußere Ursache des hypothermen Verlaufes die Narkose während der Operation zu erwähnen; der Normbereich der Temperatur wird nur bei gleichzeitiger zentraler Schädigung der Temperaturregulation nicht wieder erlangt.

Der Einfluß der Umgebungstemperatur auf Hirnstammsyndrome mit querschnittsbezogener Ausdehnung der Schädigung wurde unter Bedingungen der Kältebelastung untersucht, wobei sich den spontan hypothermen Verlaufsformen ähnliche Temperaturkurvenverläufe ergaben. So kann bei bestimmten Fällen im Mittelhirnsyndrom eine Kälteintoleranz nachgewiesen werden, wodurch sich thermoregulatorisch das Bild eines Bulbärhirnsyndroms abzeichnet. Im Bulbärhirnsyndrom kann der spontane Temperaturabfall durch Kälteexposition beschleunigt werden. Die nachfolgende Normalisierung der Umgebungstemperatur führt zu einem Wiederanstieg der Kerntemperatur. Bleibt dieser Effekt aus, verhält sich die Temperaturregulation wie beim zentralen Tod. Durch die Kälteprovokation gelingt es also latente Störungen der Temperaturregulation aufzudecken, die zu einem noch früheren Zeitpunkt als spontan hypotherme Verläufe die Progredienz der neurologischen Schädigung in der jeweiligen Funktionsebene des Hirnstamms widerspiegeln.

Die *Prognose aller hypothermen Verläufe* bei Hirnstammsyndromen mit querschnittserfassender Ausdehnung ist als infaust anzusehen, unabhängig davon, ob die Hypothermie spontan oder unter den erwähnten additiven Faktoren auftritt.

Die Frage der Temperaturregulation beim zentralen Tod wurde einer gesonderten Betrachtung unterzogen. Als Kriterien werden in der Literatur der letzten Jahre (Zusammenfassung s. PENIN und KÄUFER, 1969; LORENZ, 1969) das Koma, die lichtstarre Mydriasis, die Areflexie, die Atemlähmung, das isoelektrische EEG und der intrakranielle Kreislaufstillstand genannt. Weitere Untersuchungen kommen zur Sicherung der Diagnose zur Anwendung, so etwa die Bestimmung der zerebralen arterio-venösen O_2-Differenzen. Der Verlust der Temperaturregulation als Kriterium des zentralen Todes wurde öfters erwähnt, Ursachen und Verlaufsformen aber kaum diskutiert.

Die Temperaturuntersuchungen haben bei einem vollständigen Funktionsausfall in der bulbopontinen Ebene zusammen mit den Kriterien des zentralen Todes in den meisten — nicht in allen — Fällen den Verlust aller temperaturregulatorischen Funktionen nachweisen können, der sich im spontanen Abfall der Kerntemperatur innerhalb weniger Stunden auf Werte unter 32° und im unmodulierten Kurvenverlauf bei Dauerregistrierung der Körperschalentemperatur zeigt. Unter Hitze- und Kältebelastung tritt eine gleichsinnige Änderung der Kerntemperatur auf, wodurch poikilothermes Verhalten nachgewiesen wurde. Der Verlust der Temperaturregulation wird durch areaktives Verhalten auf intravenöse Injektion von bakteriellen Endotoxinen unterstrichen. Der Nachweis der Poikilothermie als Ausdruck des Verlustes der Temperaturregulation ist nach den eigenen Erfahrungen als zusätzliche Sicherstellung des zentralen Todes anzusehen. Die Frage nach der Ursache des Ausfalls der Temperaturregulation beim zentralen Tod beinhaltet zugleich die Diskussion über eine mögliche Reversibilität.

Neben der morphologisch begründeten diffusen zentralen Schädigung spielen bei normalem anatomischem Befund in Zwischenhirn und Hirnstamm funktionelle Gesichtspunkte eine entscheidende Rolle, die in einer eigenen Interpretation (LAUSBERG, 1970) als Hirnstammschock gedeutet wurden. Eine Erholung der gestörten Temperaturregulation wäre entweder an die Reversibilität dieses Hirnstammschocks oder an eine Funktionsübernahme durch spinale Temperaturzentren im Sinne von THAUER, SIMON, JESSEN und andere gebunden. THAUER konnte schon 1935 als Folge eines spinalen Schocks nach hoher Halsmarkdurchtrennung an einem Versuchstierkollektiv ein poikilothermes Verhalten nach Senkung der Umgebungstemperatur nachweisen. Bei Überleben der Tiere bildete sich eine begrenzte Temperaturregulation wieder aus. Beim Menschen werden hohe Halsmarkverletzungen mit kompletten Querschnittssyndromen selten überlebt, sie können ebenso wie mittlere und tiefe Halsmarkquerschnitte zu leichter Hypothermie bis auf etwa 34° Tiefstwert führen, die sich innerhalb von Tagen normalisiert. Jede akute Querschnittslazeration des Rückenmarkes wird vom spinalen Schock begleitet, der jedoch zum Beispiel posttraumatisch auch ohne anatomische Veränderungen des Rückenmarkes auftreten kann. Das klinische Bild mit kompletter reflexloser Lähmung, Verlust der Sensibilität und aller vegetativen Funktionen kaudal des betroffenen Rückenmarkabschnittes ist vom läsionellen neurologischen Befund nicht zu unterscheiden. Ein völliger Ausfall der Temperaturregulation wie beim zentralen Tod wird jedoch im Gefolge eines spinalen Schocks nie beobachtet, weil die hypothalamisch-hypophysären Beziehungen ungestört sind und damit auf hormonalem Wege der Stoffwechsel für die Wärmeproduktion erhalten bleibt. Zusätzlich spielt offenbar die innerhalb kurzer Zeit wirksam werdende selbständige temperaturregulatorische Funktion des vom Hirnstamm isolierten Rückenmarks eine ganz entscheidende Rolle. Diese selbständige Funktion ist zunächst nicht in der Lage, Kältebelastungen zu kompensieren, wie die älteren Versuche von THAUER (1935, 1939) gezeigt haben. Ob beim Menschen eine vollständige Restitution auch nur latent auftretender Temperaturregulationsstörungen nach kompletter Halsmarklazeration möglich ist, muß nach Literaturangaben bezweifelt werden. So konnten POLLOCK, BOSHES, CHOR, FINKELMAN, ARIEFF und BROWN (1951) und GUTTMANN, SILVER und WYNDHAM (1958) noch viele Monate nach Verletzungen des Halsmarks Regulationsstörungen hyperthermer und hypothermer Art, je nach Änderung der Umgebungstemperatur, nachweisen. In einer neueren Studie fanden auch DOWNEY, CHIODI und DARLING (1967) unter Kältebelastung begrenzt hypotherme Verlaufsformen bei Halsmarkquerschnitten. SCHNEIDER (1969) hat nun den Verlust der Temperaturregulation beim zentralen Tod mit dem reversibel hypothermen Verhalten der Körperkerntemperatur bei hohen Halsmarkläsionen verglichen, das er als Zeichen des spinalen Schocks wertet. Er rechnet deshalb den Verlust der Temperaturregulation nicht zu den Hirntodkriterien erster Ordnung (irreversibel). Den Verlust der Temperaturregulation als zentrales reversibles Schocksyndrom aufzufassen, ist theoretisch diskutabel, nach unseren bisherigen Erfahrungen für praktische Belange aber irrelevant. Schwierigkeiten einer verständlichen vergleichbaren Diskussion verschiedener Kollektive werden durch den Begriff Hypothermie ausgelöst, der oft synonym für Verluste der Temperaturregulation verwendet wird und der einer Präzisierung bedarf. Das Absinken der Kerntemperatur unter 36° wird zwar als Hypothermie bezeichnet, beinhaltet aber zunächst nur eine Störung der Temperaturregulation und nicht ihren Verlust. Als Beispiel seien die erwähnten leichten hypothermen Verläufe nach akuter Halsmarkläsion genannt, die selten den 34°-Bereich unterschreiten. Bei Zurechnung einer Sicherheitszone von weiteren 2° Temperaturverlust sollte man bei Kerntemperaturen unter 32° von *spontaner tiefer Hypothermie* sprechen, die nach unseren Erkenntnissen irreversibel ist und dann zusammen mit den übrigen Kriterien als

Zeichen des zentralen Todes angesehen werden muß. Einschränkungen gelten für schwere kreislaufbedingte Schocksyndrome besonders bei Kindern, die wegen des erwähnten ungünstigen Verhältnisses Körperoberfläche zu Körpervolumen schon bei leichteren zentralen Ausfällen hypotherm reagieren können. Die gleichen Vorbehalte treffen auf hypotherme Verläufe bei einer Intoxikation, nach Narkosen einschließlich artefizieller Hypothermie und beim Kältetrauma zu.

Bei genügend langem Überleben eines Kranken mit den Zeichen des zentralen Todes kann in Analogie zu den tierexperimentellen Befunden von THAUER theoretisch die Möglichkeit einer begrenzten Restitution der zentralen Temperaturregulation auf spinaler Basis bestehen.

In der eigenen Kasuistik konnte unter 23 Fällen mit dem Syndrom des zentralen Todes dieser Befund nie erhoben werden. Von SCHNEIDER (1970) werden aber vier Temperaturverlaufskurven vorgelegt, aus denen ein Wiedererlangen des Kerntemperaturnormbereiches aus 29° bzw. 32° hervorgeht. Eine ähnliche Beobachtung stammt von PENIN (1970).

Inwieweit dieses mögliche Einsetzen einer spinalen Temperaturregulation in Relation zum Auftreten spinaler Automatismen steht, muß durch weitere Beobachtungen geklärt werden. Ein direkter Zusammenhang scheint nicht zu bestehen, wie aus den Berichten von FROWEIN (1969), DUVEN und KOLLRACK (1970) und BUTENUTH, SCHNEIDER und SCHNEIDER (1970) über früh einsetzende spinale Automatismen im Kindesalter hervorgeht. Auch in der eigenen Kasuistik traten bei fünf Fällen ausgeprägte spinale Automatismen besonders früh bei Kindern auf, ohne jedoch eine erkennbare Änderung der tiefen Hypothermie zu bewirken. Bei den beschriebenen Literaturfällen muß die Frage offenbleiben, ob die Hypothermie im Gefolge eines Entspannungskollapses aufgetreten ist und nicht auf der Basis eines zentralen Versagens. Das Wiedereinsetzen einer Temperaturregulation wäre dann an die Beseitigung der gestörten Kreislaufdynamik gebunden.

F. Zusammenfassung

Das Verhalten zentral bedingter Temperaturabweichungen nach akuter und chronischer Schädigung des Zentralnervensystems wurde am spontanen und provozierten Temperaturverlauf bei 238 Patienten der Neurochirurgischen Klinik in den Jahren 1967 bis 1970 untersucht. Die Voraussetzungen der Studie wurden durch die Errichtung einer Intensivstation und den klinischen Einsatz automatischer, kontinuierlich registrierender Meßeinrichtungen für die vegetativen Funktionsgrößen Körpertemperatur, Blutdruck, Pulsfrequenz und Atemfrequenz geschaffen. Folgende Befunde konnten erhoben werden:

1. *Durch Temperaturbelastung* in Ruhelage *unter Hitzeexposition* bis maximal 43° kann normales Verhalten der Temperaturregulation bei Fällen mit dienzephalem Schädigungsschwerpunkt (Hypophysentumoren, supraselläre Tumoren) festgestellt werden. Im Vergleich zu einer Normalgruppe gesunder Untersuchungspersonen *werden eindeutig pathologische Kurvenverläufe im Sinne einer Hyperthermie bei der Dezerebration und ihren dem Begriff apallisches Syndrom subsumierten Folgezuständen nachgewiesen.* Die Bedeutung einer Schädigung in der Mittelhirnebene des Hirnstamms für diese Störung der Temperaturregulation geht aus dem identischen Verlauf der Kerntemperatur unter Belastung bei einer Sondergruppe suprasellärer Tumoren mit Ausbreitung bis zum Mittelhirn (Autopsienachweis!) hervor. Als Ursache der Belastungshyperthermie wird in Analogie zu tierexperimentellen Befunden eine relative oder absolute Störung der Wärmeabgabe bei erhöhtem Energieumsatz diskutiert. Veränderungen der Schalentemperatur spontan und unter Belastung lassen in Einzelfällen signifikante Unterschiede zur Normalgruppe erkennen. Bei Hypophysentumoren und suprasellären Tumoren ist die Schalentemperatur absolut erniedrigt, beim Dezerebrationssyndrom erhöht. Diese Veränderungen werden zum verminderten bzw. erhöhten Energieumsatz in Beziehung gebracht.

2. *Unter Kältebelastung* (bis minimal 6° Raumtemperatur), die aus pflegerischen und therapeutischen Gründen nicht mit der gleichen Systematik wie die Hitzebelastung durchgeführt werden konnte, gelingt für einige typische Hirnstammsyndrome der Nach-

weis einer Kälteintoleranz. Literaturangaben über normales Verhalten der Temperaturregulation bei chronischer dienzephaler Schädigung infolge suprasellären Tumorwachstums können bei Erwachsenen bestätigt werden. Die Grenzen der Regelung bei einer derartigen Schädigung werden bei zwei Kindern aufgezeigt, die unter Kältebelastung begrenzt hypotherme Verläufe (bis 35,0°) mit spontaner Normalisierung unter fortgesetzter Kälteexposition aufweisen. Wie bei der Hitzebelastung können auch unter Kältebelastung bisher nicht bekannte pathologische Temperaturverlaufsformen in Abhängigkeit zu definierten Hirnstammsyndromen nachgewiesen werden. Besonders hervorzuheben ist das *Auftreten einer Hypothermie bei einigen Fällen mit Dezerebrationssyndrom.* Dabei können typische latente Verhaltensmuster aufgedeckt werden, die der Progredienz neurologischer Syndrome vorausgehen. Als Folgerung aus den Befunden ergeben sich prognostische Aspekte.

3. *Beim Syndrom des zentralen Todes* wird der Ausfall der Temperaturregulation an der *poikilothermen Reaktion* unter Hitze- und Kälteexposition dargestellt. Als weiterer Beweis des Verlustes der Temperaturregulation ist das Fehlen jeder Temperaturänderung auf intravenöse Applikation bakterieller Endotoxine anzusehen. Die Frage des Wiedereinsetzens einer begrenzten Temperaturregulation auf spinaler Ebene im Sinne von THAUER wird diskutiert.

Das Spontanverhalten der Körpertemperatur in hyperthermer Richtung wird in drei zentral begründete unterschiedliche Verlaufsformen und klinische Begleitbefunde unterteilt.

4. Die besondere Form einer funktionellen *postoperativen Hyperthermie nach Eröffnung der großen intrakraniellen oder spinalen Liquorräume* ist durch einen sinusförmigen und damit reguliert erscheinenden Temperaturanstieg bis in den Bereich von 39° bis 40° gekennzeichnet. Nach Erreichen des Gipfelpunktes bildet sich die Hyperthermie innerhalb weniger Stunden auf ein Temperaturplateau etwa um 38° zurück. Vegetative Begleitbefunde betreffen eine mäßige Beschleunigung der Puls- und manchmal auch der Atemfrequenz. Besonders hervorzuheben ist der im Vergleich zum pyrogenen Fieberanfall gemäßigte Ablauf aller Reaktionen der Temperaturregulation, so fehlen Kältezittern beim Temperaturanstieg und Schwitzen beim Temperaturabfall. Als Ursache wird, unter Bezugnahme auf tierexperimentelle Befunde und analog zu einem identischen Kurvenverlauf bei traumatischen Subarachnoidalblutungen, eine *Verschiebung biogener Amine in den Zentren der Temperaturregulation mit Verstellung des zentralen Reglers infolge*

intraoperativen Bluteintritts in die Liquorräume diskutiert. Die Prognose dieser Hyperthermieform ist absolut günstig.

5. Eine schon lange bekannte Form der zentralen *Hyperthermie nach hypothalamusnahen Eingriffen* wird in ihrer klinischen Begleitsymptomatik dargestellt, die durch qualitative Bewußtseinsstörungen, Diabetes insipidus et mellitus und eine sympathikotone bzw. ergotrope Reaktionslage gekennzeichnet ist. Der Temperaturverlauf kann doppelgipfelig, aber ohne Extremwerte auftreten. Entsprechend liegt das Maximum bei etwa 39°. Gegenteilige Temperaturverläufe in Form einer leichten Hypothermie werden ebenfalls beobachtet, sie unterscheiden sich in der begleitenden Symptomatik nicht von der hyperthermen Form. Die Prognose aller Temperaturabweichungen infolge direkter dienzephaler Schädigungen ist *infaust.*

6. Die spontane *Hyperthermie bei der Dezerebration* ist durch einen abrupt beginnenden steilen Anstieg der Temperaturkurve bis über 40° und eine ebenso rasche Plateaubildung charakterisiert. Eine allgemeine Dysregulation auch der Kreislauf- und Atmungsfunktionen verläuft primär unabhängig von der Hyperthermie. Sekundär verursacht die therapeutisch nicht beeinflußte Hyperthermie mit begleitender Tachypnoe den Kreislaufzusammenbruch mit tödlichem Ausgang schon in der Frühphase. Ursächlich spielen bei der Dezerebration Funktionsstörungen in der Mittelhirnebene die entscheidende Rolle, die bei der Temperaturregulation den *Wärmeabgabemechanismus bevorzugt zu betreffen* scheinen. Eine Verstellung des zentralen Reglers als Ursache der Hyperthermie scheidet nach der geradlinig steilen Form des Temperaturanstiegs in der Verlaufskurve aus. Die Prognose dieser Hyperthermieform steht in direkter Beziehung zu ihrer therapeutischen Beeinflußbarkeit.

7. *Hypotherme Regulationsstörungen* verschiedener Ausprägung und Verlaufsform stellen nach den Untersuchungen einen *neuen Typ zentral vegetativer Störungskomplexe* dar, die zu definierten Schädigungen im Hirnstamm enge Korrelationen erkennen lassen. Gemeinsames Kennzeichen der zentralen Hypothermie ist die absolut ungünstige Prognose. Es können drei hypotherme Verlaufsformen differenziert werden:

a) ein undulierender Verlauf auf einer etwa 1° tieferen Ebene als normal,

b) ein stufenförmig absinkender Verlauf mit Finaltemperaturen um 33° und

c) ein steil abfallender Verlauf mit Finaltemperaturen unter 32°.

10*

Die Analyse der klinischen Symptomatik zeigt die *undulierende Verlaufsform* in enger Beziehung zu akuten dienzephalen Störungen und zu prognostisch ungünstigen Formen der Dezerebration, deren typische Temperaturabweichung eigentlich hypertherm erfolgt. Der *stufenförmig abfallende Temperaturverlauf* tritt bevorzugt im Bulbärhirnsyndrom auf, während der *steil absinkende Verlauf*, dem Verlust der Temperaturregulation entsprechend, auf den zentralen Tod hinweist.

8. Bei der *zentralen Hypothermie* sind *differentialdiagnostisch* reversibel hypotherme Verläufe bei *kompletten Querschnittsläsionen im Halsmark, beim hämorrhagischen Schock* besonders bei Kindern *und als Narkosefolge* abzugrenzen. Die Hypothermie bei der Halsmarkläsion ist immer auf spontane Tiefstwerte bis etwa 34° und zeitlich auf einige Tage nach der Akutschädigung begrenzt. Ob eine volle Restitution der Temperaturregulation auch unter Belastungsbedingungen möglich ist, muß nach Literaturangaben zweifelhaft erscheinen. Im hämorrhagischen Schock auftretende hypotherme Verläufe sind mit der Beherrschung der Kreislaufsituation reversibel. Zusätzliche Hirnstammausfälle stellen eine ernste Komplikation mit Verschlechterung der Prognose dar. Narkosebedingte hypotherme Verläufe sind, wie besonders aus der kontrollierten Hypothermie bekannt ist, voll reversibel, wenn nicht zentrale Ausfälle hinzutreten.

Therapeutische Folgerungen

Die Temperaturanalysen mit ursächlicher und prognostischer Differenzierung verschiedener Verlaufsformen geben therapeutische Aspekte und fordern Konsequenzen besonders an den vitalen Grenzzonen der Temperaturregulation. Ein solcher Grenzbereich wird bei der spontanen Hyperthermie in der akuten Dezerebrierung erreicht. Der tödlich verlaufende Circulus vitiosus setzt mit der Kreislaufzentralisation infolge Hyperthermie ein, wodurch bei peripherer Vasokonstriktion die ohnehin gestörte Wärmeabgabe weiter beeinträchtigt und die Hyperthermie weiter verstärkt wird. An einem Kollektiv schwerer gedeckter Schädelhirnverletzungen mit tödlichem Ausgang innerhalb der ersten Woche nach der Verletzung konnte der therapeutische Einfluß auf das Kerntemperaturverhalten am Beispiel der Finaltemperatur als einheitliche Bezugsgröße dargestellt werden.

Die Beschränkung der Flüssigkeitszufuhr auf 1000 bis 1500 ml/ die auf Grund der Befürchtung, ein bestehendes Hirnödem zu verstärken, war bei tagelangen Temperaturen um 40° noch vor 15

Jahren der maßgebende Faktor in der Ursachenskala tödlicher Verläufe. Entsprechend lag im ersten analysierten Therapiezeitraum bis etwa 1958 die mittlere Finaltemperatur bei 39,7°. Durch schrittweise Intensivierung der Therapie gehört der tödliche Verlauf *infolge* der Dezerebrationshyperthermie der Vergangenheit an. Diese Therapie schließt heute die Flüssigkeitsbilanzierung unter Elektrolytsubstitution, die Stoffwechseldrosselung durch anorganisches Jod über eine Schilddrüsenblockierung und die Unterbrechung der dezerebrationsbedingten Streckautomatismen durch Barbiturate ein, die letzteren vermindern besonders die überschießende Wärmeproduktion. Ob vegetativ dämpfende Medikamente der Phenothiazinreihe direkten Einfluß auf die Zentren der Temperaturregulation nehmen können, muß zumindest für die Dezerebrationshyperthermie bezweifelt werden. Die Anwendung dieser komplexen Therapie macht eine Tiefklimatisierung der Umgebung auf 10° oder weniger entbehrlich. Sie kann nach Normalisierung der Körpertemperatur sogar zur unerwünschten Hypothermie führen, wie am Beispiel einiger Fälle demonstriert wird, die zu einem Zeitpunkt behandelt wurden, als die Tatsache provozierter hypothermer Verläufe noch unbekannt war. Wegen des thermoregulatorisch ungünstigeren Quotienten aus Körperoberfläche und Körpervolumen können besonders bei Kleinkindern tief hypotherme Verläufe unter Kälteexposition auftreten. Die therapeutische Konsequenz aus Beobachtungen provozierter hypothermer Verläufe ist die unbedingt erforderliche Normalisierung der Raumtemperatur auf 20° bis 22° nach Beherrschung der Hyperthermie und Normalisierung der Körpertemperatur. Wenngleich spontane oder provozierte hypotherme Verläufe bei querschnittserfassenden Hirnstammsyndromen nach bisherigen Erfahrungen eine absolut infauste Prognose beinhalten, sollte zumindest bei nur mäßig gestörter Temperaturregulation, etwa der undulierenden Verlaufsform, die Normalisierung der Kerntemperatur angestrebt werden, um den Störkreis der immer auftretenden metabolischen Azidose zu verhindern. Ist die Beeinflussung der Hyperthermie bei der akuten Dezerebration von vitaler Bedeutung, so spielt die Hyperthermie bei direkten hypothalamischen Läsionen, gleichgültig ob traumatisch oder postoperativ, im Rahmen des Gesamtsyndroms nur eine untergeordnete Rolle und erfordert nie intensive Therapiemaßnahmen. Entsprechend dem nur kurzfristig anhaltenden Temperaturgipfel, der durch die Verstellung des zentralen Reglers hervorgerufenen besonderen postoperativen Hyperthermie nach Eröffnung der großen Liquorräume und nach Subarachnoidalblutungen sind therapeutische Maßnahmen nicht erforderlich. Ihr Einfluß ist im ansteigenden Schenkel der Temperaturverlaufskurve ohnehin auf maximal 60 Minuten beschränkt, danach vollzieht sich der Anstieg solange um so schneller, bis die „virtuelle" Kurve der vorgegebenen Verstellung erreicht ist.

Abschließend soll auf die mögliche Gefährdung der Patienten durch wärmeabgabefördernde, medikamentöse Maßnahmen hingewiesen werden. Durch die Anwendung von Alupent® oder ähnlichen peripheren Vasodilatatoren zur Öffnung der Kreislaufperipherie gelingt zwar über eine Verbesserung der Wärmeabgabe eine gute Beeinflussung der Zentralisationshyperthermie, zugleich wird aber, wie an einigen Fällen des eigenen Krankengutes nachweisbar ist, wiederum besonders bei Kleinkindern ein Circulus vitiosus in Gang gesetzt, der in einer nachfolgenden Hypothermie endet und oft nicht durchbrochen werden kann.

Die erhobenen Befunde ergeben folgende *Ansatzpunkte für zukünftige Untersuchungen:*

1. Die Klärung der lokalen Katecholaminabhängigkeit bei der besonderen postoperativen Hyperthermie und der analogen Verlaufsform bei Subarachnoidalblutungen durch die Katecholaminbestimmung im Liquor mit der Doppelisotopenmethode nach MATTHIAS und LIEMANN.

2. Quantitative Muskeltonusuntersuchungen und Energieumsatzmessungen unter den besonderen Bedingungen klinischen Arbeitens zur Analyse der Temperaturregulation auf dem Schenkel der Wärmeproduktion sowohl bei der genannten postoperativen Hyperthermieform als auch besonders bei der spontanen und provozierten Hyperthermie im Dezerebrationssyndrom.

3. Gleichartige Untersuchungen bei allen zentralen Hypothermieformen.

Summary

The behaviour of centrally determined temperature deviations after acute and chronic injury of the central nervous system (CNS) was investigated in 238 patients at the Neurosurgical Clinic in the years 1967—1970, in spontaneous and provoked temperature patterns. The prerequisites for the study were created by the establishment of an intensive care ward and the provision of automatic continuously recording monitoring equipment for the autonomic functions, body temperature, blood pressure, pulse and respiration rate. The following results were obtained:

1. *With heat stress* at rest with *exposure to heat* to a maximum of 43.0° C a normal pattern of thermo-regulation can be observed in cases with the site of lesion in the diencephalon (pituitary and suprasellar tumours). In comparison with a normal group of healthy controls *unequivocal pathological temperature curves were observed in the shape of a hyperthermia, accompanied by the sequelae associated with decerebration and the decorticate syndrome.* The significance of a lesion at the mid-brain level of the brain stem, for these disturbances of thermo-regulation, is revealed from the identical course of the core temperature under stress, in a special group of supra-

sellar tumours with extension to the mid-brain (post mortem evidence). A relative
or absolute disturbance of heat output with increased energy exchange is discussed
as a cause for the stress hyperthermia. Changes in the skin temperature spontaneously or under stress allow one to distinguish in certain cases, a significant
difference from the normal group. In pituitary and suprasellar tumours the skin
temperature is absolutely lowered, in decerebration syndromes raised. These
changes are utilized for the purpose of reducing or increasing energy exchange.

2. *Cold stress* (to a minimum of 6.0° C room temperature) produced evidence
of a cold intolerance in a typical brain stem syndrome, although, on nursing and
therapeutic grounds the investigation cannot be carried out in the same methodical
manner as with heat stress. Statements in the literature regarding the normal
pattern of temperature regulation in chronic diencephalic lesions resulting from
suprasellar tumour extension can be confirmed in adults. The limits of regulation
in a lesion of that sort were shown by two children, who under cold stress limited
to a hypothermia of 35.0°, showed a spontaneous return to normal under con-
tinuous exposure to cold. As with heat stress we are also able under cold stress to
identify hitherto unknown patterns of temperature behavious in relation to definite brain stem syndromes. Particularly stressed is *the occurrence of a hypothermia
in certain cases with decerebration syndrome*. Typical latent patterns of behaviour
which precede the development of a neurological syndrome can be disclosed in this
way. Consequently, the findings also have a prognostic value.

3. In the *syndrome of brain death* the deficiency of thermoregulation is demonstrated by the *poikilothermic reaction* on exposure to heat and to cold. The absence
of any temperature change with intravenous injection of bacterial endotoxin is
regarded as further evidence of the loss of thermo-regulation. The question is
discussed as to whether there is a replacement at spinal level of a limited temperature regulation, as suggested by THAUER.

The spontaneous tendency of the body temperature towards hyperthermia is
subdivided into three centrally determined, distinct patterns of development and
accompanying clinical findings.

4. The particular pattern of a *functional postoperative hyperthermia after opening up the large intracranial or spinal fluid spaces* is characterized by the appearance
of a 'sine wave' and thus, controlled rise of temperature, up to the region of
39.0°—40.0°. After reaching the peak the hyperthermia falls back within a few
hours to a temperature plateau of around 38.0°. Accompanying autonomic findings include a moderate increase in the pulse, and sometimes also the respiratory
rate. In contrast with a pyrogenic attack of fever, one emphasises particularly
the moderate cessation of all reactions of thermo-regulation; thus shivering is
absent in a rise of temperature and sweating in a fall of temperature. A possible
cause is discussed, with reference to the findings in experimental animals and
analogous to an identical pattern of curve in traumatic subarachnoid haemorrhage.
*This involves a shift of biogenic amines into the thermo-regulatory centre, with adjust-
ment of the central regulator, as a result of the operative entry of blood into the fluid
spaces.* The prognosis of this type of hyperthermia is uniformly favourable.

5. *Central hyperthermia arising after interventions in the region of the hypothalamus* which has been known for a long period already, is described with its
associated clinical symptoms. It is characterized by qualitative disturbances of
consciousness, diabetes insipidus et mellitus and a sympatheticotonic or else ergo-
tropic reaction. The course of the temperature can appear biphasic, but without
extreme values. Accordingly the maximum lies round about 39.0°. Contrasting
patterns of temperature in the shape of a slight hypothermia are also seen which
are indistinguishable from the hyperthermic type as regards their accompanying

symptoms. The prognosis is *unfavourable* in all temperature disturbances resulting from direct diencephalic lesions.

6. The spontaneous *hyperthermia associated with decerebration* is characterized by a sudden onset and a steep rise of the temperature curve to over 40.0° and an equally speedy plateau formation. A general impairment of regulation of the circulation and respiratory functions develops unrelated primarily to the hyperthermia. Secondarily the hyperthermia with associated tachypnoea, uninfluenced by any treatment, leads quite early on to a circulatory collapse with fatal outcome. In decerebration, disturbances of function at the level of the mid-brain appear to play a decisive aetiological rôle, which as regards thermo-regulation *affects preferentially the heat output mechanism*. An adjustment of the central regulator as a cause of the hyperthermia is excluded by the steep pattern of the rise of temperature in the recording. The prognosis of this type of hyperthermia is directly related to the extent to which it responds to therapy.

7. *Hypothermic disturbances of control* of various patterns and types represent, according to the investigations, *a new kind of central autonomic lesion complex*, which reveals a close correlation to definite lesions in the brain stem. The common feature of central hypothermia is the uniformly unfavourable prognosis. Three patterns of hypothermic reaction can be distinguished:

a) A fluctuating pattern with a level about 1° lower than the normal level.

b) A stepwise, falling pattern with a final temperature around 33° and

c) A steeply falling pattern with a final temperature under 32°.

Analysis of the clinical symptoms shows the fluctuating pattern of tracing to be closely related to acute diencephalic lesions and to the unfavourable type of decerebration, whose typical temperature variations follow hyperthermia, strictly speaking. The *stepwise falling temperature* pattern appears predominantly in bulbar syndromes, while the *steeply falling curve*, corresponding to the loss of thermo-regulation indicates brain death.

8. In *central hypothermia*, reversible patterns can be identified in the *differential diagnosis*, namely: *complete transverse lesions in the cervical cord, in haemorrhagic shock* particularly in children and *as a sequel to anaesthesia*. The hypothermia in cervical cord lesions is always spontaneously at a lowest level around 34.0° and is restricted in time to a few days after the acute injury. It appears doubtful, according to statements in the literature whether a complete return of thermo-regulation is possible, even under conditions of stress. In haemorrhagic shock incipient tendencies to hypothermia are reversible with control of the circulatory situation. Additional brain stem lesions indicate a serious complication with worsening of the prognosis. As is known, particularly from controlled hypothermia, hypothermic states caused by anaesthesia are completely reversible, if no central lesions supervene.

Therapeutic Conclusions

The analyses of temperature with aetiological and prognostic differentiation of the various reactions, yield therapeutic aspects and demand certain conclusions, particularly in the vitally important border areas of thermo-regulation. Such a border area is reached in spontaneous hyperthermia in acute decerebration. The fatally progressive vicious circle starts with the circulatory pooling resulting from the hyperthermia, where, as a result of peripheral vasoconstriction the already damaged heat output is further impaired and the hyperthermia becomes more marked. In a group of severe closed cranio-cerebral injuries, with fatal outcome within the first week after injury, the therapeutic effect on the behaviour of the core temperature could be demonstrated as a uniform reference value by means of the final temperature.

The limitation of fluid intake at 1,000—1,500 ml/day, because of the fear of exacerbating an existing brain oedema was, as long as fifteen years ago the determining factor in fatal cases with constant temperatures of around 40.0°. Accordingly the average terminal temperature was around 39.7° in the first period investigated up to about 1958. In consequence of the gradual intensification of treatment, a fatal outcome as a result of decerebration hyperthermia belongs to the past. Treatment today includes the maintenance of fluid balance by electrolyte substitution, the control of metabolism by means of a thyroid block with inorganic iodine and the checking by barbiturates, of extensor spasms provoked by the decerebration. The latter, particularly, reduces the excessive heat production. It is doubtful, at least for decerebration hyperthermia, whether autonomic depressing drugs of the phenothiazine group exert any direct influence on the thermo-regulatory centres. The use of this complex therapy dispenses with the need for any deep cooling of the surrounding temperature to 10° or less. After the return of the body temperature to normal it can even lead to an undesirable hypothermia. This is demonstrated by the example of some cases which were treated at a time when the facts about provoked hypothermic processes were still unknown. On account of the unfavourable thermo-regulatory quotient in relation to body surface area and body volume, deep hypothermic processes can appear, particularly in small children, on exposure to cold. The therapeutic conclusion from observation on provoked hypothermic processes, is the absolute necessity for setting the room temperature at 20°—22° after control of the hyperthermia and correction of the body temperature. Although spontaneous or provoked hypothermic processes associated with transverse brain stem syndromes have, according to our experience up to the present, an absolutely unfavourable prognosis, one should, at least in cases of only moderately disturbed thermo-regulation such as with a fluctuating pattern of temperature, strive to correct the core temperature, in order to prevent the vicious circle of constantly occurring metabolic acidosis. If the influence on the hyperthermia in acute decerebration is of vital significance, the hyperthermia from direct hypothalamic lesions, regardless of whether they are traumatic or post-operative, plays only a subordinate rôle in the consideration of the total syndrome, and never requires intensive therapy. Correspondingly, the briefly sustained spike of temperature which is caused by the adjustment of the central regulator—particularly the post-operative hyperthermia after opening up the large fluid spaces and after subarachnoid haemorrhage—does not call for any therapeutic measures. In any case its effects is limited to a maximum of sixty minutes in the ascending limb of the temperature curve, after which it rises all the more quickly until the "virtual" curve of the intended adjustment is reached.

In conclusion mention must be made of the possible damage to patients by medication to promote heat loss. Although the use of 'Alupent' or similar peripheral vasodilators for opening up the peripheral circulation can indeed influence the central hyperthermia, by an improved heat loss; some of the cases in our own series nevertheless indicate, again particularly in small children, that a vicious circle is set in motion, which ends in a subsequent hypothermia, and often cannot be broken.

The results set out here suggest the following *starting points for future investigations:*

1. The clarification of the local inter-relationship of the catecholamines in the special post-operative hyperthermia and the analagous pattern of behaviour in subarachnoid haemorrhage, using the double isotope method of MATTHIAS and LIEMANN to determine the catecholamines in the C.S.F.

2. Quantitative estimations of muscle tone and measurements of energy exchange, under the particular conditions of clinical work, for the analysis of thermoregulation on the side of heat production, not only in the post-operative types of hyperthermia described, but also particularly in spontaneous and provoked hyperthermia in the decerebration syndrome.

3. Similar investigations in all central types of hypothermia.

Literatur

ADEBAHR, G.: Über vitale Reaktion in der Vita reducta. Antrittsvorlesung bei der Umhabilitation von der Universität Köln an die Universität Frankfurt/M. 13. 7. 1964.

— und G. SCHEWE: Vitale Reaktion und Individualtod. Arch. Kriminol. **141**, 40 bis 44 (1968).

AKERT, K.: Die Physiologie und Pathophysiologie des Hypothalamus. In: SCHALTENBRAND, G., und P. BAILEY: Einführung in die stereotaktischen Operationen, S. 152—225. Stuttgart: Thieme. 1959.

ALPERS, B. J.: Hyperthermia due to lesion in the hypothalamus. Arch. Neurol. Psychiat. (Chic.) **35**, 30—41 (1936).

ALTMAN, R., and W. PRUZANSKI: Post-traumatic hypopituitarism. Ann. Intern. Med. **55**, 149—154 (1961).

AMIN, A. N., T. B. B. CRAWFORD, and J. H. GADDUM: The distribution of substance P and 5-hydroxytryptamine in the central nervous system of the dog. J. Physiol. **126**, 596—618 (1954).

ANDERSSON, B., A. H. BROOK, and L. EKMAN: Further studies of the thyroidal response to local cooling of the "heat loss center". Acta Physiol. Scand. **63**, 186—192 (1965).

— C. C. GALE, and A. OHGA: Suppression by thyroxine of the thyroidal response to local cooling of the "heat loss center". Acta Physiol. Scand. **59**, 67—73 (1963).

— L. EKMAN, C. C. GALE, and J. W. SUNDSTEN: Blocking of the thyroid response to cold by local warming of the preoptic region. Acta Physiol. Scand. **56**, 94—96 (1962).

— — — — Control of thyrotrophic hormone (TSH) secretion by the "heat loss center". Acta Physiol. Scand. **59**, 12—33 (1963).

— M. JOBIN, and K. OLSSON: Serotonine and temperature control. Acta Physiol. Scand. **67**, 50—56 (1966).

ARONSOHN, E., und J. SACHS: Ein Wärmecentrum im Großhirn. Dtsch. Med. Wschr. **10**, 823—825 (1884).

— — Die Beziehungen des Gehirns zur Körperwärme und zum Fieber. Experimentelle Untersuchungen. Pflügers Arch. ges. Physiol. **37**, 232—301 (1885).

BARBOUR, H. G.: Die Wirkung unmittelbarer Erwärmung und Abkühlung der Wärmezentra auf die Körpertemperatur. Arch. exper. Pathol. Pharm. **70**, 1—15 (1912).

BARCKOW, D., H. GRUSKA, H. HEIDRICH, U. HUMPERT, K. IBE und H. KLEMS: Exogene Vergiftungen. Internist **10**, 189—195 (1969).

BAZETT, H. C., B. J. ALPERS, and W. H. ERB: Hypothalamus and temperature control. Arch. Neurol. Psychiat. (Chic). **30**, 728—748 (1933).

— and W. PENFIELD: A study of the Sherrington decerebrate animal in the chronic as well in acute condition. Brain (London) **45**, 185—264 (1922).

BEATON, L. E., and J. D. HERRMANN: Hyperthermia following injury of the preoptic region. Arch. Neurol. Psychiat. (Chic.) **53**, 150—151 (1945).

— C. LEININGER, W. A. McKINLEY, H. W. MAGOUN, and S. W. RANSON: Neurogenic hyperthermia and its treatment with soluble pentobarbital in the monkey. Arch. Neurol. Psychiat. (Chic.) **49**, 518—536 (1943).

BECKMANN, A. L., and H. J. CARLISLE: Effect of intrahypothalamic infusion of acetylcholine on behavioural and physiological thermoregulation in the rat. Nature **221**, 561—562 (1969).

BENZINGER, T. H.: The human thermostat. Sci. Amer. **129**, 2—10 (1961).

— Human thermostat. In: McGRAW-HILL: Yearbook of Science and Technology, S. 261—264. McGraw-Hill Book Co., Inc. 1962.

— Clinical temperature. New physiological basis. J. Amer. Med. Ass. **209**, 1200 bis 1206 (1969).

— A. W. PRATT, and C. KITZINGER: The thermostatic control of human metabolic heat production. Proc. Nat. Acad. Sci. **47**, 730—739 (1961).

BERGER, H.: Über das Elektrenkephalogramm des Menschen. Arch. Psychiat. **87**, 527—570 (1929).

BERGMANN, C. v.: Nichtchemischer Beitrag zur Kritik der Lehre vom Calor animalis. Arch. Anat. Physiol. (Leipzig) 300—319 (1845).

BERTRAND, I., F. LHERMITTE, B. ANTOINE et H. DUCROT: Nécroses massives du systéme nerveux centrale dans une survie arteficielle. Rev. neurol. **101**, 101—115 (1959).

BETZ, E., K. BRÜCK, H. HENSEL, I. JARAI und A. MALAN: Verhalten des Energieumsatzes bei umschriebener Hypothalamuskühlung an der wachen Katze. Pflügers Arch. ges. Physiol. **272**, 76—77 (1960).

BLAGDEN, CH.: Experiments and observations in an heated room. Philosophical Transactions of the Ingenious **65/1**, 111—123 (1775).

BLIGH, J.: The thermosensitivity of the hypothalamus and thermoregulation in mammals. Biol. Rev. **41**, 317—367 (1966).

BOGDANOVE, E. M., B. N. SPIRTOS, and N. S. HALM: Further observations on pituitary structure and function in rats bearing hypothalamic lesions. Endocrinol. **57**, 302—315 (1955).

BREMER, F.: Cerveau «isolé» et physiologie du somneil. C. R. Soc. Biol (Paris) **118**, 1235—1241 (1935).

BRODIE, B. B., and P. A. SHORE: A concept for a role of serotonin and norepinephrine as chemical mediators in the brain. Ann. N. Y. Acad. Sci. **66**, 631—642 (1957).

BRÜCK, K.: Neue Befunde und Vorstellungen zur Thermoregulation. Hippokrates **41**, 46—61 (1970).

BÜRGI, S.: Die Physiologie der neurovegetativen Regulationen. VIII. Die Konstanthaltung der Körpertemperatur und die ihr dienenden Regulationen. In: BÜCHNER, F.: Handbuch der allgemeinen Pathologie, Vol. VIII/2, S. 150—162. Berlin-Heidelberg-New York: Springer. 1966.

BURTON, A. C., and O. G. EDHOLM: Man in a cold environment. London: E. Arnold Publ. 1955.

BUSHART, W., und P. RITTMEYER: Die Kriterien des Todes unter Berücksichtigung der modernen Möglichkeiten der Wiederbelebung und der Intensivbehandlung. Materia Med. Nordmark **21**, 22—29 (1969).

BUTENUTH, J., H. SCHNEIDER und V. SCHNEIDER: Spinale Mechanismen in einem Fall von Hirntod nach Cyanidintoxikation. Dtsch. Z. Nervenheilk. **197**, 255 bis 284 (1970).

CAIRNS, H.: Disturbances of consciousness with lesions of the brain stem and diencephalon. Brain (London) **75**, 109—146 (1952).

— R. C. OLDFIELD, U. B. PENNYBACKER JR., and D. WHITTERIDGE: Acinetic mutisms with an epidermoid cyst of the 3rd ventricle. Brain (London) **64**, 273 bis 290 (1941).

CARLSON, L. D., A. C. L. HSIEH, F. FULLINGTON, and R. W. ELSNER: Immersion in cold water and body tissue insolation. J. Aviation Med. **29**, 145—152 (1958).

CHAUSSAT, CH.: Über den Einfluß des Nervensystems auf die thierische Wärme. Dtsch. Arch. Physiol. **7**, 281—324 (1822).

CHRISTIANI, A.: Zur Physiologie des Gehirns. Berlin: Enslin. 1885.

COHEN, N. M.: Severe cold injury in London. Practitioner **200**, 403—410 (1968).

COOPER, K. E., W. I. CRANSTON, and A. J. HONOUR: Effects of intraventricular and intrahypothalamic injection of Noradrenaline and 5-HT on body temperature in conscious rabbits. J. Physiol. (London) **181**, 852—864 (1965).

CRANSTON, W. I.: Experimental observation on human fever. Nederl.T. Geneeskde. **103**, 244—247 (1959).

CUSHING, H.: Papers relating to the pituitary body, hypothalamus und parasympathetic nervous system. Springfield/Ill.: Thomas. 1932.

DAVISON, C.: Disturbances of temperature regulation in man. Res. Publ. Ass. Nerv. Mental. Dis. **20**, 774 (1940).

— and N. E. SELBY: Hypothermia in cases of hypothalamic lesions. Arch. Neurol. Psychiat. (Chic.) **33**, 570—591 (1935).

DELL, P., M. BONVALLET et A. HUGELIN: Tonus symphatíque, adrénaline et contrôle réticulaire de la motricité spinale. EEG Clin. Neurophysiol. **6**, 599—618 (1954).

DOWNEY, J. A., H. P. CHIODI, and R. C. DARLING: Central temperature regulation in the spinal man. J. Appl. Physiol. **22**, 91—94 (1967).

DUBCZANSKI, V., und B. NAUNYN: Beiträge zur Lehre von der (durch pyrogene Substanzen bewirkten) Temperaturerhöhung. Arch. exper. Pathol. Pharm. **1**, 181—212 (1873).

DUBOIS, E. F.: Why are fever temperatures over 106 °F rare? Amer. J. Med. Sci. **217**, 361—368 (1949).

DUVEN, H. E., und H. W. KOLLRACK: Areflexie: kein obligates Symptom bei dissoziiertem Hirntod. Dtsch. Med. Wschr. **95**, 1346—1348 (1970).

EICHENBERGER, E.: Fieber und endogene Hyperthermie durch pharmakologische und physikalische Maßnahmen. In: EICHLER, O., A. FARAH, H. HERKEN und A. D. WELCH, Handbuch der experimentellen Pharmakologie Vol. XVI/15, S. 215-378. Berlin-Heidelberg-New York: Springer. 1966.

EISENMAN, J. S., and D. C. JACKSON: Thermal response patterns of septal and preoptic neurons in cats. Exper. Neurol. **19**, 33—45 (1967).

ERICKSON, T. C.: Neurogenic hyperthermia (A clinical syndrome and its treatment). Brain (London) **62**, 172—190 (1939).

EULER, C. V.: Physiology and pharmacology of temperature regulation. Pharmac. Rev. **13**, 361—398 (1961).

FAU, R.: Étude EEG des degrés de la vigilance au cours d'un coma traumatique très prolongé. Rev. Neurol. **94**, 818—834 (1956).

FAVORITE, G. O., and H. R. MORGAN: Effects produced by the intravenous injection in man of a toxic antigenic material derived from Eberthella typhosa: clinical, hematological, chemical and serological studies. J. clin. Invest. **21**, 589 bis 599 (1942).

FELDBERG, W.: A new concept of temperature control in the hypothalamus. Proc. Roy. Soc. Med. **58**, 395—404 (1965).

— The role of monoamines in the hypothalamus for temperature regulation. J. Neuro-Viscer. Relat. Suppl. **IX**, 362—384 (1969).

— and K. FLEISCHHAUER: A new experimental approach to the physiology and pharmacology of the brain. Brit. Med. Bull. **21**, 34—43 (1965).

FELDBERG, W., and R. D. MYERS: A new concept of temperature regulation by amines in the hypothalamus. Nature **200**, 1325 (1963).
— — Effects on temperature of amines injected into the cerebral ventricles. A new concept of temperature regulation. J. Physiol. (London) **173**, 226—237 (1964).
— — Temperature changes produced by amines injected into the cerebral ventricles during anaesthesia. J. Physiol. (London) **175**, 464—478 (1964).
— — Changes in temperature produced by mikroinjections of amines into the anterior hypothalamus of cats. J. Physiol. (London) **177**, 239—245 (1965).
FELL, R. H., A. J. GUNNING, K. D. BARDHAN, and D. R. TRIGER: Severe hypothermia as a result of barbiturate overdose complicated by cardiac arrest. Lancet 392—394 (1968).
FISCHGOLD, H., et P. MATHIS: Obnubilations, comas et stupeurs. Etudes électro-encéphaliques. EEG Clin. Neurophysiol. Suppl. **11.** Paris: Masson & Cie. 1959.
FOERSTER, O.: Die Symptomatologie der Erkrankungen des Hypothalamus. Dtsch. Z. Nervenheilk. **135**, 267—271 (1935).
— O. GAGEL und W. MAHONEY: Vegetative Regulationen. Verh. Dtsch. Ges. Inn. Med. **49**, 165—187 (1937).
FOX, R. H., R. GOLDSMITH, D. J. KIDD, and H. E. LEWIS: Acclimatization to heat in man by controlled elevation of body temperature. J. Physiol. (London) **166**, 530—547 (1963)
FRÄNTZEL (1876) zit. n. MÜLLER, R. (1917).
FRAZIER, C. H., B. J. ALPERS, and F. H. LEWY: The anatomical localization of the hypothalamic center for the regulation of temperature. Brain (London) **59**, 122 bis 129 (1936).
FROWEIN, R. A.: Behandlung der Streckstarre im akuten Stadium nach Kopfverletzungen. Zbl. Chir. **83**, 918—919 (1958).
— Beurteilung und Behandlung der Störungen lebenswichtiger Funktionen im akuten Stadium schwerer Schädel-Hirnverletzungen. Acta Neurochir. **9**, 468 bis 495 (1961).
— Diskussionsbeitrag. In: PENIN, H., und C. KÄUFER: Der Hirntod, S. 113—114. Stuttgart: Thieme. 1969.
FULTON, J. F., E. G. T. LIDDELL, and D. McRIOCH: The influence of unilateral distinction of the vestibular nuclei upon posture and knee-jeck. Brain (London) **53**, 311—326 (1930).
GABIBOV, G.: Zum Problem der Störung der Temperaturreaktionen nach Gehirnoperationen. Vop. Nejrochir. **17**, H. 5, 34—39 (1953). Ref.: Zbl. ges. Neurol. Psychiat. **129**, 351 (1954).
GAGEL, O.: Symptomatologie der Erkrankungen des Hypothalamus. In: BUMKE-FOERSTER: Handbuch der Neurologie, Bd. V, S. 482—522. Berlin: Springer. 1936.
GALEN: Methodus medendi. Lib. IX, Cap. 3, p 605 sq. Ed. Kühn X.
GANONG, W. F., D. S. FREDRICKSON, and D. M. HUME: Depression of the thyroidal iodine uptake by hypothalamic lesions. J. clin. Endocrinol. **14**, 773—774 (1954).
GELLHORN, E., W. P. KOELLA, and H. M. BALLIN: Interaction on cerebral cortex of acoustic or optic with nociceptive impulses: the problem of consciousness. J. Neurophysiol. **17**, 14—21 (1954).
GERBRANDY, J., W. J. CRANSTON, and E. S. SNELL: The initial process in the action of bacterial pyrogens in man. Clin. Sc. **13**, 453—459 (1954).
GERLACH, J.: Individualtod — Partialtod — Vita reducta. Probleme der Definition und Diagnose des Todes in der Medizin von heute. Münch. med. Wschr. **110**, 980—983 (1968).

GERLACH, J.: Syndrome des Sterbens und der Vita reducta. Münch. med. Wschr. **111**, 169 bis 176 (1969).
— Gehirntod und totaler Tod. Münch. med. Wschr. **111**, 732—736 (1969).
— Die Definition des Todes in der Medizin. Logische und semantische Grundlagen. Münch. med. Wschr. **112**, 65—70 (1970).

GERSTENBRAND, F.: Das traumatische apallische Syndrom. Wien-New York: Springer. 1967.

GIARMAN, N. J., C. TANAKA, J. MOONEY, and E. ATKINS: Serotonin, Norepinephrine and fever. In: GARATTINI, S., and P. A. SHORE: Advances in pharmacology, Vol. 6, part A, S. 307-317. New-York-London: Academic Press. 1968.

GLASER, G.: Über Vorkommen und Ursachen abnorm niedriger Körpertemperaturen. In.-Diss. Bern. 1878.

GLAUBACH, S., und E. P. PICK: Über zentrale Temperaturregulierung nach Ausschaltung des hypothalamischen Wärmezentrums. Arch. exper. Path. Pharm. **173**, 571—579 (1933).

GLOBUS, J. H., and H. KUHLENBECK: Tumors of the striatothalamic and related regions. Arch. Path. **34**, 674—734 (1942).

GOLDMAN, R. F., E. B. GREEN, and P. F. JAMPIETRO: Tolerance of hot, wet environments by resting men. J. Appl. Physiol. **20**, 271—277 (1965).

GOTTLIEB, R.: Experimentelle Untersuchungen über die Wirkungsweise temperaturherabsetzender Arzneimittel. Arch. exper. Path. Pharm. **26**, 419—452 (1890).

GRIESEL, W.: Hauttemperaturmessungen und Diagnose des zentralen Fiebers. Dtsch. Z. Nervenheilk. **148**, 159—170 (1939).

GRINSTED, P.: Kombineret accidentel hypotermi og barbitursyreforgiftning. Ugeskr. Laeg. **132**, 933—936 (1970).

GROSSE-BROCKHOFF, F.: Pathologische Physiologie, 2. Aufl. Berlin-Heidelberg-New York: Springer. 1969.

GÜTTGEMANN, A., und C. KÄUFER: Zeichen und Zeitpunkt des Todes im Hinblick auf Organtransplantationen. Dtsch. Ärzteblatt **66**, 2659—2666 (1969).

GUTTMANN, L., J. SILVER, and C. H. WINDHAM: Thermoregulation in spinal man. J. Physiol. (London) **142**, 406—419 (1958).

HALLER: Elementa physiologiae Lib. X, 1757—1766 (1757).

HAMMEL, H. T., E. SIMON, S. STRØMME, and K. LANGE ANDERSEN: A field study of physiological adjustment to increased muscular activity with and without cold exposure. Part IV: Thermal and metabolic responses during a night of moderate cold exposure. Acta Universitatis Lundensis Sectio II, Nr. 13 Lund, C. W. K. Gleerup. 1966.

HARDY, J. D.: Physiology of temperature regulation. Physiol. Rev. **41**, 521—606 (1961).

HARNACK, E.: Zur Deutung der temperaturerniedrigenden Wirkung der Krampfgifte. Centralbl. Physiol. **12**, 621—624 (1898).

HARTMANN & BRAUN: Elektrische und wärmetechnische Messungen. 11. Aufl. Frankfurt: H. & B.-Eigendruck. 1963.

HASHIMOTO, M.: Fieberstudien, II. Mitteilung. Arch. exper. Path. Pharm. **78**, 394 bis 444 (1915).

HASLAG, W. M., and A. B. HERTZMAN: Temperature regulation in young woman. J. Appl. Physiol. **20**, 1283—1288 (1965).

HASSLER, R.: Weckeffekte und delirante Zustände durch elektrische Reizungen bzw. Ausschaltungen im menschlichen Zwischenhirn. Congr. Internat. Neurochir. (Brüssel) Rapp. I, 179—181 (Film) (1957).

HASSLER, R.: Funktionelle Neuroanatomie und Psychiatrie. In: GRUHLE, H. W., R. JUNG, W. MAYER-GROSS und M. MÜLLER: Psychiatrie der Gegenwart, S. 152—285. Berlin-Heidelberg-New York: Springer. 1967.
— Bilaterale Stammganglienreizung bei Apallikern. Veroneser Konferenz über das Apallische Syndrom. Verona 11./12. 4. 1970.
HEGNAUER, A. H.: Lethal hypothermic temperatures for dog and man. Ann. N. Y. Acad. Sci. **80**, 315—319 (1959).
HELLON, R. F., A. R. LIND, and J. S. WEINER: The physiological reactions of men of two age groups to a hot environment. J. Physiol. (London) **133**, 118—131 (1956).
HELLSTRÖM, B., and K. LANGE ANDERSEN: Heat output in the cold from hands of Artic fishermen. J. Appl. Physiol. **15**, 771—775 (1960).
HEMINGWAY, A.: Shivering. Physiol. Rev. **43**, 397—422 (1963).
HENSEL, H.: Mensch und warmblütige Tiere. In: PRACHT-CHRISTOPHERSEN-HENSEL: Temperatur und Leben, S. 329—466. Berlin-Göttingen-Heidelberg: Springer. 1955.
HESS, W. R.: Das Zwischenhirn. Syndrome, Lokalisationen und Funktionen, 2. Aufl. Basel: Schwabe. 1954.
— Hypothalamus und Thalamus. Experimental-Dokumente. Stuttgart: Thieme. 1956.
HOLMES, G.: The clinical symptoms of gunshot wounds of the spine. Brit. med. J. ii, 815—821 (1915).
HURLEY, D. A., E. D. L. TOPLIFF, and F. GIRLING: Acute exposure of human subjects to an ambient temperature of 10° C. Canad. J. Physiol. Pharm. **42**, 233 bis 243 (1964).
ISENSCHMID, R., und L. KREHL: Über den Einfluß des Gehirns auf die Wärmeregulation. Arch. exper. Path. Pharm. **70**, 109—134 (1912).
— und W. SCHNITZLER: Beitrag zur Lokalisation des der Wärmeregulation vorstehenden Zentralapparates im Zwischenhirn. Arch. exper. Path. Pharm. **76**, 202—223 (1914).
ITO, H.: Über den Ort der Wärmebildung nach Gehirnstich. Z. Biol. **38**, 63—226 (1899).
JAMPIETRO, P. F., and R. F. GOLDMAN: Tolerance of man working in hot, humid environments. J. Appl. Physiol. **20**, 73—76 (1965).
JANSSEN, V.: Über subnormale Körpertemperaturen. Dtsch. Arch. klin. Med. **53**, 247—264 (1894).
JEFFERSON, G.: The nature of concussion. Brit. Med. J. **1**, 1—5 (1944).
— Altered consciousness associated with brain-stem lesions. Brain (London) **75**, 55—67 (1952).
JELLINGER, K.: Zur Neuropathologie des Komas und postkomatöser Encephalopathie. Wien. klin. Wschr. **80**, 505—517 (1968).
JESSEN, C.: Auslösung von Hecheln durch isolierte Wärmung des Rückenmarks am wachen Hund. Pflügers Arch. ges. Physiol. **297**, 53—70 (1967).
— K.-A. MEURER, und E. SIMON: Steigerung der Hautdurchblutung durch isolierte Wärmung des Rückenmarkes am wachen Hund. Pflügers Arch. ges. Physiol. **297**, 35—52 (1967).
KAHN, E. A.: Postoperative loss of temperature control — Poikilothermia. J. Neurosurg. **15**, 329—335 (1958).
KAHN, R. H.: Über die Erwärmung des Carotidenblutes. Arch. Anat. Physiol.; physiol. Abt. Suppl. **I**, 81—134 (1904).
KAISER, G.: Künstliche Insemination und Transplantation. In: GÖPPINGER, H.: Arzt und Recht, S. 58—95. München: Beck. 1966.

Kang, D. H., P. K. Kim, B. S. Kang, S. H. Song, and S. K. Hong: Energy metabolism and body temperature of the ama. J. Appl. Physiol. **20**, 46—50 (1965).

Kaplan, H. A., J. C. Hart, and J. Browder: Hypothermia associated with a mesencephalic lesion. J. Neuropath. exper. Neurol. **11**, 116—136 (1952).

Käufer, C., und H. Penin: Todeszeitbestimmung beim dissoziierten Hirntod. Dtsch. med. Wschr. **93**, 679—684 (1968).

Kautzky, R., und U. Buchard: Beitrag zur Kenntnis des postencephalographischen Fiebers und „zentraler" Temperatursteigerungen im allgemeinen. Dtsch. Z. Nervenheilk. **164**, 143—156 (1950).

— A. Kessler und D. Mohring: Temperaturverlaufsform nach Hirnoperationen. Diskussionsbeitrag. Dtsch. Z. Nervenheilk. **162**, 229—232 (1950).

— und H. G. Ullrich: Das Verhalten der Körpertemperatur nach verschieden lokalisierten Operationen am Zentralnervensystem. Zbl. Neurochir. **11**, 233 bis 245 (1951).

Keller, A. D.: Observations on the localization of the heat regulating mechanisms in the upper medulla and pons. Amer. J. Physiol. **93**, 665 (1930).

— and W. K. Hare: Heat regulation in medullary and in midbrain praeparations. Proc. Soc. exper. Biol. Med. (New York) **29**, 1067 (1932).

— — The hypothalamus and heat regulation. Proc. Soc. exper. Biol. Med. (New York) **29**, 1069—1070 (1932).

— — The independence of righting reflexes and of normal muscle-tone from the rubro-spinal tracts. Amer. J. Physiol. **105**, 61 (1933).

— and E. B. McClaskey: Localization, by the brain slicing method, of the level or levels of the cephalic brainstem upon which effective heat dissipation is dependent. Amer. J. Physiol. Med. **45**, 181—213 (1964).

Kernohan, J. W., and H. W. Woltman: Incisura of the crus due to contralateral brain tumor. Arch. Neurol. Psychiat. (Chic.) **21**, 274—287 (1929).

Killeffer, F. A., and W. E. Stern: Chronic effects of hypothalamic injury. Arch. Neurol. **22**, 419—429 (1970).

Klingon, G. H.: Caloric stimulation in localisation of brainstem lesions in a comatose patient. Arch. Neurol. Psychiat. (Amer.) **68**, 233—235 (1952).

Klussmann, F. W.: Der Einfluß der Temperatur auf die afferente und efferente motorische Innervation des Rückenmarks. I. Temperaturabhängigkeit der afferenten und efferenten Spontantätigkeit. Pflügers Arch. ges. Physiol. **305**, 295—315 (1969).

— und E. Simon: Das Rückenmark als Modell für ein Temperatur-Regulationszentrum. Med. Welt **17**, 2446—2447 (1966).

Koella, W. P., and E. Gellhorn: The influence of diencephalic lesions upon the action of nociceptive impulses and hypercapnia on the electrical activity of the cat's brain. J. comp. Neurol. **100**, 243—256 (1954).

Kornblum, K.: A clinical and experimental study of hyperthermia. Arch. Neurol. Psychiat. (Chic.) **13**, 754—766 (1925).

Kornblum, R. N., and R. S. Fisher: Pituitary lesions in craniocerebral injuries. Arch. Pathol. **88**, 242—248 (1969).

Kornhuber, H.: Physiologie und Klinik des zentralvestibulären Systems (Blick- und Stützmotorik). In: Handbuch für Hals-Nasen-Ohrenheilkunde, Bd. III/3, S. 2150—2351. Stuttgart: Thieme. 1966.

Kosaka, M., E. Simon, R. Thauer, and O. E. Walther: Effect of thermal stimulation of spinal cord on respiratory and cortical activity. Amer. J. Physiol. **217**, 858—863 (1969).

Krannhals, H. v. (1904) zit. n. Müller, R. (1917).

KRETSCHMER, E.: Das apallische Syndrom. Zschr. ges. Neurol. Psychiat. **169**, 576 bis 579 (1940).

KROLL, F. W.: Hauttemperaturmessungen bei zentralen Fieberstörungen. Dtsch. Z. Nervenheilk. **135**, 232—245 (1935).

LABORIT, H., et P. HUGUENARD: Pratique de l'hibernotherapie en chirurgie et en médicine. Paris: Masson & Cie. 1954.

LARENG, L., B. CATHALA, H. FARDOU et M. F. JORDA: Les hypothermies accidentelles toxiques. Presse Méd. **78**, 1313—1316 (1970). .

LAUFMAN, H.: Profound accidental hypothermia. J. Amer. Med. Ass. **147**, 1201 bis 1212 (1951).

LAUSBERG, G.: Der Verlust der Temperaturregulation beim zentralen Tod — reversibel? Dtsch. Med. Wschr. **95**, 1301—1303 (1970).

— Posttraumatische zentrale Hyperthermie und Hypothermie. Actuelle Chirurgie **5**, 353—358 (1970).

— Disorders of Central Temperature Regulation. In: H. W. PIA, E. GROTE, F. MUNDINGER, and J. R. W. GLEAVE, Modern Aspects of Neurosurgery, Vol. 1—2, p. 111—115. Amsterdam: Excerpta Medica. 1971.

— Die Bedeutung zentraler Temperaturregulationsstörungen für Therapie und Prognose schwerer gedeckter Schädelhirnverletzungen. Hefte Unfallheilk. **107**, 209—213 (1971).

— Das Temperaturverhalten im Schock aus neurochirurgischer Sicht. Z. Wiederbelebung — Organersatz — Intensivmedizin, Suppl. **2**, 96—101 (1971).

LAVOISIER, A. L.: Expériences sur la respiration des animaux. Memoire à l'Academie des Sciences, May 3, 1777. Lavoisier Ouvres I, 2, 174—183 (1862).

LE BEAU, J., J. L. FUNCK-BRENTANO et P. CASTAIGNE: Le traitement des comas prolongés. Presse Méd. **66**, 820—833 (1958).

LEE, D. Y., S. K. HONG, and P. H. LEE: Physical insulation of healthy men and women over 60 years. J. Appl. Physiol. **20**, 51—55 (1965).

LEE, H. A., and A. C. AMES: Haemodialysis in severe barbiturate poisoning. Brit. med. J. i. 1217—1219 (1965).

LESCHKE, E.: Über den Einfluß des Zwischenhirns auf die Wärmeregulation. Z. exper. Path. Ther. **14**, 167—176 (1913).

LESON, M.: Contribution à l'étude des comas prolongés. These méd. Paris 1960.

LIEBERMEISTER, C.: Handbuch der Pathologie und Therapie des Fiebers. Leipzig: F. C. W. Vogel. 1875.

LIEBHARDT, E. W.: Zivilrechtliche Probleme an der Grenze von Leben und Tod. Dtsch. Z. gesamt. gerichtl. Med. **57**, 31—36 (1966).

LINDENBERG, R.: Die Gefäßversorgung und ihre Bedeutung für Art und Ort von kreislaufbedingten Gewebsschäden und Gefäßprozessen. In: SCHOLZ, W. v.: Handbuch Spezielle Anatomie, XII 1/B, S. 1071—1164. Berlin-Göttingen-Heidelberg: Springer. 1957.

LINTON, A. L., and J. A. MACLEDINGHAM: Severe hypothermia with barbiturate intoxication. Lancet i, 24—26 (1966).

LOEW, F.: Verhütung postoperativer Komplikationen durch Ganglienblocker. Anaesthesist **2**, 155 (1953).

— und S. WÜSTNER: Diagnose, Behandlung und Prognose der traumatischen Haematome des Schädelinneren. Acta Neurochir. (Wien) Suppl. VIII, 1960.

LORENZ, R.: Kriterien der Hirntätigkeit in lebensbedrohten Zuständen, ein Beitrag zur Frage des zentralen Todes. Acta Neurochir. (Wien) **20**, 309—329 (1969).

MACMILLAN, A. L., J. L. CORBETT, R. H. JOHNSON, A. C. SMITH, J. M. K. SPALDING, and L. WOLLNER: Temperature regulation in survivors of accidental hypothermia of the elderly. Lancet 7508, 165—169 (1967).

MAGOUN, H. W., F. HARRISON, J. R. BROBECK, and S. W. RANSON: Activation of heat loss mechanism by local heating of the brain. J. Neurophysiol. **1**, 101—114 (1938).

MARTIN, W.: Tiefe Hypothermie bei Barbituratintoxikation. Med. Klinik **65**, 24 bis 29 (1970).

MASSHOFF, W.: Allgemeine und spezielle Pathologie der Vita reducta. Verh. Dtsch. Ges. inn. Med. **69**, 59—84 (1963).
— Zum Problem des Todes. Münch. med. Wschr. **110**, 3473—3482 (1968).

MATTHIAS, F. R., und F. LIEMANN: Über eine Doppelisotopentechnik zur Bestimmung von Catecholaminen. Klin. Wschr. **48**, 873—876 (1970).

MAYER, E. T.: Verteilungsmuster von Hirnrindenschäden nach Herzstillstand und Kreislaufkollaps. Verh. Dtsch. Ges. Path. **51**, 371—376 (1967).
— Zur Klinik und Pathologie des traumatischen Mittelhirn- und apallischen Syndroms. Ärztl. Forschung **22**, 163—172 (1968).
— P. MEHRAEIN und G. PETERS: Zur Differentialdiagnose der posttraumatischen cerebralen Hämatome (posttraumatische Frühapoplexie). In: BAMMER, H. G.: Zukunft der Neurologie, S. 133—146. Stuttgart: Thieme. 1967.

McNEALY, D. E., and F. PLUM: Brainstem dysfunction with supratentorial mass lesions. Arch. Neurol. **7**, 10—32 (1962).

MEYER, H. H.: Theorie des Fiebers und seine Behandlung. Zbl. Ges. Inn. Med. **6**, 385—386 (1913).

MOLLARET, P.: Über die äußersten Möglichkeiten der Wiederbelebung. Die Grenzen zwischen Leben und Tod. Münch. med. Wschr. **104**, 1539—1545 (1962).
— I. BERTRAND et H. MOLLARET: Coma dépassé et nécroses nerveuses centrales massives. Rev. Neurol. **101**, 116—139 (1959).
— et M. GOULON: Le coma dépassé (Mémoire préliminaire). Rev. Neurol. **101**, 3—15 (1959).

MOLNAR, G. W.: Survival of hypothermia by men immersed in the ocean. J. Amer. Med. Ass. **131**, 1046—1050 (1946).

MORUZZI, G., and H. W. MAGOUN: Brain-stem reticular formation and activation of the EEG. EEG. Clin. Neurophysiol. **1**, 455—473 (1949).

MÜLLER, D.: Fehldiagnosen infolge Massenverschiebungen des Gehirns. In: LEONHARD, K.: Die klinische Lokalisation der Hirntumoren, S. 238—260. Leipzig: J. A. Barth. 1965.

MÜLLER, R.: Unterwärme des Körpers. Münch. med. Wschr. **73**, 1036—1039 (1917).

MURPHY, J. P., and E. GELLHORN: The influence of hypothalamic stimulation on cortically induced movements and on action potentials of the cortex. J. Neurophysiol. **8**, 341—364 (1945).
— — Further investigations on diencephalic-cortical relations and their significance for the problem of emotions. J. Neurophysiol. **8**, 431—447 (1945).

MURRI: Sulla teoria della febbre. Fermo 1874.

NAKAYAMA, T., and J. D. HARDY: Unit responses in the rabbit's brain stem to changes in brain and cutaneous temperature. J. Appl. Physiol. **27**, 848—857 (1969).

NAUNYN, B., und H. QUINKE: Über den Einfluß des Centralnervensystems auf die Wärmebildung im Organismus. Arch. Anat. Physiol. (Leipzig) 174—199 (1869).

NEUHAUS, G.: Pathophysiologie und Klinik von Erkrankungen bei Patienten unter Bedingungen der vita reducta. Verh. Dtsch. Ges. inn. Med. **69**, 16—39 (1963).

NICOLAYSEN, J.: Stärk Synkning af Legemsvarmen. Jber. Med. I, 283 (1875).

OBREGIA, A., A. DIMOLESCO et S. CONSTANTINESCO: Syndrome infundibulo-tuberien avec troubles mentaux complexes par tumeur supra-sellaire du troisième ventricule. Étude anatomo-clinique. Encéphale (Paris) **27**, 93—106 (1932).

OLIVECRONA, H.: Die chirurgische Behandlung der Hirngeschwülste. In: KRAUSE, F.: Neue deutsche Chirurgie, Bd. 50, Die spezielle Chirurgie der Gehirnkrankheiten, S. 193—376. Stuttgart: F. Enke. 1941.

OTT, J.: The relation of the nervous system to the temperature of the body. J. Nerv. Ment. Dis. 11, 141—152 (1884).

— The function of the tuber cinereum. J. Nerv. Ment. Dis. 18, 431 (1891).

PEMBREY, M. S.: The temperature of man and animals after section of the spinal cord. Brit. med. J. ii, 883—884 (1897).

PENIN, H.: Persönliche Mitteilung 1970.

— und C. KÄUFER: Der Hirntod. Todeszeitbestimmung bei irreversiblem Funktionsverlust des Gehirns. Stuttgart: Thieme. 1969.

PERELMAN, R., M. HAMBOURG, C. BORALEVI, J. C. DESBOIS, J. M. WATCH et J. MARIE: Cachexie diencéphalique bilan hormonal. Étude anatomique de l'hypophyse. Semaine Hôpitaux 45, 1836—1841 (1969).

PFLÜGER, E.: Über Wärmeregulation der Säugetiere. Pflügers Arch. ges. Physiol. 12, 282—333 (1876).

PIA, H. W.: Indikation zu chirurgischem Eingreifen bei Schädel-Hirnverletzungen unter besonderer Berücksichtigung der Verkehrsunfälle. Langenbecks Arch. klin. Chirurg. 279, 178—180 (1954).

— Klinik und Behandlung der schweren gedeckten Schädel-Hirnverletzungen. Langenbecks' Arch. klin. Chirurg. 280, 623—640 (1955).

— Die Schädigung des Hirnstammes bei den raumfordernden Prozessen des Gehirns. Ein Beitrag zur Pathogenese, Klinik und Behandlung der Massenverschiebungen des Gehirns. Acta Neurochir. (Wien) Suppl. IV, 1957.

POLLOCK, L. J., B. BOSHES, H. CHOR, J. FINKELMAN, A. J. ARIEFF, and M. BROWN: Defects in regulatory mechanisms of autonomic function in injuries to spinal cord. J. Neurophysiol. 14, 85—93 (1951).

PORTER, R. J., and R. A. MILLER: Diabetes insipidus following closed head injury. J. Neurol. Neurosurg. Psychiat. 11, 258—262 (1948).

PRINCE, A. L., and L. J. HAHN: The effect on body temperature induced by thermal stimulation of the heat center in the brain of the cat. Amer. J. Physiol. 46, 412—415 (1918).

RANSON, S. W., and H. W. MAGOUN: The hypothalamus. Ergebn. Physiol. 41, 56—163 (1939).

RATNER, J.: Tumor des Mittelhirnes unter dem Bilde einer pluriglandulären Insuffizienz. Klin. Wschr. 4, 599—600 (1925).

REID, W. L., and W. V. CONE: Mechanism of fixed dilatation of the pupil resulting from ipsilateral cerebral compression. J. Amer. Med. Ass. 112, 2030—2034 (1939).

REINCKE, I. I.: Beobachtungen über die Körpertemperatur Betrunkener. Dtsch. Arch. klin. Med. 16, 12—18 (1875).

REULEN, H. J., F. MEDZIHRADSKY, R. ENZENBACH, F. MARGUTH, and W. BRENDEL: Electrolytes, fluids and energy metabolism in human cerebral edema. Arch. Neurol. 21, 517—525 (1969).

RICHET, C.: De l'influence des lésions du cerveau sur la température. C. R. Acad. Sci. (Paris) 98, 827—829 (1884).

— Die Beziehungen des Gehirns zur Körperwärme und zum Fieber. Pflügers Arch. ges. Physiol. 37, 624—625 (1885).

RIEGEL, F.: Über den Einfluß des Centralnervensystems auf die thierische Wärme. Pflügers Arch. ges. Physiol. 5, 629—672 (1872).

RIESNER, D., und K. J. ZÜLCH: Über die Formveränderungen des Hirns (Massenverschiebungen, Zisternenverquellungen) bei raumbeengenden Prozessen. Dtsch. Z. Chir. 253, 1—61 (1939).

ROSENTHAL, J.: Zur Kenntnis der Wärmeregulirung bei den warmblütigen Thieren. Erlangen 1872.

RUBNER, M.: Die Gesetze des Energieverbrauches bei der Ernährung. Leipzig-Wien: Urban & Schwarzenberg. 1902.

SCHIFF, M.: Untersuchungen zur Physiologie des Nervensystems. Frankfurt: Literatur Anstalt. 1855.

SCHNEIDER, H.: Kriterien des Eintrittes des Todes. Öffentl. Gesundheitswesen 11, 536—541 (1969).

— Zur Feststellung des Hirntodes. Dtsch. Med. Wschr. 94, 2404—2405 (1969).

— Der Hirntod. Begriffsgeschichte und Pathogenese. Nervenarzt 41, 381—387 (1970).

— W. MASSHOFF und G. A. NEUHAUS: Zerebraler Tod und Reanimation. Z. Wiederbelebung — Organersatz 4, 88—107 (1967).

SCHÖNBORN, E. v.: Untersuchungen über den nervösen Mechanismus der Wärmeregulation. Z. Biol. 56, 209—222 (1911).

SCHULTZE, O.: Über den Wärmehaushalt des Kaninchens nach dem Wärmestich. Arch. exper. Pathol. Pharm. 43, 193—216 (1900).

SEEGER, W.: Atemstörungen bei intrakraniellen Massenverschiebungen. Acta Neurochir. (Wien) Suppl. XVII, 1968.

SERINGE, P., B. PLAINFOSSE et P. DESPRES: Cachexie infantile pur tumeur de l'hypothalamus antérieur. Soc. Med. Hôpitaux (Paris) 116, 1123—1129 (1965).

SHERRINGTON, C. S.: Decerebrate rigidity and reflex coordination of movements. J. Physiol. (London) 22, 319—332 (1898).

— Notes on temperature after spinal transsection, with some observations on shivering. J. Physiol. (London) 58, 405—424 (1924).

SIMON, E.: Spinale Hypertonie. Der Kreislauf bei spinaler Hypothermie. Habilitationsschrift, Gießen 1968.

— and M. IRIKI: Ascending neurons of the spinal cord activated by cold. Experientia 26, 620—622 (1970).

— F. W. KLUSSMANN, W. RAUTENBERG und M. KOSAKA: Kältezittern bei narkotisierten spinalen Hunden. Pflügers Arch. ges. Physiol. 291, 187—204 (1966).

— W. RAUTENBERG, R. THAUER und M. IRIKI: Auslösung thermoregulatorischer Reaktionen durch lokale Kühlung im Vertebralkanal. Naturwissenschaften 50, 337 (1963).

— — — — Die Auslösung von Kältezittern durch lokale Kühlung im Wirbelkanal. Pflügers Arch. ges. Physiol. 281, 309—331 (1964).

SKRZYPCZAK, J.: Therapie der zentralen Hyperthermie. Psych. Neurol. Med. Psychol. (Leipzig) 17, 240—243 (1965).

SORGO, W.: Experimentelle Untersuchungen über die Klinik der Verquellung der Cisterna ambiens. Dtsch. Z. Nervenheilk. 149, 271—283 (1939).

SPANN, W., und E. LIEBHARDT: Reanimation und Feststellung des Todeszeitpunktes. Münch. med. Wschr. 108, 1410—1414 (1966).

SPATZ, H., und G. J. STROESCU: Zur Anatomie und Pathologie der äußeren Liquorräume des Gehirns. (Die Zisternenverquellung beim Hirntumor.) Nervenarzt 7, 425—437 und 481—498 (1934).

SPIEGEL, E. A.: Die Zentren des autonomen Nervensystems. Berlin: Springer. 1928.

STRAUSS, I., and J. H. GLOBUS: Tumor of the brain with disturbance in temperature regulation. Arch. Neurol. Psychiat. 25, 506—521 (1931).

STRÖM, G.: Central nervous regulation of body temperature. Hdb. Physiol. Sect. 1, Vol. 2, S. 1173—1196. Washington, D.C.: Amer. Physiol. Soc. 1960.

Sunderman, F. W., and W. Haymaker: Hypothermia and elevated serum magnesium in a patient with facial hemangioma extending into the hypothalamus. J. Amer. Med. Sci. **213**, 562—571 (1947).

Szentagothai, J.: Anatomical basis of visuo-vestibular coordination of motility. Proc. internat. Union Physiol. Sci. Vol. I/2, 485—489 (1962).

Tandon, P. N.: Brainstem hemorrhage in cranio-cerebral trauma. Acta Neurol. Scand. **40**, 375—385 (1964).

Tarlov, J. M., and A. Giancotti: Acute increased intracranial pressure: an experimental-clinical study adding diagnosis. Trans. Amer. Neurol. Ass. **81**, 118 bis 121 (1956).

— — and A. Rapisarda: Acute intracranial hypertension. Experimental-clinical correlations. Arch. Neurol. (Chic.) **1**, 3—18 (1959).

Thauer, R.: Wärmeregulation und Fieberfähigkeit nach operativen Eingriffen am Nervensystem homoiothermer Säugetiere. Pflügers Arch. ges. Physiol. **236**, 102—147 (1935).

— Der Mechanismus der Wärmeregulation. Ergebn. Physiol. **41**, 607—805 (1939).

— Wärmezentrum und Wärmeregulation. Klin. Wschr. **20**, 969—973 (1941).

— Physiologie der Wärmeregulation. Acta Neurovegetat. **11**, 12—37 (1955).

— Der nervöse Mechanismus der chemischen Temperaturregulation des Warmblüters. Naturwissenschaften **51**, 73—80 (1964).

— The central temperature regulation. In: H. W. Pia, E. Grote, F. Mundinger, and J. R. W. Gleave, Modern Aspects of Neurosurgery, Vol. 1—2, p. 99—110. Amsterdam: Excerpta Medica. 1971.

— und G. Peters: Wärmeregulation nach operativer Ausschaltung des „Wärmezentrums". Pflügers Arch. ges. Physiol. **239**, 483—514 (1938).

Tollens (1907) zit. n. Müller, R. (1917).

Tönnis, W.: Pathophysiologie und Klinik der intrakraniellen Drucksteigerung. In: Hdb. Neurochirurgie, I/1, S. 304—445. Berlin-Göttingen-Heidelberg: Springer. 1959.

Uotila, U. U.: On the role of the pituitary stalk in the regulation of the anterior pituitary, with special reference to the thyreotropic hormone. Endocrinol. **25**, 605—614 (1939).

Vale, R. J., and H. F. Lunn: Heat balance in anaesthetized surgical patients. Proc. Roy. Soc. Sect. Anaesthetics **62**, 1017—1018 (1969).

Verbiest, H.: Temperature und heat regulation. Folia psychiat. neurolog. Japonica **59**, 363—407 (1956).

Vigouroux, R., R. Naquet, C. Baurand, M. Choux, G. Salomon et R. Khalil: Evolution électro-radio-clinique de comas graves prolongés post-traumatiques. Rev. Neurol. **110**, 72—81 (1964).

Vogt, M.: The concentration of sympathin in different parts of the central nervous system under normal conditions and after the administration of drugs. J. Physiol. (London) **123**, 451—481 (1954).

Volkmann, J. (1917). Zit. n. Müller, R. (1917).

Voss R., H. L'Allemand und F. X. Eisenreich: Hypothermie bei pharmakologischer Drosselung der Schilddrüse. Langenbeck's Arch. klin. Chirurg. **289**, 319—321 (1958).

— und D. Walther: Einfluß der Drosselung endokriner Leistungen auf die Wiederbelebungszeit des Rückenmarks. Langenbeck's Arch. klin. Chirurg. **293**, 616 bis 622 (1960).

Walther, D., und R. Voss: Über die Verlängerung der Wiederbelebungszeit des Rückenmarks nach vorheriger Schilddrüsenbehandlung mit Endojodin. Langenbeck's Arch. klin. Chirurg. **295**, 800—804 (1960).

Wechsler, I. S.: Hypothalamic syndromes. Brit. med. J. 375—378 (1956).

Wenzel, H. G.: Möglichkeiten und Probleme der Beurteilung von Hitzebelastungen des Menschen. Arbeitswissenschaft **3**, 73—83 (1964).

— Untersuchungen des Erholungsverlaufes nach Hitzearbeit. Ergonomics Suppl. Okt., 151—157 (1965).

— Über die Beziehungen zwischen Körperkerntemperatur und Pulsfrequenz des Menschen bei körperlicher Arbeit unter warmen Klimabedingungen. Int. Z. angew. Physiol. einschl. Arbeitsphysiol. **26**, 43—94 (1968).

— Persönliche Mitteilung 1968.

Wesemann, W., H. Eggert und H. Kirschstein: Zur Pathogenese und Therapie des Hirnoedems. Acta Neurochirurgica (im Druck).

Wezler, K., und R. Thauer: Erträglichkeitsgrenze für wechselnde Raumtemperatur und -feuchte. Pflügers Arch. ges. Physiol. **250**, 192—199 (1948).

Wheatley, M. D.: The hypothalamus and affective behavior in cats. Arch. Neurol. (Chic.) **52**, 296—316 (1944).

Wilson, S. A. K.: On decerebrate rigidy in man and the occurrence of tonic fits. Brain (London) **43**, 220—268 (1920).

Witter, H., und R. Tascher: Hypophysär-hypothalamische Krankheitsbilder nach stumpfem Schädel-Trauma. Fortschr. Neurol. Psychiat. **25**, 523—546 (1957).

Wittermann, E.: Hypophysengangstumoren und vegetative Zentren des Zwischenhirns. Nervenarzt **9**, 441—453 (1936).

Wood, H. C.: Fever. Washington 1880.

Wyndham, C. H., B. Metz, and A. Munro: Reactions to heat of Arabs and Caucasians. J. Appl. Physiol. **19**, 1051—1054 (1964).

— R. K. McPherson, and A. Munro: Reactions to heat of aborgines and Caucasians. J. Appl. Physiol. **19**, 1055—1058 (1964).

— R. Plotkin, and A. Munro: Physiological reactions to cold of man in the Antartic. J. Appl. Physiol. **19**, 593—597 (1964).

— J. F. Morrison, and C. G. Williams: Heat reactions of male and female Caucasians. J. Appl. Physiol. **20**, 357—364 (1965).

— N. B. Strydom, J. F. Morrison, C. G. Williams, G. A. G. Bredell, M. J. E. v. Rahden, L. D. Holdsworth, C. H. van Graan, A. J. van Rensburg, and A. Munro: Heat reactions of Caucasians and Bantu in South Africa. J. Appl. Physiol. **19**, 598—606 (1964).

— — A. Munro, R. K. McPherson, B. Metz, G. Schaff, and J. Schieber: Heat reactions of Caucasians in temperate, in hot, dry, and in hot, humid climates. J. Appl. Physiol. **19**, 607—612 (1964).

— — J. S. Ward, J. F. Morrison, C. G. Williams, G. A. G. Bredell, M. J. E. v. Rahden, L. D. Holdsworth, C. H. van Graan, A. J. van Rensburg, and A. Munro: Physiological reactions to heat of Bushmen and of unacclimatized and acclimatized Bantu. J. Appl. Physiol. **19**, 885—888 (1964).

— — C. G. Williams, J. F. Morrison, G. A. G. Bredell, J. Peter, C. H. van Graan, L. D. Holdsworth, A. J. van Rensburg, and A. Munro: Heat reactions of some Bantu tribesmen in southern Africa. J. Appl. Physiol. **19**, 881—884 (1964).

Zernicki, B., R. W. Doty, and G. Santibañez-H: Isolated midbrain in cats. EEG. Clin. Neurophysiol. **28**, 221—235 (1970).

Zimmermann, H. M.: Temperature disturbances and the hypothalamus. Arch. Nerv. Ment. Dis. **20**, 824 (1940).

Zülch, K. J.: Störungen des intracraniellen Druckes. In: Hdb. Neurochirurgie, I/1, S. 208—303. Berlin-Göttingen-Heidelberg: Springer. 1959.

ZÜLCH, K. J.: „Zentrales Fieber"? Septisches Fieber? Wärmestauung? Dtsch.
   Med. Wschr. **87**, 1881—1885 (1962).
— und J. HESSELMANN: Vegetative und endokrine Symptome nach traumatischer
   Hypothalamusschädigung. Symposion über Stoffwechsel und vegetative Regu-
   lationszentren. Bonn, 19.—22. 8. 1965.

Weitere Literatur, die zur Bearbeitung des Themas eingesehen wurde:

ADOLPH, E. F. u. a.: Physiology of man in the desert. New York: Interscience Pub-
   lishers. 1947.
DUBOIS, E. F.: Fever and the regulation of body temperature. Springfield, Ill.:
   Ch. C Thomas. 1948.
HARDY, J. D.: Temperature, its measurement and control. In: HERZFELD, C. M.:
   Biology and Medicine, Vol. 3, Part 3. New York: Reinhold Publishing Corpora-
   tion. 1963.
HERZFELD, C. M.: Biology and Medicine. New York: Reinhold Publishing Corpora-
   tion. 1963.
KERN, E., und K. WIEMERS: Chirurgische Pathophysiologie und Klinik der Tem-
   peraturregulation. Stuttgart: F. Enke. 1961.
PRECHT, H., J. CHRISTOPHERSEN und H. HENSEL: Temperatur und Leben. Berlin-
   Göttingen-Heidelberg: Springer. 1955.